W0220751

STEFAN AUST
THOMAS AMMANN

DIE PORSCHE SAGA

Eine Familiengeschichte des Automobils

QUADRIGA

MIX
Papier aus verantwortungsvollen Quellen
FSC® C014496

Dieser Titel ist auch als E-Book erschienen

Quadriga Verlag, Berlin, in der Bastei Lübbe GmbH & Co. KG

Originalausgabe

Copyright © 2012 by Bastei Lübbe GmbH & Co. KG, Köln

Umschlaggestaltung: Uwe C. Beyer, Hamburg
Umschlagabbildungen: Dr. Ing. h. c. F. Porsche AG, Stuttgart
Layout und Satz: JahnDesign Thomas Jahn, Erpel/Rhein
Gesetzt aus der Rotis Semi Sans, Semi Serif und Serif
Druck und Einband: GGP Media GmbH, Pößneck

Printed in Germany
ISBN 978-3-86995-014-3

5 4 3 2

Sie finden uns im Internet unter: www.quadrigaverlag.de

INHALT

DIE GIPFELSTÜRMER

Frankfurt am Main, September 2011. Ein Mann steigt auf das Dach eines Hochhauses. Er steht am äußersten Rand der Brüstung und blickt in die Tiefe. Er springt – und fällt und fällt und fällt. Kurz vor dem sicheren Aufprall hält ihn ein Bungee-Seil. Erst wird er nach oben gezogen, dann nach unten, federt in die Höhe und wieder in die Tiefe, hängt eine Zeit lang hilflos zwischen Himmel und Erde, bis das Seil langsam nachgelassen wird und er schließlich mit beiden Beinen auf dem Boden steht.

So beginnt die Präsentation des jüngsten Porsche-Modells, Jahrgang 2011, beim Volkswagen Group Evening am Vorabend der Internationalen Automobil-Ausstellung (IAA) in Frankfurt am Main, und wer auch immer sich das Bühnenspektakel mit Videoprojektion, Lasershow, Akrobaten und einem vierrädrigen Star namens 911 ausgedacht hatte, er hat die perfekte Allegorie für das Auf und Ab der vergangenen Jahre im Hause Porsche gefunden.

Ganz, ganz hoch war man in der kleinen Sportwagenschmiede in Stuttgart-Zuffenhausen unter der Führung des Vorstandsvorsitzenden Wendelin Wiedeking geklettert: vom Pleitekandidaten Anfang der Neunziger innerhalb weniger Jahre zum profitabelsten Autohersteller der Welt. Bis zu 100 000 Autos wurden in der Ära Wiedeking pro Jahr verkauft, Anfang der Neunzigerjahre waren es lediglich ein paar Tausend. Das hätten sich die Eigentümerfamilien Porsche und Piëch selbst nicht träumen lassen. Zu Wiedekings Zeit wuchs ihr Vermögen um ein Vielfaches, sie wurden von Millionären zu Milliardären.

Als man sich dann mit dem angehäuften Milliardenvermögen daranmachte, den 15 Mal größeren Volkswagen-Konzern zu übernehmen, erschien das wie die Vollendung eines Märchens aus der Welt der Hochfinanz, die Konsequenz aus einer jahrzehntelangen Erfolgsgeschichte. Es war die Zeit des billigen Geldes, in der auch das fränkische Familienunternehmen Schaeffler den großen Automobilzulieferer Continental übernahm und sich an den Krediten fast verschluckte. Im Fall Porsche schien es erst, als ginge der kühne Plan auf, aber am Ende scheiterte er an der weltweiten Wirtschaftskrise und der massiven Gegenwehr aus Politik und Gewerkschaften. Unversehens musste Porsche rund elf Milliarden Euro an Kredit aufnehmen und den Banken die bis dahin zusammengekauften Volkswagen-Aktien als Sicherheit übergeben. Wiedeking, der den Deal zwar zunächst gemeinsam mit den Eigentümern Piëch und Porsche in die Wege geleitet und sich schon als sicherer Sieger gefühlt hatte, stand plötzlich allein auf weiter Flur. In Wolfsburg und anderswo hatte er sich mit forschem Auftreten in den Jahren zuvor einigermaßen unbeliebt gemacht.

Aus dem Angreifer Porsche wurde selbst ein Übernahmekandidat, der nur dadurch gerettet werden konnte, dass er unter das schützende Dach des Volkswagen-Konzerns schlüpfte. Auch so fügt sich zusammen, was wohl schon immer zusammengehörte: die Unternehmen Volkswagen und Porsche – und die Familienstämme der Porsches und Piëchs, die damit zu einer der mächtigsten Unternehmerdynastien der Welt aufgestiegen sind.

Wendelin Wiedeking, der einstige Retter des Unternehmens, stürzte – und mit ihm fast das ganze Unternehmen Porsche. Es goss in Strömen, als sich der Vorstandschef am 23. Juli 2009 nach 16 Jahren an der Spitze von der Belegschaft verabschiedete. Trotz des starken Regens waren die Mitarbeiter auf dem Zuffenhausener Werksgelände angetreten. Es war eine Betriebsversammlung, wie sie es in Deutschland kaum jemals gegeben hatte: ein Vorstandsvorsitzender, der von den Beschäftigten mit minutenlangen Standing Ovations verabschiedet und von den Betriebsräten auf offener Bühne weinend in die Arme geschlossen wurde. »Ihr macht es mir sehr schwer«, rief der sonst als eisenhart geltende Wiedeking den Mitarbeitern mit bebender Stimme zu. Und Aufsichtsratschef Wolfgang Porsche schickte unter Tränen hinterher: »Verlassen Sie sich auf mich: Der Mythos Porsche lebt und wird nie untergehen.«

Der Mythos. Porsche ist eben nicht irgendeine Autofirma. Porsche ist zuweilen wie eine große Familie, und das nicht nur, weil es einer der letzten Autohersteller ist, dessen Geschicke durchweg von einer Familie bestimmt werden. Dieses Zugehörigkeitsgefühl gilt für die Beschäftigten in Stuttgart und Leipzig, es gilt auch für die Porsche-Besitzer in aller Welt. Die Fans bilden weltweit eine Gemeinschaft, die von der Begeisterung für die Marke, Technikverliebtheit und Traditionspflege lebt. Rund drei Viertel aller jemals gebauten Porsches, so versichert das Unternehmen, existieren noch. In praktisch jedem Land, in dem es Straßen gibt, gibt es auch einen Porsche-Klub, den größten mit 100 000 Mitgliedern in den USA, dem bislang noch wichtigsten Porsche-Markt, so lange jedenfalls, bis China die Spitze übernimmt. Die Hauszeitschrift *Christophorus* erscheint seit mehr als 60 Jahren und wird inzwischen weltweit in 36 Sprachen vertrieben, darunter natürlich Chinesisch. Auch im Internetzeitalter lebt der Porsche-Kult weiter: Der Porsche-Fanklub ist mit mehr als einer Million Mitglieder der weitaus größte Markenklub auf Facebook.

Porsche verkauft Träume und lässt sich schon allein deshalb nicht mit den üblichen Maßstäben des Wirtschaftslebens messen. Porsche baut exklusive, teure und schnelle Autos; und es gibt wenige Produkte, die von Amerika bis Asien so einhellig bewundert werden wie die Sportwagen aus Stuttgart. Porsche, der schnellste Traum der Welt, ein globaler Traum. Porsche war und ist die schnellste Verbindung zwischen schwäbischer Provinz und globalem Erfolg. Aber das ist es nicht allein, was die Sonderstellung ausmacht. Es sind auch die Mythen, die sich um den Gründer Ferdinand Porsche (1875–1951) ranken, es ist die Geschichte eines genialen Konstrukteurs, der den Siegeszug des Automobils im vergangenen Jahrhundert geprägt hat wie kaum jemand sonst. Es ist die Geschichte einer Familie, deren Name untrennbar mit dem Unternehmen verbunden ist. Drei Generationen haben es geprägt: zunächst Gründer Ferdinand Porsche, dann sein Sohn Ferry (1909–1998) und seine Tochter Louise (1904–1999), später verheiratete Piëch, schließlich die Porsche-Enkel Wolfgang Porsche und Ferdinand Piëch, die als Protagonisten der beiden Familienzweige in der Öffentlichkeit stehen. Auch diese dritte Generation sieht sich noch immer in der Tradition und vielleicht auch im Schatten des übermächtigen Großvaters.

In der Porsche-Geschichte spiegelt sich auch die deutsche Geschichte des 20. Jahrhunderts: Industriegeschichte, Wirtschaftsgeschichte, durch alle Höhen und Tiefen und durch alle Irrungen und Wirren der politischen Geschichte hindurch – Hitler und der Volkswagen, Krieg und Frieden, das bundesdeutsche Wirtschaftswunder. Aufstieg, Krise und Erholung, die Globalisierung, die Finanzkrise und zuletzt der Familienstreit um die Macht beim Volkswagen-Konzern, der sich anschickt, die Nummer eins in der Welt zu werden. Und der Mann, der das Unternehmen ganz maßgeblich dorthin gebracht hat, wo es heute steht: Aufsichtsratschef Ferdinand Piëch, einer der Enkel des Konstrukteurs, dessen Idee vom Volkswagen zum Fundament eines automobilen Weltreichs wurde.

»Es ist eine faszinierende Geschichte, die nirgendwo auf der ganzen Welt in dieser Form existiert«, sagt Daniel Goeudevert, 70, ehemaliger Markenvorstand von Volkswagen und einstmals schärfster Rivale von Ferdinand Piëch beim Kampf um die Vorstandsspitze bei Volkswagen. Später wurde er dann von Piëch entlassen. »Selbst die Fords und die Agnellis bei Fiat sind mit den Porsches nicht vergleichbar. Es ist eine Mischung aus Familienereignissen und Saga, und dazu kommt natürlich das besondere Schicksal der deutschen Geschichte und der deutschen Industrie nach dem Krieg.«

Der Gründervater: Konstrukteur Ferdinand Porsche in den 1930er-Jahren

Die Ursprünge dieser Saga reichen zurück bis in die letzten Jahre des 19. Jahrhunderts, als der junge Ferdinand Porsche die ersten Elektro- und Hybridautomobile erfand – Konzepte, die heute plötzlich wieder brandaktuell erscheinen. Im Ersten Weltkrieg entwickelte Porsche dann Panzer und anderes Kriegsgerät für den österreichischen Kaiser, was ihm 1917 den Ehrendoktortitel der Technischen Hochschule Wien einbrachte. Der findet sich bis heute im Namen der Firma »Dr. Ing. h. c. F. Porsche AG« wieder. Später entwickelte Porsche im persönlichen Auftrag eines anderen Österreichers den Volkswagen. Hitler wollte die deutschen Volksgenossen mobil machen, erst auf der Straße und dann im Feld. Die technologische Kompetenz eines Ferdinand Porsche, der sich wie viele andere deutsche Ingenieure, Forscher, Wissenschaftler und Unternehmer bereitwillig in die Eroberungspläne des »Führers« einspannen ließ, passte vortrefflich zu dessen Allmachtsfantasien. Als »des Teufels Lieblingskonstrukteur« ging Porsche mit seinen Panzern im Zweiten Weltkrieg unter, wie kurz darauf auch das ganze Dritte Reich.

Nach dem Krieg führte Sohn Ferry das Werk des Patriarchen unter demokratischen Vorzeichen fort, zunächst im österreichischen Gmünd, dann in Stuttgart. Unter seiner Leitung entstand der erste Sportwagen, der den Namen Porsche trug. »Am Anfang schaute ich mich um«, berichtete Ferry Porsche später, »konnte aber den Wagen, von dem ich träumte, nicht finden. Also beschloss ich, ihn mir selbst zu bauen.« Der alte Ferdinand Porsche und dessen Schwiegersohn Anton Piëch befanden sich noch in Gefangenschaft der Alliierten. Derweil kümmerte sich Porsche-Tochter Louise um den Aufbau eines Autohandels in Österreich, der natürlich den Vertrieb des Volkswagens übernahm. Die Firma Porsche in Stuttgart kassierte bald für jeden neu gebauten Käfer eine Lizenzgebühr von fünf D-Mark und finanzierte damit den Bau kleiner, feiner und teurer Automobile, die zunächst in Handarbeit entstanden. Es war der Beginn des beispiellosen Aufstiegs eines kleinen Familienunternehmens aus bescheidenen Nachkriegsverhältnissen zu einer globalen Erfolgsmarke. Bis heute ist die Begeisterung für die Sportwagen aus Stuttgart-Zuffenhausen weltweit ungebrochen, trotz aller Diskussionen über Klimawandel, Nachhaltigkeit und schonenden Umgang mit Ressourcen. Die schnellen Flitzer von Porsche sind Produkte einer Überflussgesellschaft, die anachronistisch erscheinen, hochgradig irrational – und dennoch, oder gerade deshalb, sind sie so begehrt. Sie stehen für das Zeitalter der Geschwindigkeit, von dem viele glauben, dass es bald zu Ende geht. »Das letzte Auto«, so lautete Ferry Porsches Vermächtnis, »wird ein Sportwagen sein.«

Der neue 911, interner Codename 991, der rund 3000 internationalen Journalisten und Volkswagen-Managern im September 2011 in Frankfurt erstmals auf dem Konzernabend präsentiert wurde, zeigt, wie Porsche den Sportwagen des 21. Jahrhunderts begreift: als kompaktes Kraftpaket, vollgestopft mit Hightech-Features wie dem Doppelkupplungsgetriebe, das die Gänge in Millisekunden wechselt, mit sparsameren Motoren und einer Start-Stopp-Automatik dezent auf Öko getrimmt. So viel Aufbruch wie jetzt unter dem Volkswagen-Dach war lange nicht mehr bei Porsche. Dabei ist auch der neue Alte ein Anachronismus auf Rädern, denn seine Heckmotorkonstruktion basiert letztlich auf eben jenem Volkswagen, den Ferdinand Porsche einst für Hitlers Pläne zur Massenmotorisierung entworfen hatte.

Der Käfer ist längst tot, übrig blieb von der Idee nur der 911, der im Jahr 2013 seinen 50. Geburtstag feiert, und es sieht so aus, als wäre er zum ewigen Leben verdammt. Seit das Ur-Modell mit der markanten, seither fast unveränderten Silhouette im Jahr 1963 vorgestellt wurde, begründet der 911 die Ausnahmestellung des Unternehmens und seinen weltweiten Ruhm. Er ist ein Männerspielzeug mit ausgeprägt weiblichen Formen. Das perfekte Yin und Yang der Automobilgeschichte. Er ist der einzige Seriensportwagen, der noch einen Heckmotor besitzt und sich damit immer noch auf den Rennpisten der Welt behauptet. Sein Grundkonzept teilt er mit dem Käfer – ohne den es das Automobilunternehmen Porsche nie gegeben hätte. Der 911 verbindet Kontinuität mit Fortschritt, vereint die Herkunft, auf die man so stolz ist, mit der Zukunft. Er verkörpert die Seele des Unternehmens, den Kern der Marke. Ohne den 911 wäre Porsche nicht Porsche.

Das weiß niemand besser als der Mann, der das lärmende Spektakel um die Präsentation des neuen 911-Modells auf einer der mittleren

Tribünenreihen mit einem stillen, wie immer etwas distanziert wirkenden Lächeln verfolgt: Ferdinand Piëch, Volkswagen-Aufsichtsratschef und nach dem Ende der Übernahmeschlacht wieder unumschränkter Herrscher im Reich des Weltkonzerns, der Porsche-Enkel und -Miteigentümer, der als junger Ingenieur bei Porsche einst den 911-Motor mitentwickelt hatte. Wie immer in den letzten Jahren erscheint der Patriarch in Frankfurt in Begleitung seiner Ehefrau Ursula, die inzwischen auf seinen Wunsch in den Aufsichtsrat des Volkswagenkonzerns eingerückt ist, wie immer wird jeder Schritt, jede Äußerung und jedes Mienenspiel von einem Tross von Reportern, Fotografen und Kameraleuten beobachtet, und wie immer hat Piëch in derselben Reihe zwar, aber in sicherer Entfernung von seinem Cousin Wolfgang Porsche, Platz genommen. Seit jeher fungiert ein fröhlich gelaunter Martin Winterkorn, Volkswagen-Vorstandsvorsitzender, souverän als Puffer zwischen den Vettern, die sich seit dem Kampf um die Vorherrschaft bei Volkswagen nicht mehr grün sind.

Schon lange herrschte Rivalität zwischen den »Namensträgern«, den Kindern des Porsche-Sohnes Ferry, und den »Nicht-Namensträgern«, den Kindern der Porsche-Tochter Louise Piëch. Die Eskalation kam mit der Übernahmeschlacht, in der es auch um Porsche gegen Piëch ging. Es gab wechselseitige Kränkungen und Verletzungen. Wolfgang Porsche hatte damals wohl geplant, den ungeliebten Vetter Ferdinand als Aufsichtsratsvorsitzenden bei Volkswagen nach erfolgreichem Einmarsch in Wolfsburg abzulösen. Wiedeking hätte dann auf dem Vorstandssessel bei Volkswagen Platz genommen, Winterkorn hätte gehen müssen. So weit der Plan, der bekanntlich nicht aufging. Seither sind die Gipfeltreffen der beiden Familienzweige bei öffentlichen Anlässen eher frostig, und Ferdinand Piëch lässt den Vetter aus Stuttgart durchaus spüren, wer seiner Meinung nach als Sieger aus dem Ring gestiegen ist. Dass die beiden Familienstämme als Resultat des Übernahmemanövers nun mit 50,8 Prozent die Aktienmehrheit am größten Automobilkonzern Europas besitzen (wobei der Anteil der Porsches etwas größer ist als der der Piëchs), dürfte Wolfgang Porsche über die Niederlage im Familienzwist hinwegtrösten.

Ferdinand Piëchs Leidenschaft für das Automobil ist legendär, auch das ein Erbe des genialen Großvaters. Man sagt Piëch nach, er sei der einzige Manager eines Automobilunternehmens, der bei Dunkelheit ein Auto auseinandernehmen und – verbessert – wieder zusammensetzen könne. Ebenso legendär wie berüchtigt ist Piëchs Gabe, mit kurzen wie beiläufig dahingeworfenen Sätzen und Halbsätzen bedeutende Unternehmensnachrichten zu verkünden oder auch Karrieren von Topmanagern zu beenden. So wie im Sommer 2009 bei der Vorstellung des neuen Volkswagen Polo in Sardinien. Ein Reporter fragte Piëch, ob der damalige Porsche-Chef Wiedeking denn noch sein Vertrauen genieße. Die Antwort war ein einziges Wort: »Noch.« Und nach kurzer Pause: »Das ›Noch‹ können Sie streichen.« Damit war klar, wie es um die weitere Laufbahn Wiedekings im Hause Porsche bestellt war.

Am Konzernabend im September 2011 präsentierte sich Piëch etwas einsilbiger als ohnehin. Ausgerechnet mit der Neuerwerbung Porsche gab es reichlich Ärger. Einige Tage zuvor war die seit zwei Jahren geplante Fusion mit der Porsche Automobil Holding SE bis auf Weiteres auf Eis gelegt worden. Nach den Milliardenklagen mehrerer Investmentfonds in den USA hatten auch in Deutschland institutionelle Investoren Milliardenklagen auf Schadenersatz gegen Porsche und Volkswagen eingereicht, wegen angeblicher Manipulation des Kapitalmarkts durch die damaligen Vorstände Wiedeking und Härter. Ende Juni 2012 begann die Verhandlung vor dem Landgericht Braunschweig. Den beiden früheren Porsche-Vorständen Wiedeking und Härter droht auch noch eine Anklage der Staatsanwaltschaft Stuttgart.

Wegen dieser juristischen Probleme und der damit verbundenen Milliardenrisiken war die Wunschlösung geplatzt, die beiden Konzerne zu verschmelzen. Denn damit hätte Volkswagen mögliche Schadenersatzforderungen wegen der angeblichen Manipulationen gleich mit übernommen. Stattdessen kamen die Wolfsburger Strategen im

Sommer 2012 auf einen Trick, wie sie den Deal auch ohne juristische Risiken bewerkstelligen und dabei auch noch Steuern vermeiden konnten. Sie übernahmen die Porsche AG, die Sportwagentochter der Holding, für insgesamt rund 8,5 Milliarden Euro – und eine Volkswagen-Aktie. Die ist Gold wert, denn durch sie gilt der Deal als interne Umstrukturierung. Das erspart der Porsche SE etwa 1,5 Milliarden Euro an Steuern, die bei einem Verkauf fällig gewesen wären. Ein echter Coup.

Am Konzernabend in Frankfurt, im September 2011, war dieser Deal noch in einiger Ferne und von Siegerlaune nichts zu spüren. Beim traditionellen Get-together wurde Piëch von der Gattin sorgsam gegen neugierige Journalisten abgeschirmt. Der Mann, der sonst gern seine Sicht der Dinge mitteilt, gab sich wortkarg. Ob an einen Zukauf anderer Marken gedacht sei, fragte ihn ein Reporter. »Wir sind groß genug« war alles, was er zur Antwort bekam.

Dabei hatte der Volkswagen-Konzern durchaus Zukunftspotenzial zu präsentieren, wie den kleinen up!, mit dem die Wolfsburger Großes vorhaben. Mit Ausrufezeichen. Der up!, zu Deutsch Aufwärts!, ist ein Kleinwagen, der alles andere als klein und billig sein soll. Das knapp vier Meter lange Vehikel wirkt wie geschaffen für Käufer in den aufstrebenden Autofahrer-Nationen wie China und Indien, aber nicht nur. Der up! soll nach dem Willen seiner Schöpfer der Urahn einer ganzen Modellfamilie mit zahlreichen Ablegern werden. Für Volkswagen stellt er gleichsam die Ideallösung für die Fortbewegung in den unaufhaltsam wachsenden Metropolen dieser Welt dar: ein globaler Volkswagen, ein Wagen für das Volk der sieben Milliarden auf allen Kontinenten der Welt, mit zwei und vier Türen, als Stadt-, Sport-, Spaß- oder Geländeversion, wahlweise angetrieben mit Benzin, Diesel oder Strom – je nach Bedarf.

In solchen Kleinwagen sehen die Wolfsburger eines der wichtigsten globalen Wachstumsfelder. Da passte eine Hiobsbotschaft, diesmal aus Fernost, nicht so gut zur Aufbruchsstimmung: Kurz vor Beginn der Frankfurter Automesse hatte der japanische Hersteller Suzuki die Partnerschaft mit Wolfsburg aufgekündigt. Der Suzuki-Chef empfahl den Deutschen, ihren 19,9-Prozent-Anteil an seinem Unternehmen wieder zu verkaufen. Notfalls, drohten die Japaner, werde man vor ein staatliches Schiedsgericht ziehen, um die Deutschen zum Verkauf ihrer Anteile zu zwingen. Zuvor hatte Volkswagen dem Partner Suzuki seinerseits vorgeworfen, Dieselmotoren bei Fiat eingekauft und damit geltende Verträge gebrochen zu haben. Szenen einer Konzern-Ehe, in die sich Volkswagen mit 1,7 Milliarden Euro eingekauft hatte. Bis zum Eklat hatte sie als ideale Partnerschaft für das Kleinwagengeschäft in Schwellenländern gegolten. Volkswagen hatte sich von den Japanern Hilfe für den Einstieg in den Kleinstwagenmarkt unterhalb von 9000 Euro versprochen. Frage an Piëch am Rande der Präsentation: »Wie geht es weiter?« Antwort: »Fragen Sie die Operativen.« Gemeint war Winterkorn.

Ein knappes Jahr zuvor: Dieselbe Veranstaltung, ein anderer Ort. Paris, 30. September 2010, Vorabend des Automobilsalons. Volkswagen lud zum Konzernabend. Der Große Vorsitzende war in aufgeräumter Stimmung. Die Übernahmeschlacht war geschlagen, der Machtkampf schien beendet, die Firmen Porsche und Volkswagen zum ersten Mal unter einem Dach vereint und der Konzern mit den Lenkern Piëch und Winterkorn auf der Überholspur. Piëch plauderte über dies und das, produzierte nebenbei die Topnews der Wirtschaftsseiten des nächsten Tages, als er erklärte, er könne sich auch vorstellen, Alfa Romeo zu kaufen. Wobei, wie er hinterherschob, es für mögliche Preisverhandlungen noch zu früh sei, Fiat ginge es noch nicht schlecht genug. Aber, so Piëch, »wir sind geduldig, wir können warten«.

An diesem Konzernabend entstand Stefan Austs Interview mit Ferdinand Piëch, eines der ungewöhnlichsten, das beide Gesprächspartner je erlebten. Was als lockere Unterhaltung inmitten eines lärmenden Pulks von Reportern und Kameraleuten begann, entwickel-

»Ich bin nicht leicht verträglich.« – Ferdinand Piëch (rechts) beim Interview mit Stefan Aust (ganz links) auf dem Volkswagen-Konzernabend in Paris

te sich am Ende zu einem anderthalbstündigen Gespräch, bei dem Piëch geduldig Rede und Antwort stand. Gattin Ursula versorgte ihn regelmäßig mit Nachschub an Mineralwasser und bat Aust, darauf zu achten, »dass er (Piëch) nichts Falsches sagt«.

Das passierte dann auch nicht. Piëch gab Einblicke in seine Gefühlswelt (»Ich habe nicht gedacht, dass ich so weit komme. Ich bin nämlich nicht leicht verträglich.«), er sprach über Höhen und Tiefen seiner beruflichen Laufbahn, über das größte Risiko seines Lebens (»das Projekt Porsche 917«), seine Lehren aus der Zeit als Audi-Vorstandschef, sein Verhältnis zu den Unternehmen Porsche und Volkswagen (»Ich bin zu eng mit Volkswagen verwurzelt.«), sein Verantwortungsgefühl für seine Mitarbeiter, über Details der Auseinandersetzungen mit Ex-Porsche-Chef Wiedeking (»Wir waren uns nicht einig, wer wen übernimmt.«) und über sein Vermächtnis – die Stiftung, in die der 75-Jährige sein Erbe eingebracht hat.*

* *Soweit nicht anders gekennzeichnet, stammen die Zitate Ferdinand Piëchs in diesem Buch aus dem Interview am Konzernabend 2010 in Paris.*

Piëchs Vetter Wolfgang verfolgte das Geschehen am Rande der Szenerie mit einigem Unbehagen, wie Volkswagen-Manager später berichteten. In den Wochen und Monaten zuvor hatte er erleben müssen, wie er im Machtkampf um die Volkswagen-Spitze vom gewieften Taktiker Piëch ein ums andere Mal ausgebremst worden war. Am Ende hatte sich Ferdinand Piëch durchgesetzt gegen Wolfgang Porsche und seinen Clan, den mit dem »richtigen Namen«. Ein Familiendrama in Zeiten der Globalisierung und ein Kampf um die Frage: Wer ist der wirkliche Erbe des großen Ferdinand Porsche?

»Die erste Generation baut auf«, so Piëchs Fazit dieses Familienkrieges, »die zweite erhält, und meine Generation ist die dritte, die ruiniert normalerweise. 2008 hätten wir das mit Porsche und Volkswagen auch fast hinbekommen.«

Aust: »Dann sind Sie über den Schatten der dritten Generation gesprungen?«

Piëch: »Ja. Ich wollte das, was man bis jetzt geschaffen hatte, nicht wieder verlieren.«

Vor allem mithilfe der Gewerkschaften und des Landes Niedersachsen schaffte Piëch es, den Spieß beim Übernahmekampf umzudrehen. Erst sollte er aus dem Aufsichtsrat vertrieben werden, nun war er der große Gewinner.

Aust: »Sie haben einmal gesagt: ›Ich bin nicht gern Zweiter.‹ Gilt das auch für den Konzern? Volkswagen ist gegenwärtig auf dem Sprung, die Nummer eins auf der Welt zu werden. Warum eigentlich? Wie groß sind die Chancen? Und wie groß sind die Chancen, oben zu bleiben?«

Piëch: »Da müssen wir noch viel lernen. An die Spitze zu kommen ist leichter, als oben zu bleiben. Und Konzerne wie Ford und andere warten ja auch nicht darauf, dass wir allein an die Spitze marschieren. Die bemühen sich in aller Stille, auch dorthin zu kommen.«

Aust: »Und haben die Chancen?«

Piëch: »Das weiß ich nicht. Noch glaube ich, dass wir es besser können.«

Mit Piëch und Winterkorn an der Spitze entstand haarscharf am Ruin vorbei das derzeit nach Toyota noch zweitgrößte Automobilunternehmen der Welt, mit Porsche als zehnter Automarke (wenn man die Volkswagen-Nutzfahrzeuge als eigene Marke zählt, sind es sogar elf) und ganz wesentlich bestimmt von einem Familienclan mit zwei rivalisierenden Zweigen. Inzwischen ist das Weltreich weiter gewachsen. Im April 2012 gab die Konzerntochter Audi bekannt, dass sie den traditionsreichen italienischen Motorradhersteller Ducati übernehmen will, für einen Preis von angeblich rund 870 Millionen Euro, inklusive der Übernahme von rund 200 Millionen Euro Schulden. Dass der Gesamtkonzern Volkswagen der führende auf der Welt wird, dürfte wohl nur noch eine Frage der Zeit sein. Für das Jahr 2011 meldete der Volkswagen-Konzern Rekorde an allen Fronten: Der Umsatz mit 160 Milliarden Euro ist so hoch wie nie, der Gewinn von fast 16 Milliarden bedeutet gegenüber dem Vorjahr glatt eine Verdoppelung. Vor allem das Geschäft in China und den USA, den beiden größten Automärkten, hatte kräftig angezogen. Volkswagen profitierte vom weltweiten Autoboom wie kein zweiter Konzern. Rekordergebnisse lieferten auch fast alle Tochterunternehmen. Und auch Porsche blickte 2011 auf das erfolgreichste Jahr in der Firmengeschichte zurück: Knapp 120000 Porsches wurden verkauft, so viele wie nie zuvor. Für 2012 werden wieder zweistellige Zuwachsraten gemeldet. Und seinen Ursprung nahm das alles in der Gemeinde Maffersdorf in Böhmen, wo am 3. September 1875 der kleine Ferdinand Porsche das Licht der Welt erblickte, das damals noch von einer Petroleumlampe kam.

Hier begann die deutsche Familiensaga, ein modernes Nibelungenlied mit Helden und Halunken, eine Zeitreise durch Krieg und Frieden. Und am Anfang stand die Technik, mit der die Welt erobert werden sollte – das Automobil.

VOLKSWAGEN UND PORSCHE – ZURÜCK IN DIE ZUKUNFT

Der Ort hat Tradition: Seit Jahren schon finden die Hauptversammlungen der Volkswagen AG im Congress Center Hamburg (CCH) statt. Doch dieses Mal ist alles anders. Im April 2010 tagt die erste Hauptversammlung des Volkswagenkonzerns, nachdem der Sportwagenhersteller Porsche mit seinem Übernahmeversuch gescheitert ist. Volkswagen und Porsche sind nun unter einem Dach vereint, wenn auch die Fusion der beiden Konzerne formal noch nicht vollzogen ist. Nicht nur finanziell, auch personell ist man ohnehin schon vielfach miteinander verbandelt. Und so kommt es an diesem Tag zum ersten Gipfeltreffen der wichtigsten Akteure in der zurückliegenden Übernahmeschlacht. Unter ihnen: zwei Aufsichtsratsvorsitzende, Ferdinand Piëch und Wolfgang Porsche, ein doppelter Vorstandsvorsitzender, Martin Winterkorn, und ein damals Noch-Ministerpräsident, Christian Wulff, 2010 zum Bundespräsidenten befördert und im Februar 2012 zurückgetreten.

In einem der großen Säle im Erdgeschoss des Kongresszentrums stellt sich der Konzern der versammelten Presse und seinen Aktionären vor. Schon früh am Morgen strömen die Gäste zum Veranstaltungsort. Wie auf einer Autoausstellung präsentiert die Volkswagen Group

Bummel durchs automobile Weltreich: Ferdinand Piëch und Ehefrau Ursula bei der Volkswagen-Hauptversammlung in Hamburg im April 2010

die neuesten Modelle all ihrer Pkw-Marken: Volkswagen, Audi, Škoda, Seat, Lamborghini, Bentley, Bugatti, und natürlich ist auch die jüngste Konzerntochter Porsche an exponierter Stelle vertreten. Ein deutlich sichtbarer Beweis dafür, wie sehr sich Volkswagen seit den Tagen der einstigen Käfer-Monokultur verändert hat. Bei seiner glitzernden Selbstdarstellung will sich der Konzern nicht lumpen lassen, weshalb auch für reichlich Verpflegung gesorgt ist: An einem Ende des Saales gibt es für die Gäste Kaffee und Frühstück mit Blick auf die blitzblank gewienerten Ausstellungsstücke. Die Kleinaktionäre sollen das Gefühl haben, dass ihr Kapital gut angelegt ist – und auch wenn die Rendite mal nicht so üppig ausfällt, zumindest satt essen sollte man sich können.

Kurz nach acht Uhr morgens: Auftritt des Patriarchen. Volkswagen-Aufsichtsratschef Ferdinand Piëch erscheint als Erster der Protagonisten in Begleitung von Ehefrau Ursula. Vordergründig nimmt er die bunte Modellpalette seiner diversen Marken in Augenschein, in Wahrheit aber ist der Spaziergang ein Ritual, eine lieb gewordene Tradition – für die angetretenen Manager des Unternehmens, für die Besucher, für die Presse und wohl auch für die Piëchs selbst. Das Paar schreitet gemessenen Schrittes durch das automobile Weltreich, man geht von Markenstand zu Markenstand, hält mal für einen kurzen Plausch mit Bekannten und/oder Untergebenen inne, mal nimmt Gattin Ursula auf Aufforderung des Ehemannes in einem der schicken neuen Modelle Platz. Bei solchen Gelegenheiten zeigt sich Piëch als aufmerksamer Begleiter, der sich nicht scheut, die Handtasche seiner Frau zu tragen, der Herrscher über den Weltkonzern mit einer Henkeltasche von Louis Vuitton; ein Bild, wie es Fotografen und Kameraleute lieben.

Beim neuen Audi A8 entert der Chef selbst den Fond des Wagens, um eine ganz besondere Neuheit zu testen – und sie auf diese Weise zugleich der Öffentlichkeit vorzustellen. Von den anwesenden Journalisten wird er förmlich in den Wagen gedrückt. Blitzlichtgewitter, als Europas mächtigster Automanager mit sichtlichem Vergnügen auf dem automatisch verstellbaren Rücksitz langsam in die Horizontale gleitet. Die High-End-Ausführung des Luxus-Audis bietet gestressten Managern als kostspieliges Extra einen Reisekomfort, wie sie ihn sonst nur aus der Businessclass im Flugzeug kennen. Piëchs Botschaft ist klar: Alle mal hersehen, das gibt es nur bei Audi, die Konkurrenz aus Stuttgart oder München hat das nicht. Vielleicht mag er sich auch daran erinnern, dass es ein solches mobiles Feldbett in Deutschland zuvor nur in einem einzigen Auto gab, in einem Horch aus dem Jahr 1939 nämlich. Und Horch (lateinisch: Audi) gehört als Marke der einstigen Auto Union ja irgendwie auch zum ideellen Gesamtkonzern.

Piëch begibt sich wieder in die aufrechte Position, entsteigt dem Wagen, und dann entwickelt sich eine Szene, die einer gewissen Komik nicht entbehrt. Der Aufsichtsratschef und Miteigentümer des Kon-

Horizontales Gewerbe: Autofan Piëch testet die Businessclass im neuen Audi A8.

zerns gibt eine Bestellung auf. Piëch spricht höflich eine der anwesenden Damen in Audi-Uniform an:

»Ist der Herr Stadler hier?«

Gemeint ist Rupert Stadler, der Vorstandsvorsitzende von Audi und einer der Ziehsöhne Piëchs. Doch der ist leider nicht vor Ort. Macht nichts.

»Können Sie einen Auftrag annehmen?«, so Piëchs freundliche Nachfrage an die Audi-Vertreterin. »Wir haben nämlich so ein Auto bestellt und hätten jetzt gerne auch so einen Sitz.«

»Das kriegen wir auf die Reihe.«

»Danke.«

Das wäre also auch erledigt. Die Lieferung des neuen Liegesitzes nebst Auto erfolgte dann sicherlich schnellstmöglich. Piëch war und ist der Herrscher des Konzerns – und dürfte in absehbarer Zukunft allenfalls von seiner Frau abgelöst werden, wenn sie, wie vorgesehen, die Leitung von Piëchs neu eingerichteter Stiftung übernimmt. Die nächsten Stationen beim Rundgang sind an der Reihe – erst zu Bentley, dann zu Seat, schließlich zu Porsche.

Kurze Nachfrage: »Sind Sie zufrieden mit der Entwicklung von Porsche?«

Kurze Antwort: »Ja. Wir werden's heute hören.«

Bei Porsche hatte Piëchs berufliche Laufbahn nach dem Studium des Maschinenbaus in Zürich einst begonnen. Unter der Leitung seines Onkels Ferry war er Anfang der Sechzigerjahre am Bau des ersten Sechszylinderboxermotors für den 911 beteiligt. Sein Vetter Ferdinand Alexander Porsche, genannt »Butzi«, schuf damals die unvergängliche Linie der 911-Karosserie. Beides, die Form und die Grundkonzeption des Motors, hat bis heute Bestand. Ferdinand Alexander, der älteste der Porsche-Söhne, starb am 5. April 2012 im Alter von 76 Jahren. Bis zuletzt war der Schöpfer des 911 Ehrenvorsitzender des Aufsichtsrats der Porsche AG. Sein Jahrhundertentwurf wird das Gesicht der Marke noch für lange Zeit prägen.

»Butzi« war schon in frühesten Kindestagen der Lieblingscousin von »Burli«, wie der kleine Ferdinand Piëch genannt wurde. Bei den vielen Ferdinands in der Familie wurden die Baby-Kosenamen benutzt, um die Jungen auseinanderzuhalten. »Gemeinsam haben wir die Messinghülsen von den Patronen der Fliegergeschütze gesammelt«, erinnert sich Piëch in seinem Buch *Auto.Biographie*, »für soundsoviel Kilo Messing bekam ich einen deutschen Stahlhelm (...) Butzi hatte weniger Messinghülsen und bekam nur einen Rot-Kreuz-Kasten.« Man fragt sich, was in der Nachkriegszeit nützlicher war.

Piëch ist Techniker mit Leib und Seele, ein Vollblutingenieur, der erst bei Porsche, dann bei Audi und später bei Volkswagen unzählige wegweisende Konstruktionen ersann oder sie maßgeblich vorantrieb. Bei der Entwicklung von Dieselmotoren, Antriebssystemen, Leichtbaukarosserien, Einliterautos und vielem anderen mehr hat er sich als technischer Visionär erwiesen. Innovationen wie etwa den Allradantrieb (quattro) und den TDI-Motor mit Dieseldirekteinspritzung, die unter seiner Regie in den Automobilbau eingeführt wurden, waren Vorbild für die ganze Branche und gelten heute vielfach als unverzichtbar. Darüber hinaus ist Piëch einer der ganz wenigen, die den Schritt vom Ingenieur zum Unternehmenslenker erfolgreich gegangen sind. Stolz auf das Geleistete ist er nach eigener Aussage aber nicht.

»Nein, da wird man dann schnell hochnäsig«, sagt er im Interview, *»es macht ja Spaß – und es war viel Glück dabei.«*

Piëch liebt alles, was Räder hat und sich mit eigenem Antrieb fortbewegt – Motorräder, Personenwagen, Rennwagen, Lastwagen. Außerdem ist er auch im fortgeschrittenen Alter noch ein sehr beherzter Fahrer, was jeder bestätigen kann, der einmal auf dem Beifahrersitz neben ihm Platz genommen hat.

»Er mag das Auto mehr als alles andere«, hat auch Ex-Volkswagen-Manager Daniel Goeudevert bemerkt, »er hat ein erotisches Verhältnis zum Auto.«

Für Goeudevert gab es viele Gelegenheiten, das aus nächster Nähe zu beobachten. Der frühere Ford-Manager kam 1990 in den Volkswagen-Vorstand, war zunächst zuständig für Einkauf und Logistik, wurde dann rasch Markenvorstand für die Sparte Volkswagen und Stellvertreter des damaligen Volkswagen-Chefs Carl H. Hahn. Piëch war damals schon einige Jahre Chef der VW-Tochter Audi. Die beiden waren also gewissermaßen Kollegen, wenn auch von recht unterschiedlichem Naturell. Goeudevert hatte in seiner französischen Heimatstadt Reims, später in Paris, Literatur studiert, dann umgesattelt und in einem Autohaus als Verkäufer angefangen. Er galt als Schöngeist, wurde von seinen Anschauungen her den Grünen zugerechnet und als »Querdenker« in der Vorstandsetage bezeichnet, der schon mal die Vorzüge des öffentlichen Nahverkehrs pries oder von seinen Kollegen in der Autoindustrie die Entwicklung umweltfreundlicherer Autos forderte. Auf der anderen Seite der kompromisslose Ingenieur Piëch, der bei Audi den permanten Allradantrieb in die Serie eingeführt und bei Porsche Rennwagen mit bis zu 1100 PS auf die Piste geschickt hatte.

Als es dann um die Nachfolge des langjährigen Volkswagen-Vorstandsvorsitzenden Hahn ging, lief es in der Neubesetzung auf die beiden Gegenspieler Piëch und Goeudevert hinaus. »Ich fand, dass Goeudevert und ich ein gutes Tandem abgeben könnten«, bekennt Piëch in seiner *Auto.Biographie*, »gerade so unterschiedliche Typen wie Goeudevert und ich hätten da etwas Außergewöhnliches zusammenbringen können.« Unschwer zu erraten, wen Piëch seinerzeit in der Führungsrolle gesehen hatte. »Ich bin nicht gern Zweiter«, lautete Piëchs Credo auch damals schon. Und das ist bis heute so geblieben. Wie das Rennen der beiden Rivalen ausging, ist bekannt. Der unterlegene Goeudevert wurde sogar noch zum Stellvertreter des neuen Vorstandsvorsitzenden ernannt, blieb aber nicht sehr lange in dieser Position. Schon kurz nach seinem Amtsantritt kippte Piëch einige von Goeudevert angeregte Projekte, darunter ein Joint Venture mit dem Erfinder der Swatch-Uhren, Nicolas Hayek, zum Bau des »Swatchmobils«, eines Kleinautos mit Heckmotor und zwei Sitzen. »Für mich war's ein Elefantenrollschuh, nicht einmal ein vernünftiger Kabinenroller«, so Piëch in der Rückschau. Und auch sonst gab es wechselseitige Irritationen in der Zusammenarbeit. »Es kam der Punkt, an dem Herr Piëch mir gesagt hat, dass er mir sein Vertrauen entzieht«, berichtet Goeudevert, »und ich bin kein Mensch, der an dem Job klebt, wenn es nicht mehr funktioniert.«

Goeudevert ging und erinnert sich heute ohne Groll an diese Episode seines Berufslebens. Inzwischen lebt er wieder in Frankreich und arbeitet als Unternehmensberater und Autor von Büchern, die Titel tragen wie *Das Seerosen-Prinzip. Wie uns die Gier ruiniert.* In Bezug auf Piëch gibt Goeudevert heute zu, dieser habe 1993 »die ideale Besetzung für Volkswagen« abgegeben. »Ich wäre falsch gewesen«, so Goeudevert, »denn ich wäre bei meinem Konzept geblieben: kleine Autos, umweltfreundliche Autos, und da hätte man mich damals ausgelacht.« Das bei Volkswagen gescheiterte »Swatchmobil« wurde dann doch noch gebaut, bei Mercedes, und ist heute besser bekannt unter dem Namen Smart. Dieser späte Markterfolg, bekannte Piëch, mache ihn kein bisschen neidisch, »weil ich weiß, dass tiefrote Zahlen geschrieben werden«.

Piëchs automobiler Sachverstand nötigt Goeudevert noch heute Bewunderung ab. Einmal sei der gesamte Volkswagen-Vorstand zu Tests mit neuen Dieselmotoren nach Finnland ausgerückt. »Nach einem langen Arbeitstag kamen wir müde dort an«, berichtet Goeudevert, »dann kommt Piëch gegen zehn Uhr abends und sagt wie immer freundlich, aber trocken: ›Morgen früh zwischen halb vier und vier treffen wir uns an den Autos.‹ Da habe ich gedacht, das kann nicht wahr sein.« Eine Chance, sich vor dem Termin zu drücken, gab es nicht. Antreten war Pflicht. Nach dem frühen Aufstehen habe er dann aber den Sinn der vermeintlichen Schinderei verstanden, sagt Goeudevert: »Er wusste, dass die Feuchtigkeit am frühen Morgen zu diesem typischen Nähmaschinengeräusch des Dieselmotors führen konnte. Eine oder zwei Stunden später wäre das nicht mehr aufgetreten.« Eine kleine Episode, die auf Grundsätzliches hinweist. Piëch gilt als Qualitätsfanatiker, der bei der Entwicklung neuer Autos nichts dem Zufall überlässt und sich selbst in kleinste Details verbeißt. Es ist wohl eines der Erfolgsgeheimnisse von Volkswagen, dass seit Anfang der Neunzigerjahre Leute an der Spitze stehen, die über mehr Sachverstand vom Produkt verfügen als die Manager der Konkurrenz. »Piëch verkörpert wie kein anderer, den ich kennengelernt habe, die Automobilindustrie wie auch das Automobil selbst – besser als jeder andere«, urteilt sein einstiger Rivale Gouedevert.

Und so tritt als nächster Hauptdarsteller bei der Volkswagen-Hauptversammlung in Hamburg konsequenterweise Martin Winterkorn auf, der langjährige Weggefährte Ferdinand Piëchs, der jetzt auf dem Vorstandssessel in Wolfsburg sitzt; auch er wie Piëch zunächst Ingenieur und erst in zweiter Linie Finanzmanager. Winterkorn war Qualitäts-,

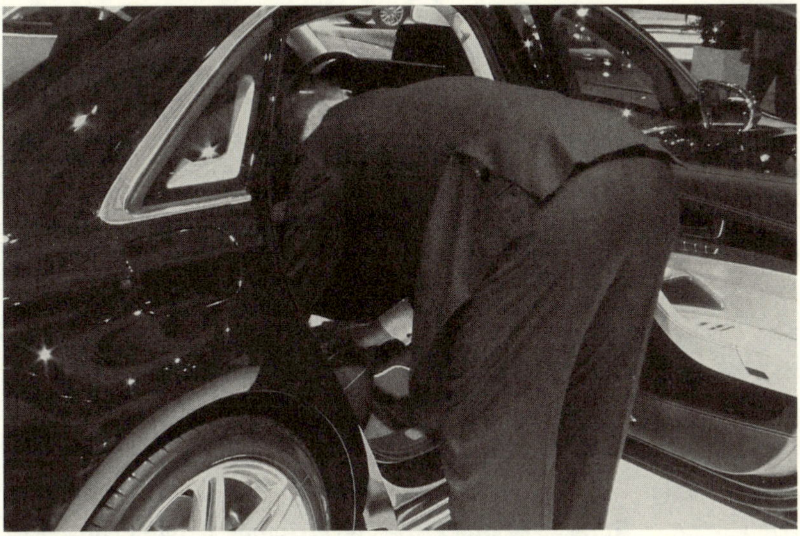

Nähe zum Produkt: Volkswagen-Vorstandschef Martin Winterkorn in ungewohnter Pose

dann Entwicklungschef bei Volkswagen, später Audi-Vorstandschef und wurde schließlich nach dem Abgang von Bernd Pischetsrieder zum Vorstandsvorsitzenden von Volkswagen berufen.

Winterkorn erscheint an diesem Morgen mit einer kleinen Entourage und umrundet im Eiltempo jedes Auto, das im großen Saal des Congress Centers präsentiert wird. Jedes. Und das sind Dutzende. In den großen A8 von Audi kriecht er vorwärts hinein, um die Verarbeitungsqualität zu kontrollieren – und präsentiert den Fotografen damit ungerührt sein Hinterteil. Ein Albtraum für jeden PR-Berater, doch damit demonstriert Winterkorn souveräne Gelassenheit. Hinter einem Seat geht er in die Knie, um den Sitz der Stoßstange zu prüfen. Beim VW-Geländewagen Amarok will er den Innenraum inspizieren, aber die linke Tür ist verschlossen. Einen der herumstehenden Journalisten, im dunkelgrauen Anzug leicht mit einem Mitarbeiter zu verwechseln, herrscht er an: »Warum ist die Tür zu?«

»Die rechte Tür ist offen«, gibt dieser zur Antwort.

»Warum nur die rechte?«, und schon zieht er weiter.

Besonders ausgiebig frönt der Volkswagen-Vorstandsvorsitzende seiner Lieblingsbeschäftigung: Er testet Karosseriefugen auf Passgenauigkeit. Dafür benutzt er Scheckkarten, die er sich von Mitarbeitern ausleiht. In Winterkorns Umgebung tut man gut daran, immer eine passende Karte bei sich zu haben. Die zieht er dann durch den Spalt zwischen Kotflügeln und Motorhauben oder zwischen Türen und Dachansätzen, wie man es sonst mit einem Lesegerät macht. Und zwar nicht zufällig, sondern systematisch bei jedem Modell, das ihm unter die Finger kommt. Zur Unterstützung prüft der Chef dann auch noch mit der Handfläche, wie sich die Übergänge zwischen den Karosserieteilen geben und wie sich die Lackoberfläche anfühlt. »Er streichelt das Auto«, hat Daniel Goeudevert schon früher beobachtet, »es war mir immer fremd, aber ich habe es bewundert.«

Auch Winterkorns Chef Ferdinand Piëch war im Konzern für diese Kunst der Fuge bekannt, was ihm unter Mitarbeitern die Spitznamen »Fugen-Ferdl« oder auch »Spaltmaß-Fetischist« eingebracht hatte. Für Piëch, und damit auch für Winterkorn, hat die Sache einen ernsthaften Hintergrund. »Bessere Verarbeitung«, so Piëch in seiner *Auto.Biographie*, »wird als ein Teil sichtbarer Qualität wahrgenommen.« Seine Hinwendung zu den »heiklen Millimetern« stamme noch aus der Zeit bei Audi, als man sich intensiv mit den Fertigungsqualitäten der Japaner auseinandergesetzt habe. Die Japaner galten damals als Vorbild und waren in den Fugen um etwa einen halben Millimeter besser als die Deutschen. Winterkorn war seinerzeit für die Qualitätssicherung verantwortlich und hat sich in der Fugen-Frage bewährt. Inzwischen hätten sich andere Hersteller an das VW-Niveau herangeschoben, so Piëch, man selbst sei aber meistens doch noch »um einen Tick besser«.

Beim Stand der neuen Tochter Porsche hält Winterkorn kurz inne. Seit Ende 2009 ist er auch Vorstandsvorsitzender der Porsche Automobil Holding SE, ebenjener Firma, die ein paar Monate zuvor unter anderen Vorzeichen noch den Volkswagen-Konzern schlucken wollte. Wohlgefällig ruht Winterkorns Blick auf den Sportwagen aus seiner schwäbischen Heimat: Boxster, 911, Cayenne und dem kurz zuvor erst vorgestellten Panamera, allesamt noch in der Ära Wiedeking entstanden. Auch hier die unvermeidlichen Handgriffe als Test, ob die Karosseriequalität schon Volkswagen-Standard erreicht hat. Ein Qualitätsfanatiker wie Winterkorn dürfte Verbesserungsspielraum spüren, vor allem in der Lackqualität. Aber es drücken andere Sorgen: die Milliardenschulden aus den Aktienspekulationen des früheren Porsche-Vorstands. Volkswagen hatte in der Woche vor der Hauptversammlung 2010 mit einer Kapitalerhöhung rund vier Milliarden Euro eingenommen, die Schulden betragen aber rund elf Milliarden. Natürlich rechnen die neuen Herren aus Wolfsburg damit, dass auch die renditestarken Luxuswagen aus Zuffenhausen künftig ihren Anteil am Gewinn beisteuern. Die Wolfsburger haben schon verkündet, dass sie der Marke noch einiges Potenzial zutrauen und mit neuen Modellen eine Steigerung des Absatzes um rund 50 Prozent anpeilen. Das wären dann 150 000 Autos jährlich – es können auch mehr werden..

Gelegenheit für ein kurzes Interview.

»Wie glücklich sind Sie über die neue Konzerntochter?«

»Sehr glücklich.«

»Entwickelt es sich so, wie Sie es sich vorgestellt haben?«

»Ja. Es entwickelt sich in die richtige Richtung, so wie wir es erwartet haben.«

»Was ist für Sie das Besondere an Porsche?«

»Die Marke. Die Marke Porsche, die Faszination dieser Marke, der Mythos dieser Marke. Es sind faszinierende Autos.«

»Einzigartig auf der Welt?«

»Ja.«

Auftritt Wolfgang Porsche, Aufsichtsratsvorsitzender der Porsche Holding SE, Sprecher des Porsche-Familienzweigs und damit der

Mann, der die gescheiterte Übernahme in letzter Konsequenz zu verantworten hat. Für die Fotografen nimmt er im neuen Boxster Spyder Platz. Auf dem Beifahrersitz, aber das muss man nicht symbolisch sehen. Am Steuer sitzt Michael Macht, damaliger Vorstandschef der Porsche AG, kurze Zeit darauf zum Volkswagen-Produktionsvorstand ernannt. Porsche und Macht. Sie lächeln in die Kameras: Zuversicht heißt die Devise. Es ist die erste Hauptversammlung, nachdem Porsche seine 60 Jahre währende Eigenständigkeit verloren oder besser gesagt verspielt hatte.

Frage an Wolfgang Porsche: »Was bedeutet der Tag heute für Sie?«

»Es ist ein besonderer Tag. Wir sind hier das erste Mal dabei, und es geht zügig in den integrierten Konzern. Und das war ja immer das Ziel.«

»So, oder so?«

»So, oder so.«

»Sind Sie unglücklich darüber, wie die Entwicklung gelaufen ist?«

»Manches kann man sich nicht schnitzen. Aber die Entwicklung ist gut, und gemeinsam sind wir stark. Das ist das Wichtigste, wir haben ja auch eine Verantwortung für die Mitarbeiter. Man muss das Machbare machen.«

»Sie hatten im Juli über den Mythos Porsche gesprochen. Was ist daraus geworden, oder was wird daraus?«

»Ich bin der Meinung, dass er bleibt. Wenn, da bin ich mir auch sicher, eine gewisse Eigenständigkeit erhalten bleibt. Man darf uns nicht unter irgendeinen Hut stecken, dann sind wir ... man kann ihn halt so schwer erklären, den Mythos. Man muss ihn leben. Er ist auch schnell kaputt.«

Porsche – jetzt auch ein Volkswagen. Im Versammlungssaal des ersten Stocks treffen unterdessen die übrigen Mitglieder des Aufsichtsrats ein. Ministerpräsident Christian Wulff, Vertreter des Landes Niedersachsen, das einen 20-Prozent-Anteil an Volkswagen hält, steht im Besucherraum und wird sofort von Journalisten umringt. Wulff verkündet, nach seiner Einschätzung sei Volkswagen jetzt in einer

»So, oder so.« – Wolfgang Porsche im Gespräch auf der Volkswagen-Hauptversammlung in Hamburg im April 2010

Phase der Konsolidierung, es gebe kein weiteres Expansionsstreben. Volkswagen, so Wulff, dürfe nun nicht abheben und nicht unvernünftig werden. Es gelte das Motto: »Vertiefung vor Erweiterung.« Was Politiker eben so sagen.

Derweil kommt es auf dem Podium zu einer aufschlussreichen Gruppenbildung. Bernd Osterloh, der mächtige Betriebsratschef von Volkswagen und einer der erbittertsten Gegner Wiedekings beim Übernahmekampf, begrüßt Ferdinand Piëch demonstrativ freundlich. Winterkorn gesellt sich dazu. Man steht zusammen, plaudert, scherzt und lacht herzlich. Solche Bilder sollen der Öffentlichkeit vermitteln, wer mit wem am besten kann bei Europas größtem Autobauer. Wer mit wem gar nicht kann, zeigt sich nur, wenn man genauer hinschaut. Wolfgang Porsche, auch er Mitglied im Volkswagen-Aufsichtsrat, hat inzwischen das Podium erklommen. Den Vetter Ferdinand beobachtet er unauffällig, aber sehr aufmerksam aus den

Augenwinkeln. Als der sich unvermittelt umdreht, kommt es zu einer Beinahe-Begegnung. Wolfgang Porsche macht eine Armbewegung, als wolle er dem Cousin die Hand geben, aber Piëch geht ohne aufzublicken an ihm vorbei. Porsche erstarrt für einen Augenblick. Der Abstand beträgt nicht einmal einen Meter – so viel zum Thema Familienbande.

Piëch folgt den Bitten der Fotografen und findet sich mit Winterkorn und Wulff zum Gruppenfoto zusammen. Es wirkt wie das obligatorische Siegerfoto bei der Formel 1. Wolfgang Porsche sitzt da schon weitgehend unbeachtet auf seinem Aufsichtsratsplatz in der zweiten Reihe oben rechts. Die Machtverhältnisse zwischen den beiden Vettern haben sich drastisch verändert. Im Aufsichtsrat von Porsche hatte die Familie Porsche, vertreten durch Wolfgang, immer eine Stimme mehr als der Piëch-Clan. Jetzt beherrscht Volkswagen das Unternehmen, und Vetter Ferdinand Piëch sowie der Piëch-Vertraute Martin Winterkorn und das Land Niedersachsen sagen, wo es langgeht im Reich der Wolfsburger. Später wird man von der Hauptversammlung lesen, Piëch wolle bis 2012 auf dem Chefsessel des Kontrollgremiums bleiben, Volkswagen liege ihm sehr am Herzen. Er wolle sich daher dafür einsetzen, dass nach 2012 kein Vakuum entstehe. Im April 2012 wurde Piëch 75 Jahre alt – und ließ sich für weitere fünf Jahre im Amt des Aufsichtsratsvorsitzenden bestätigen. An Ruhestand denkt auch der 65-jährige Winterkorn noch nicht. Er wird dem Konzern mindestens bis 2016 als Vorstandschef erhalten bleiben. Es könnten aber auch noch ein oder zwei Jahre mehr werden, denn Winterkorn hat mit Volkswagen noch viel vor. Und danach könnte er seinen Ziehvater Piëch als Chefkontrolleur im Aufsichtsrat beerben.

Dann erteilt der gegenwärtige Aufsichtsratsvorsitzende Piëch dem gegenwärtigen Vorstandsvorsitzenden Winterkorn das Wort, der daraufhin zum Rednerpult schreitet. Es ist das Jahr eins nach der großen Wirtschaftskrise. Die Verkäufe in Westeuropa sind wieder zurückgegangen, nachdem staatliche Förderprogramme wie die deutsche Abwrackprämie ausgelaufen sind. Dennoch verbreitet Winterkorn Zuversicht. Die Hoffnungen liegen auf den Boom-Märkten China und Indien, aber auch auf Osteuropa, Brasilien und den USA. »Wir werden mehr Geld verdienen und das operative Ergebnis erhöhen«, verspricht er den Aktionären und den Analysten. In den Monaten zuvor hatte Winterkorn seine »Strategie 2018« verkündet, wonach Volkswagen bis zum Jahr 2018 ökonomisch und ökologisch zum weltweit führenden Automobilhersteller werden soll – eben die Nummer eins in der Welt. Volkswagen bläst zum Angriff: mit noch mehr Modellen, umweltfreundlichen Antriebssystemen, der konsequenten Nutzung des Baukastensystems, das erhebliche Entwicklungs- und Produktionskosten einspart, und einer verstärkten Erweiterung der globalen Präsenz.

In diese Strategie passen auch die großen Pläne mit der kleinen Sportwagenfirma Porsche. »Im Laufe des nächsten Jahres«, kündigt Winterkorn auf der Hauptversammlung 2010 an, »wollen wir die Porsche SE mit der Volkswagen AG zu einem starken, integrierten Konzern verschmelzen. Damit nutzen wir eine historische Chance für beide Unternehmen.«

Inzwischen sind Porsche und Volkswagen unter neuen Vorzeichen wieder vereint. Zurück in die Zukunft.

DER PIONIER FERDINAND PORSCHE UND DAS ELEKTROAUTO – BRANDAKTUELL

Die Porsche-Saga begann vor mehr als 130 Jahren in Maffersdorf, Böhmen, links und rechts der Neiße gelegen (heute: Vratislavice nad Nisou). Das Jahrhundert der Industrie war angebrochen. Eisen und Stahl, Elektrizität und Öl begannen ihren Siegeszug. Und auch Maffersdorf erlebte einen Aufschwung: Die Decken- und Teppichfabriken des Ortes waren weit über die nationalen Grenzen hinaus bekannt und zogen Arbeitssuchende aus dem ganzen Land an. Um 1850 zählte Maffersdorf noch rund 3000 Einwohner, 1880 waren es bereits 5000.

Im Haus Nr. 38 in der Hauptstraße, nicht weit von der Apotheke entfernt, schenkte Anna Porsche, die Frau des Klempners Anton, ihrem Ehemann das dritte Kind. Sie tauften es auf den Namen Ferdinand. Das war am 3. September 1875. Die Porsches waren in Maffersdorf eine alteingesessene Familie. Klempnermeister Anton Porsche war Gründer des Ortsbildungsvereins, Obmann des Bezirksfeuerwehrverbandes, Gründer und Hauptmann der Maffersdorfer Feuerwehr, Obmann des Veteranenvereins, Vizebürgermeister und betrieb einige Pferdefuhrwerke.

Oben: Porsche-Geburtsort Maffersdorf in Böhmen
Unten: Das Elternhaus Ferdinand Porsches in Maffersdorf

Im Porsche-Haushalt ging es streng zu. Antons Vorstellungen davon, wie seine Kinder erzogen werden mussten, waren streng viktorianisch ausgerichtet. Ferdinand wuchs mit drei Geschwistern auf: Anna, Hedwig und Oskar.

Als Ferdinand Porsche geboren wurde, experimentierte ein gewisser Siegfried Marcus, Mechaniker und Erfinder in Wien, bereits mit

Klempnermeister Anton Porsche (Mitte) mit Gehilfen und Sohn Ferdinand (1. Reihe rechts)

einem »Petroleum-Wagen«, dem ersten benzinbetriebenen Straßenfahrzeug der Welt, das vorerst allerdings wenig Beachtung fand. Im Jahr 1886, als Ferdinand elf Jahre alt war, bauten die Unternehmer Gottlieb Daimler in Cannstatt und Carl Benz in Mannheim ihre ersten motorisierten Kutschen. Die Mannheimer Presse bemerkte zu Benz' dreirädrigem Patent-Motorwagen im September 1886, »dass dieses Fuhrwerk eine gute Zukunft haben wird«, weil es »ohne viel Umstände in Gebrauch gesetzt werden kann und weil es, bei möglichster Schnelligkeit, das billigste Beförderungsmittel für Geschäftsreisende, eventuell auch für Touristen werden wird«.

Der Beginn des Automobilzeitalters dürfte im ländlichen Maffersdorf damals kaum auf Widerhall gestoßen sein. Anders dagegen war es mit dem elektrischen Licht des Amerikaners Thomas Alva Edison, das über eine Verkaufszentrale in Budapest auch bis in die kleine böhmische Gemeinde gelangte. Diese geheimnisvolle Kraft weckte das höchste Interesse des jungen Porsche, der als 13-Jähriger begann, mit der Elektrizität zu experimentieren. Gaslampen wurden jetzt durch elektrisches Licht ersetzt. Mit der neuen elektrischen Welt, die nun entstand, hatte auch Ferdinand andere Ideen für seine Zukunft; sehr gegen den Willen des Vaters, der ihn zum Nachfolger in seiner Klempnerei ausbilden wollte. Anton Porsche verbot seinem Sohn die Beschäftigung mit der Elektrizität, doch der Junge machte heimlich weiter. Ein frühes Foto zeigt ihn neben der elektrischen Anlage, die er für seine Mutter installiert hatte. Das Haus der Porsches war lange Zeit das einzige im Ort, das über elektrisches Licht verfügte.

Nach der Volksschule begann Ferdinand Porsche eine Lehre im Klempnerbetrieb seines Vaters und besuchte in Abendkursen die Staatsgewerbeschule im fünf Kilometer entfernten Reichenberg. Doch den jungen Ferdinand zog es weiter hinaus ins Leben, und er feierte schließlich einen Sieg über den strengen Vater: Er durfte nach Wien. Die Hauptstadt des k.u.k. Weltreichs war damals die drittgrößte Metropole der Welt und ein Anziehungspunkt für alle, die am rapiden technischen Aufschwung jener Zeit teilnehmen wollten. Mit 18 Jahren trat Ferdinand Porsche als Lehrling in die Vereinigten Elektrizitäts-AG Béla Egger in Wien ein, der späteren Brown Boveri. Der erste Karriereschritt ließ nicht lange auf sich warten: Innerhalb von vier Jahren stieg Porsche zum Leiter des Prüfraums auf.

Bei der Probefahrt einer Kutsche mit einem Béla-Egger-Elektromotor fiel der junge Porsche dem Fabrikanten Ludwig Lohner auf. Lohner führte in dritter Generation die größte Pferdewagenfabrik der Donaumonarchie in Wien und durfte sich seit 1892 Hoflieferant nennen. Ludwig Lohner erkannte die Zeichen der Zeit, er vertraute auf die Zukunft der motorgetriebenen Kutsche. Von 1897 an baute er die ersten Benzin-Motorwagen. Ein Jahr darauf warb er den jungen Ferdinand Porsche von Béla Egger ab und holte ihn zu sich in die Firma. Es

Vor der Abreise nach Wien: der 19-jährige Ferdinand mit der selbst gebauten elektrischen Hauslichtanlage

war der Beginn einer einzigartigen Karriere. »Ich kenne niemanden, der in der automobilen Geschichte einen solchen Einfluss auf das Automobil gehabt hätte, eine solche Produktivität, ohne dass er auch nur studiert hat«, sagt Carl H. Hahn, der spätere Volkswagen-Chef. Hahn, 1926 geboren, hat Ferdinand Porsche noch gekannt. Hahns Vater war Manager bei DKW und gehörte in den 1930er-Jahren zu den Gründern der Auto Union, für die Porsche unter anderem die sogenannten Silberpfeile konstruierte, damals der gemeinsame Name der deutschen Grand-Prix-Rennwagen. »Ich wusste, er war ein bedeutender Mann«, erinnert sich Carl H. Hahn heute, »einmal saß ich in einem seiner Rennwagen und wurde herumgeschoben. Das ist natürlich für einen Jungen ein Traum.«

Das erste Auto, das Porsche im Alter von 24 Jahren entwarf, der Lohner-Porsche, war die fortschrittlichste Konstruktion der Zeit. Die beiden Radnabenmotoren an der Vorderachse leisteten bis zu 20 Minuten lang je sieben PS, während die Normalleistung zweieinhalb PS betrug. Der Akku sorgte für eine Reichweite von bis zu 50 Kilometern. Die Minimalgeschwindigkeit betrug 17, die Höchstgeschwindigkeit knapp 50 Stundenkilometer. Eine elektrische Bremse wirkte auf die Vorderräder, eine mechanische Bandbremse auf die Hinterräder. Das Gesamtgewicht lag bei rund einer Tonne, wobei die Batterie allein 410 Kilogramm wog, jedes der Vorderräder inklusive Elektromotor immerhin 115 Kilogramm.

»Die epochemachende Neuheit«, hieß es in einem zeitgenössischen Fachblatt, »besteht in der gänzlichen Beseitigung aller Zwischengetriebe als Zahnräder, Riemen, Ketten, Differentiale etc., kurz in der Herstellung des allerersten bisher existierenden transmissionslosen Wagens.« Wie die Fachpresse ebenfalls notierte, zeigte der Wagen »kein Schleudern in scharfen Kurven oder auf glattem, kotigem Pflaster, oder zum mindesten nur für Augenblicke, ganz wie beim Pferdebetrieb, bei welchem das Schleudern äußerst kurz und nur selten peinlich fühlbar wird«.

Hightech aus der Weltstadt: Fertigung von Lohner-Elektrowagen in Wien, um 1900

Fast 70 Jahre später kam Porsches zukunftsweisende Erfindung im Zeitalter der Weltraumfahrt noch einmal hoch hinaus: Bei den Apollo-Missionen 15, 16 und 17 nutzte die NASA die Idee des elektrischen Radnabenmotors für ihre Mondfahrzeuge, die insgesamt etwa 90 Kilometer auf dem Mond zurücklegten. Und heute sind Porsches Konstruktionen auch auf der Erde aktueller denn je.

»Wenn man das aus der heutigen Sicht der Debatte über die Zukunft des Automobils in Richtung Elektroantrieb betrachtet«, sagt Carl H. Hahn, »dass der junge Porsche mit 20 Jahren sein erstes Patent für einen Radnabenelektromotor bekam, dann ist das das Schönste, was man sich heute vorstellen kann.«

Der Lohner-Porsche war die Sensation auf der Pariser Weltausstellung im Jahr 1900. Die Erfindung machte Porsche über Nacht berühmt, und Lohner verkaufte rund 300 Exemplare dieser Fahrzeuge. Je nach Aufbau und Motorisierung kostete ein Lohner-Porsche zwischen 10000 und 35000 österreichische Kronen und war damit wesentlich teurer als ein Benzinautomobil. Schon damals umgab das Porsche-Fahren also ein Hauch von Exklusivität. Zu den Käufern gehörte vor allem die Prominenz, wie der Wiener Kaffee-Großunternehmer Julius Meinl, Fürst Egon von Fürstenberg, der Schokoladenfabrikant und Kinopionier Ludwig Stollwerck, der Bankier Baron Nathan Rothschild oder Fürst Max Egon von Thurn und Taxis. Im Jahr 1900 baute Porsche auch Rennwagen, die von Radnabenmotoren angetrieben wurden, wobei allein die Batterien wegen der geforderten hohen Leistung etwa 1800 Kilogramm wogen. Porsche testete alle seine Konstruktionen selbst, auch unter Rennsportbedingungen. »Der Techniker dürfte auch als Rennfahrer eine gute Figur gemacht haben, hatte aber nie den Ehrgeiz, andere als seine eigenen Autos zu fahren«, meint Ferdinand Piëch in seiner *Auto.Biographie*. »Ähnlich verhielt sich übrigens Ettore Bugatti, und beide Jungstars trafen auch tatsächlich mehrmals aufeinander.« Knapp hundert Jahre später sind die einstigen Rivalen Porsche und Bugatti friedlich unter einem Dach vereint – ein Werk des Porsche-Enkels Piëch.

Ferdinand Porsche tüftelte weiter an seinen Konstruktionen, suchte dabei vor allem nach Wegen, die Reichweite zu erhöhen und gleichzeitig das Wagengewicht in vernünftigen Grenzen zu halten. Reine Elektroautos mussten damals schon nach wenigen Dutzend Kilometern zum Nachladen pausieren. Ein prinzipielles Problem des Elektroautos, das auch mehr als ein Jahrhundert später noch nicht vernünftig gelöst ist. »Dann erfand er die Idee, einen Motor auf diesen Wagen zu setzen, der nun wiederum einen Generator antrieb und die Batterien lud«, erläutert Carl H. Hahn, »mit anderen Worten: Alles, was heute als neueste Technik und Konzeption diskutiert wird, hat Porsche bereits als 25-Jähriger gemacht.«

Auf dem Automobilsalon in Paris 1901 präsentierte Ferdinand Porsche seinen Semper Vivus (deutsch: immer lebendig). Mit dieser

Erfindung hatte der Visionär wiederum Neuland betreten: Das mehr als zwei Meter hohe Vehikel besaß zwei Verbrennungsmotoren sowie zwei elektrische Radnabenmotoren und eine Batterie, um Energie zwischenzuspeichern – das erste Hybridfahrzeug der Welt. Der Semper Vivus leistete insgesamt 2,7 PS und war 35 Stundenkilometer schnell. Die beiden Einzylindermotoren trieben während der Fahrt einen Generator an und luden die Batterien stetig nach. Der Prototyp lief bis zu 200 Kilometer ohne Stopp. Porsche entwickelte das Gefährt bis zur Serienreife weiter, ab 1902 wurde es als Modell Mixte angeboten. Doch die Technik war nicht ausgereift, die Autos ließen sich wegen der schweren Vorderräder kaum lenken, und sie kosteten immer noch rund doppelt so viel wie herkömmliche Fahrzeuge.

Rund 110 Jahre später hat das Unternehmen Porsche den »immer lebendigen« Prototypen von 1901 wiederauferstehen lassen. In dreijähriger Zusammenarbeit mit den Spezialisten von Porsche Engineer-

Das erste Hybridfahrzeug der Welt: der Semper Vivus mit seinem Schöpfer Ferdinand Porsche (rechts)

ing und der Karosseriefirma Drescher aus Hinterzarten im Schwarzwald entstand ein originalgetreuer Nachbau des Semper Vivus. Die Aufgabe war, nicht nur im Aussehen eine höchstmögliche Detailtreue zu erreichen, sondern auch die Fahrleistungen des Originals zu erzielen. Vom Ur-Prototypen waren nicht viel mehr als »ein paar alte Skizzen und vergilbte Schwarz-Weiß-Fotos« geblieben, wie Restaurator Benjamin Drescher sagt. Zum Glück ließen sich die beiden De-Dion-Benzinmotoren von damals noch auftreiben. Den einen entdeckten die Restauratoren per Zufall auf einem Teilemarkt in Straßburg, den anderen in England. Etwa eine halbe Million Euro soll der originalgetreue Nachbau gekostet haben. Jetzt ist er weltweit unterwegs auf PR-Tour.

Das technische Prinzip, mit dem der junge Ferdinand Porsche die Autowelt überrascht hatte, erfährt bei Porsche nämlich ein Comeback, denn auch hier geht die Umweltdiskussion nicht spurlos vorüber. Und deshalb gibt es jetzt die ersten Hybridserienmodelle: den Geländewagen Cayenne und die Sportlimousine Panamera. Selbst für den 911 soll ein Hybridantrieb kein Tabu mehr sein. Mehr als hundert Jahre hat es gedauert, bis man das Zusammenspiel von Benzin- und Elektromotor wiederentdeckte, und da kann es zum Nachweis der hauseigenen Kompetenz nicht schaden, wenn man auf die epochalen Erfindungen des Gründervaters verweist.

Der Wiedereinstieg ins Elektrozeitalter beginnt für Porsche auf dem Genfer Autosalon 2010. Die Firma stellt – in Anwesenheit der Porsche-Enkel und der gesamten Führungsspitze – feierlich einen nagelneuen Oldtimer vor, einen Hybrid-Porsche nach Vorbild des alten von 1901: den Porsche 918 Spyder, einen Sportwagen mit Plug-in-Hybridtechnik, der mit Benzin, aber auch mit Strom fahren kann. Der damalige Porsche-Chef Michael Macht kündigt ihn an als »ein völlig neues Kapitel in der Geschichte unseres Unternehmens«.

So wird 110 Jahre nach Ferdinand Porsche das Elektroauto noch einmal erfunden: der letzte Schrei der Autobauer. Laut Porsche kombiniert der 918 Spyder Rennsport-Hightech und Elektromobilität zu einem faszinierenden Spektrum: einerseits Kleinstwagen-Kraftstoffverbrauch von etwa drei Liter pro 100 Kilometer, andererseits Fahrleistungen eines Supersportwagens mit einer Höchstgeschwindigkeit von über 320 Stundenkilometern. Im März 2011 hat der Vorverkauf für den 918 Spyder begonnen, 2013 soll er ausgeliefert werden. Preis: 768 026 Euro. Damit wird er das teuerste jemals in Deutschland gebaute Serienauto sein. »Der 918 Spyder ist genau das, was unsere Kunden von Porsche erwarten«, erklärt der damalige Porsche-Chef Macht bei der Präsentation in Genf. »Sie wollen auch in Zukunft sportliche Autos fahren, auf der anderen Seite müssen wir auf die Emissionsgrenzwerte und natürlich auch zum Ressourcenverbrauch eine Antwort haben. Und mit dem Auto kann man sportlich unterwegs sein, man kann aber auch 25 Kilometer rein elektrisch fahren.«

Porsches Enkel Ferdinand Piëch hat da seine Zweifel an der alten neuen Technik, wie er im Herbst 2010 im Interview erklärt.

Aust: »Gehen Sie eigentlich auch davon aus, dass die Mehrzahl der Autos im Jahr 2030 elektrisch betrieben wird? Oder halten Sie das nicht für möglich?«

Piëch: »Ich bin kein Prophet, aber die Euphorie übersteigt die Realität bei Weitem. Die Batterien waren und sind das ungelöste Problem. Die Autoindustrie steckt dreistellige Millionenbeträge in die Batterietechnologie, und selbst damit geht die Entwicklung nicht schnell genug. Mercedes hat kürzlich den Ferdinand-Porsche-Preis der TU Wien bekommen für die Ankündigung, dass sie demnächst ein Elektrofahrzeug bauen. Wir lassen da gerne einem anderen den Vortritt.«

Aust: »Kann es sein, dass man irgendwann feststellt, es ist nach wie vor am effektivsten, die Mehrzahl der Fahrzeuge mit Benzin oder Diesel anzutreiben?«

Piëch: »Ja, aber da muss die Menschheit erst wieder draufkommen.«

Aust: »Und was kann Volkswagen dazu beitragen?«

Piëch: »Wir haben bei Volkswagen gerade die neueste Version unseres Einliterautos vorgestellt. Wenn wir Verbrennungsmotoren haben, die nur einen Liter auf 100 Kilometer brauchen, da fragt man sich schon, wofür ein Elektroauto noch gut sein soll.«

Doch selbst auf dem traditionsreichen Nürburgring wird seit einiger Zeit mit neuer alter Technik experimentiert. Im Sommer 2010 erproben Porsches technische Nachfahren in der Rennabteilung die moderne Version des alten Systems sogar für den Rennsport. Mit Strom zum Sieg. Beim 24-Stunden-Rennen wagt sich die Porsche-Mannschaft auf historisches Terrain. Zum ersten Mal seit den Zeiten des alten Ferdinand Porsche tritt ein Hybridauto bei einem Rennen an. Der 911 GT3 R Hybrid läuft mit einem Benzin- und zwei Elektromotoren – und mit einem sogenannten Schwungradspeicher. Es zeugt von großem Vertrauen in die Technik, dass man sich gleich an das prestigeträchtige Langstreckenrennen wagt. Nirgendwo im Rennsport ist die Belastung größer als bei der 24 Stunden langen Jagd auf dem kurvenreichen Nürburgring.

»Die Technologie muss erst mal im Rennsport beweisen, dass sie tauglich ist, dass man damit schneller und länger fahren kann als mit einem konventionellen Antrieb«, erklärt der damalige Porsche-Entwicklungsvorstand Wolfgang Dürheimer, nach Zwischenstationen bei Bentley und Bugatti inzwischen Entwicklungschef bei Audi. »Wenn wir das bei diesem Projekt und im Rennsport bewiesen haben, dann werden wir möglicherweise die Hybridisierung auch im Sportwagen in Serie bringen.«

Dabei gab es über den technischen Sinn der Aktion durchaus geteilte Meinungen. Je komplizierter die Technik, desto mehr kann kaputtgehen. Aber nach dem Start zum 24-Stunden-Rennen läuft alles glatt, der Hybrid-Renner fährt von Anfang an vorn mit. Sein Sechszylinder-Boxermotor leistet rund 480 PS, weitere etwa 160 PS liefern die zwei Elektromotoren. Sie bringen Zusatzleistung ohne zusätzlichen Benzinverbrauch. Vorsprung durch Technik.

Das Prinzip: Zwei Elektromaschinen unterstützen den herkömmlichen Benzinmotor. Sie sitzen an der Vorderachse. Wenn der Fahrer bremst, wandert die Energie in den Speicher. Jeder Bremsvorgang bringt zusätzliche Energie, die beim Gasgeben wieder abgerufen und in die Elektromotoren geleitet wird – der sogenannte Boost-Effekt. Der alte Porsche wäre sicher begeistert.

»Unser Firmengründer hat bereits im Jahr 1900 den ersten Hybrid auf die Weltausstellung nach Paris gefahren, was natürlich zur damaligen Zeit eine Sensation war«, erläutert auch Wolfgang Dürheimer, »und wie man sieht, kommt die Technologie mittlerweile wieder an einen Punkt zurück, wo sie vor über hundert Jahren schon mal gewesen ist.«

Und nach 22 Stunden liegt der Hybrid-Porsche auf dem Nürburgring souverän in Führung. Alle Erwartungen wurden übertroffen. Dann das Fiasko: Der Wagen rollt plötzlich aus. Zwei Stunden vor Rennende. Für die Porsche-Mannschaft in der Box platzt ein Traum, bei einigen Teammitgliedern fließen Tränen. Man hat die Chance verpasst, Rennsportgeschichte zu schreiben. Riesengroß die Enttäuschung, auch beim eigens angereisten Unternehmensvorstand Michael Macht. Der einzige Trost: Es war nicht die Hybridtechnik, die versagte, sondern ein simples Getriebeteil. »Es wäre zu schön gewesen, wenn wir gleich mit dem ersten Hybrideinsatz gewonnen hätten«, so Michael Macht. »Es hätte uns natürlich alle riesig gefreut. Aber das Konzept ist aufgegangen, also die Technologie funktioniert.«

Und das sollte schließlich bewiesen werden. Die Porsche-Mannschaft lässt sich nicht entmutigen und tritt im Juni 2011 mit einer verbesserten Version des Hybrid-911 abermals zum 24-Stunden-Rennen an. Es reicht nur zum 27. Platz. Wieder streikt das Getriebe. Immerhin, es gewinnt ein anderer Porsche – mit konventioneller Technik. Den ersten Sieg eines Hybridrennwagens feiert dann 2012 in Le Mans eine andere Marke des Konzerns: Audi.

PORSCHE PRIVAT – EINE DYNASTIE WIRD BEGRÜNDET

Der junge Techniker Ferdinand Porsche blieb Anfang des 20. Jahrhunderts einstweilen bei seinen Mixte-Autos. Diese erzeugten den Strom mithilfe eines Generators, der von einem Daimler-Verbrennungsmotor angetrieben wurde. Dass er dessen Antriebskraft nicht direkt, sondern über die Radnabenmotoren auf die Räder übertrug, lag an Porsches Unzufriedenheit mit den damaligen störanfälligen Kupplungen und Getrieben. So konnte er auch den Vorderradantrieb beibehalten. Einige seiner Rennwagen hatten damals sogar permanenten Allradantrieb.

Privat kam Porsche auch gut voran. Mit 28 Jahren heiratete er die Schneidermeistertochter Aloisia Kaes aus Purschau im böhmischen Teil des Oberpfälzer Waldes. Das frisch vermählte Paar feierte den Eintritt in die Ehe mit einer standesgemäßen Reise – selbstverständlich nach damaligem Stand der Technik, wie Enkel Ferdinand Piëch berichtet: »Der ist sogar mit einem Hybridfahrzeug auf Hochzeitsreise gefahren, von Wien nach Nizza und wieder zurück. Aber es ist nicht überliefert, wie viel er davon mit dem Benzinmotor fuhr und wie viel elektrisch.«

In Wien bezog das junge Paar eine Wohnung in der Berggasse, drei Häuserblocks von Sigmund Freud entfernt. Die Berggasse sei wegen ihrer Steigung eine beliebte Teststrecke für Porsche gewesen,

Familienzusammenführung: Porsche mit eigener Kreation vor seinem Elternhaus. Hinten im Wagen Bruder Oskar und der Vater, im Hintergrund Braut Aloisia (3. von links) und Schwester Anna (rechts), 1902

berichtet Ferdinand Piëch, hauptsächlich nachts, wenn keine Pferdefuhrwerke den Weg verstellten. »Das führt uns zu der hübschen Vorstellung«, so Piëch, »dass sich Sigmund Freud im Haus Nummer 19 wohl öfter über den Krach ärgerte, wenn er nachts am Schreibtisch saß und die Kraxn des jungen Porsche auf Holzreifen vorbeischepperte.«

Auch in anderer Hinsicht war der Konstrukteur produktiv. Am 29. August 1904 kam Tochter Louise in Wien zur Welt. Im Leben der jungen Familie drehte sich alles um das Automobil. Im ARD-Film *Ferdinand Porsche – ein Mann und sein Werk* berichtet Louise, spätere Piëch, im Jahr 1981 über ihre frühesten Kindheitserinnerungen: »Ich bin (...) schon als ganz kleines Kind mit dem Elektromobil gefahren, also noch bevor mein Vater ein Benzinauto konstruiert hatte, und ich kann mich erinnern, dass wir jeden Sonntag in die Kirche gefahren wurden. Da saß der Chauffeur oben wie auf einem Kutschbock mit einem Zylinder auf, und wir sind rückwärts im Coupé gesessen.«

Im Jahr 1906 wechselte Porsche zur Oesterreichischen Daimler-Motoren-Gesellschaft nach Wiener Neustadt, zu Austro Daimler, und wurde dort Nachfolger von Paul Daimler als Technischer Direktor. Vermittelt hatte die Stelle Generalkonsul Emil Jellinek, ein Mann, der vor allem durch seine Tochter in Erinnerung geblieben ist. Die hieß unter anderen Vornamen Mercédès, und Jellinek schlug Daimler eines Tages vor, diesen Namen auch für seine Automobile zu verwenden. Ansonsten kaufte Jellinek die Mixte-Patente von Lohner, gründete eine Reihe von Firmen, um die in Wiener Neustadt produzierten Fahrzeuge zu vertreiben. Unter Porsches Regie wurden bei Austro Daimler nun auch Krankenwagen, Feuerwehrwagen, Oberleitungsbusse, Mixte-Wagen und Militärfahrzeuge hergestellt.

Irgendwann verlor Porsche die Lust am Strom, die Batterien waren zu schwer und zu wenig leistungsfähig. Elektrizität als Antriebsquelle geriet für lange Zeit in Vergessenheit. Es brach die Zeit des billigen Öls und damit des Verbrennungsmotors an, wenn auch nicht ganz ohne Probleme. Porsches sogenannter Maja-Wagen mit Vierzylindermotor, auch er benannt nach einer Tochter Emil Jellineks, startete im Jahr 1908 wenig erfolgreich. Auf dem Automarkt herrschte gerade Absatzkrise, und der Wagen kämpfte mit Getriebedefekten. Als Folge dieses Misserfolgs zog sich Emil Jellinek aus dem Geschäftsbereich Automobile zurück.

Ferdinand Porsche blieb Generaldirektor bei Austro Daimler. Am 19. September 1909 wurde Ferdinand Anton Ernst Porsche, genannt Ferry, geboren. Auch Ferry wuchs mit dem Auto auf. Eine Kindheit auf vier Rädern. »Ich kann mich gut erinnern, dass mein Vater, für den natürlich das Automobil alles war, mich auch als ganz kleinen Bub schon mit dem Auto irgendwie versucht hat vertraut zu machen«,

Ferry Porsche mit Schwester Louise, 1915

erzählt Ferry Porsche im Film *Ferdinand Porsche – ein Mann und sein Werk.* »Eines Tages im Sommerurlaub brachte er einen neuen Wagen mit und ließ mich auf dem Schoß sitzen. Ich habe versucht, das Auto zu lenken, was natürlich der Kraft nach schon schwierig war. Aber das Unglück wollte, dass ich Spielzeugautos hatte, bei denen die Lenkung verkehrt herum ging. Als mein Vater zu mir gesagt hat: ›Und jetzt nach rechts‹, habe ich nach links gedreht an einen Zaun, und der Kotflügel war kaputt, also eingedellt. Das war das Entsetzlichste, was es für meinen Vater geben konnte, ein Auto zu fahren, bei dem nicht alles tipptopp ist.«

Bei Austro Daimler befasste sich Ferdinand Porsche der Ältere jetzt mit der Entwicklung von Personenfahrzeugen, Sportwagen und zunehmend auch von Flugmotoren. Kaum zwei Jahre nach seinem Eintritt in die Firma konnte er die ersten Motoren für Luftschiffe und Flugzeuge vorführen. Porsche war auch beteiligt am Bau des Motors für die Taube, Österreichs erstem Flugzeug und der bis heute wohl größte Beitrag des Alpenlandes zur Luftfahrt, konstruiert vom österreichischen Flugpionier Igo Etrich. Am 17. Mai 1910 gelang dem Piloten Karl Illner der erste Fernflug über 55 Kilometer von Wiener Neustadt nach Wien und, nach einer Pause, wieder zurück – Weltrekord. Einen weiteren Weltrekord hatte Illner mit der Taube zuvor schon geschafft, als er am 11. Mai 1910 erstmals zwei Passagiere transportierte: Konstrukteur Etrich und einen gewissen Oberleutnant Hirsch. Der Flug dauerte zehn Minuten und erreichte eine Flughöhe von 100 Metern. Menschenmengen drängte es zur Flugschau nach Wiener Neustadt – und Österreichs Kaiser Franz Joseph lud Porsche nach der Vorführung zur Privataudienz.

Etrich revanchierte sich für den großen Erfolg, indem er Porsche einige Tipps gab für die Konstruktion der Karosserie des sogenannten Prinz-Heinrich-Wagens. Überliefert sind Etrichs Worte: »Der Motor ist sehr gut, aber die Karosserieform ist falsch.« So entstand mithilfe des Flugpioniers ein windschnittiger Wagen mit Spitzheck,

Sieg beim Prestigerennen: Ferdinand Porsche (links) am Steuer seines Prinz-Heinrich-Wagens, 1910

der eine Höchstgeschwindigkeit von 138 Stundenkilometern erreichte. Mit dem speziell auf den Renneinsatz zugeschnittenen Viersitzer wollte Porsche an der renommierten Prinz-Heinrich-Fahrt teilnehmen, einem vom begeisterten Rennfahrer Prinz Albert Wilhelm Heinrich von Preußen gestifteten Langstreckenrennen für Tourenwagen. Ausrichter war der Kaiserliche Automobil-Club in Deutschland. Über rund 2000 Kilometer sollte das Rennen in der ersten Juniwoche 1910 gehen, eine für damalige Verhältnisse fast mörderische Härteprüfung. Die Strecke führte quer durch das Deutsche Kaiserreich, von Berlin bis nach Straßburg, und endete in Bad Homburg vor der Höhe, wo Prinz Heinrich höchstselbst die Sieger abwinkte. Austro Daimler rückte gleich mit zehn Rennwagen an. Die Fahrt endete mit einem Triumph für Ferdinand Porsche: Seine Konstruktionen belegten die ersten drei

Plätze, die Konkurrenz Mercedes, Benz und Opel wurde auf die hinteren Plätze verwiesen. Im Siegerwagen saß der Konstrukteur selbst am Steuer.

Hundert Jahre später, im Sommer 2010, steuert sein Enkel Ernst Piëch eines der drei erhaltenen Exemplare des Prinz-Heinrich-Wagens. Ernst Piëch, geboren 1929, Ferdinand Piëchs Bruder, wurde über die Familiengrenzen hinaus vor allem durch den »Ernst-Fall« bekannt. Anfang der Achtzigerjahre verkaufte er seine Porsche-Anteile heimlich an einen arabischen Investor. Ernst Piëch hatte sich mit Immobilienprojekten im Burgenland verhoben. Der Deal flog auf, und die Familie musste einen dreistelligen Millionenbetrag aufbringen, um die Porsche-Papiere zurückzukaufen. Einen Teil des Geldes holte sich der Clan, indem er Vorzugsaktien an der Börse platzierte. Eine der Folgen des Ernst-Falls, den der Porsche-Zweig später als Verrat geißelte: Die sorgsam gewahrte Parität zwischen den Porsches und den Piëchs bei den Firmenanteilen ging verloren. Ernsts Anteil blieb nicht in Händen der Piëchs, sondern wurde zu gleichen Teilen aufgeteilt. Der Porsche-Anteil an den Stammaktien ist seither etwas größer als der des Piëch-Zweigs.

Ernst Piëch betreibt heute ein edles Weingut bei Southampton im Süden Englands und hält über eine Stiftung weiterhin Anteile an der Porsche Holding Salzburg, dem größten Autohandelsunternehmen Europas, das 2010 rund 13 Milliarden Euro Umsatz machte. Gegründet wurde es einst von den Kindern Ferdinand Porsches, Ferry und Louise, die wiederum die Mutter von Ferdinand und Ernst Piëch ist. Tradition wird hochgehalten in der Familie Porsche-Piëch, auch in der dritten und bald vierten Generation. Man ist Teil einer Automobildynastie. Um die Tradition lebendig zu halten, hat Ernst Piëch jahrelang in ganz Europa nach Überresten alter Prinz-Heinrich-Wagen gesucht. »Da gab es auf dem Kaminsims meines Großvaters so ein silbernes Modell, das mir als Kind besonders imponierte«, berichtet er beim Interview in Salzburg. »Das Problem war nur, meine Großmutter war nicht sehr begeistert, dass ich das immer angefasst habe, weil meine Finger darauf zu sehen waren. Aber ich kann mich erinnern, dass es mein Lieblingsstück in dem Salon des Großvaters in Stuttgart war. Wie ich dann später festgestellt habe, war das der Wanderpreis vom Prinz Heinrich. Das ist so etwas, das mir vom Alter von fünf Jahren an in Erinnerung geblieben ist.«

Bei einem runden Geburtstag Onkel Ferrys habe man festgestellt, dass niemand im Familienkreis einen Austro Daimler besitze, erinnert sich Ernst Piëch. Das war der Ausgangspunkt für die Suche nach einem Prinz-Heinrich-Wagen, die sich aber ausgesprochen schwierig gestaltete. Wann immer sich Spuren eines Wagens oder von Überresten auftaten, schnellten die Preisvorstellungen augenblicklich in die Höhe, sobald der Name des Interessenten bekannt wurde. Deshalb suchte Ernst Piëch nur noch über Mittelsmänner. Der österreichische Spezialist für Oldtimer Egon Zweimüller spürte 1997 einen von drei überlebenden Prinz-Heinrich-Wagen auf. Den kostbaren Austro Daimler des Opas ließ Piëch bei Zweimüller dann originalgetreu restaurieren. Jeder Schritt der Rekonstruktion des Großvaterwagens wurde akribisch festgehalten. Sogar einen Videofilm hat Piëch darüber drehen lassen – eine technologische Familienchronik.

Als das Werk des Ahnen wiederauferstanden war, setzte sich der Enkel selbst ans Steuer und startete bei diversen Prinz-Heinrich-Gedächtnisfahrten und beim englischen Festival of Speed in Goodwood, zu dem der autoverrückte Earl of March einmal im Jahr auf seinen Familiensitz lädt. In Ernsts Kopf fährt der Alte immer mit. »Vor allem, wenn ich den Gang nicht reinbekomme«, berichtet Piëch, »denke ich immer dran, wie er mir ein ›Kopfstückel‹ gegeben hat, wenn ich es nicht hinbekommen habe.« Erziehungsmethoden, die bei Ernst Piëch bis heute nachwirken: »Ich muss schon sagen, ich bin ihm sehr dankbar, dass er sich energisch dafür eingesetzt hat, dass ich das Doppelkuppeln noch lerne. Und es ist ein bisschen ein Problem in der Familie: Es sind die wenigsten, die das noch können.«

Zug der Zeit: Ferdinand Porsches revolutionärer Landwehr-Train

Rennsiege brachten Austro Daimler und Porsche beträchtliches Renommee. Der österreichische Kaiser Franz Joseph erlaubte dem Unternehmen 1911, den kaiserlichen Doppeladler im Firmenwappen zu verwenden. Auch beim kaiserlichen Militär stellte Porsche seine Entwicklungen vor, die Armee der k.u.k. Monarchie hatte technischen Nachholbedarf. Es war die Zeit vor dem Ersten Weltkrieg, und als Technischer Direktor von Austro Daimler wurde Porsche mehr und mehr mit militärischen Aufgaben betraut. Er baute Flugmotoren, erfand Logistiksysteme für Truppen, Material und Geschütze, wurde zum gesamtheitlichen Techniker mit dem Know-how der Zukunft. Beim spektakulären Landwehr-Train kam Porsche 1913 wieder zurück zur Hybridbauweise.

Der Schwertransporter basierte auf einer Idee des k.u.k. Obersten des Generalstabs Ottokar Landwehr von Pragenau. Der Motorwagen hatte einen 150 PS starken Benzinmotor mit einem angehängten

Generator, der Strom für die Räder der Anhänger lieferte. Bis zu fünf Anhänger konnte der Landwehr-Train ziehen, wobei jedes Rad über einen elektrischen Radnabenmotor einzeln angetrieben wurde. Die Nutzlast des Landwehr-Trains betrug insgesamt 30 Tonnen, etwa das Doppelte eines modernen Sattelschleppers. Das Revolutionäre am Landwehr-Train waren die selbstfahrenden Anhänger. Wenn eine Brücke mit eingeschränkter Tragfähigkeit überquert werden musste, fuhr die Zugmaschine zuerst allein hinüber, verlängerte ihr Kabel zu jedem Anhänger und holte sie einzeln über die Brücke. Danach konnte der ganze Train wieder zusammengekoppelt werden und seine Fahrt fortsetzen.

Der Erste Weltkrieg wurde zum blutigen Schauplatz des technischen Fortschritts. Es war der erste Krieg des Maschinenzeitalters, mit Flugzeugen, Autos und Panzern. »Es muss denn das Schwert nun entscheiden«, rief Deutschlands Kaiser Wilhelm II., einer der Verbündeten Österreichs, sein Volk zum Krieg auf. »Mitten im Frieden überfällt uns der Feind. Darum auf zu den Waffen! (...) Wir werden diesen Kampf bestehen, auch gegen eine Welt von Feinden.«

Doch es war nicht das Schwert, das entschied, es war die Technik. Hier waren Pioniere wie Porsche gefragt. Die ersten Filmbilder, die es von Ferdinand Porsche überhaupt gibt, entstanden in dieser Zeit. Sie zeigen ihn, wie er der Armeeführung einen Zugwagen für die Artillerie vorführt. Der Konstrukteur machte die Armee seiner Heimat mobil. Für seine Verdienste um Österreich wurden Ferdinand Porsche 1917 die Ehrendoktorwürde der Technischen Hochschule Wien und das Offizierskreuz des Franz-Joseph-Ordens verliehen. Draußen auf dem Schlachtfeld erhält ein Landsmann, ein damals unbekannter Meldegänger, das Eiserne Kreuz: der Gefreite Adolf Hitler. An Porsches Zugmaschinen wird er sich später erinnern.

EINE ZEITREISE ZU DEN PORSCHE-MYTHEN – MIT VOLLGAS IN DAS AUTOMOBILZEITALTER

1918. Der Krieg war vorbei, nach fast zehn Millionen Todesopfern, etwa 20 Millionen Verwundeten unter den Soldaten und weiteren sieben Millionen Toten unter der Zivilbevölkerung. Die Monarchien in Deutschland und Österreich hatten ausgedient, die Kaiser gehörten jetzt zum alten Eisen. »Arbeiter und Soldaten! (...) Das Alte und Morsche, die Monarchie ist zusammengebrochen. Es lebe das Neue! Es lebe die deutsche Republik!«, rief Philipp Scheidemann am 9. November 1918 von einem Fenster der Reichskanzlei aus der Berliner Bevölkerung zu. Der jungen Republik Österreich wurde der Anschluss an das Deutsche Reich untersagt, obwohl sich die provisorische Nationalversammlung am 12. November einstimmig dafür ausgesprochen hatte. Die neu ausgerufenen Nachkriegsrepubliken waren kaum lebensfähig. Der Versailler Vertrag verpflichtete die Kriegsverlierer zu gigantischen Reparationen. Die Folge: Inflation und Instabilität.

Die Entwicklung des Automobils rollte dennoch voran. Ferdinand Porsche blieb bei Austro Daimler in Österreich, entschied sich aber für die Staatsbürgerschaft der 1918 gegründeten Tschechoslowakei, was ihm aufgrund seines Geburtsortes zustand. Ausschlaggebend dürfte für ihn gewesen sein, dass Österreicher als Kriegsverlierer nach dem Krieg zunächst nicht ins Ausland reisen durften, was den Tschechoslowaken hingegen erlaubt war. Bei Austro Daimler entwarf Porsche den zweisitzigen Rennwagen Sascha, der hochmodern, leistungsstark und ausgesprochen handlich war: Sein Vierzylinder leistete 45 PS und trieb über ein Vierganggetriebe die Hinterachse an. Das ganze Auto war nur 600 Kilogramm schwer. Alle vier Räder verfügten über moderne Trommelbremsen. Die Geschäftsleitung von Austro Daimler lehnte den Rennwagen jedoch ab, man glaubte nicht an dessen wirtschaftlichen Erfolg in den schwierigen Zeiten. Doch einer der Anteilseigner von Austro Daimler wurde zum Fürsprecher: Alexander Joseph Graf Kolowrat-Krakowsky, genannt Sascha, damals 36 Jahre alt, Filmproduzent und Begründer der österreichischen Filmindustrie. »Sascha

Geburtsstunde des Volksrennwagens: Sascha-Förderer Kolowrat (links neben dem Wagen stehend), Konstrukteur Porsche (rechts am Wagen mit Sohn Ferry) und am Steuer Ingenieur Karl Bettaque

Kolowrat kam aus Amerika zurück«, erzählt Ernst Piëch, »und sagte zum Großvater: ›Warum macht ihr immer so schwere Autos? Warum baut ihr nicht mal ein kleines, bewegliches Auto, so wie es der Ford macht?‹ Und dann hat er angefangen, kleine Autos zu bauen.«

Ein schillernder Filmproduzent als Geburtshelfer für den ersten echten Leichtbau-Porsche. Als Produzent begann Kolowrat 1922 in Wien gerade mit den Dreharbeiten zum Monumentalspielfim *Sodom und Gomorrha*. Die Legende von Sünde und Strafe. In diesem Jahr trat Austro Daimler mit vier Sascha-Werkswagen beim wichtigsten Sportwagenrennen der damaligen Zeit an, der Targa Florio in Sizilien. Bilanz: Alle vier Wagen kamen ins Ziel und konnten sich gegenüber den stärkeren großen Rennwagen gut behaupten. Mit einem 19. Platz in der Gesamtwertung errang Rennfahrer Alfred Neubauer, später Rennleiter bei Mercedes-Benz, die beste Platzierung des Sascha-Teams. Insgesamt fuhr Ferdinand Porsches kleiner Rennwagen bei 52 Starts 51 Mal den Sieg davon.

Zwei Exemplare des Austro Daimler Sascha haben überlebt. Einer davon steht im Hamburger Museum »Prototyp«, wobei die Gründer und Betreiber von »Prototyp« das Wort Museum gar nicht gern hören. Thomas König, 41, und Oliver Schmidt, 39, sprechen lieber von einer »modernen Begegnungsstätte von Enthusiasten für Enthusiasten«. Tatsächlich ist das »Prototyp« ein einzigartiger Ort. Das restaurierte Backsteingebäude, in dem es untergebracht ist, liegt zwischen den Glaspalästen der neuen Hamburger Hafencity und den Kontorhäusern der historischen Speicherstadt – an einem Punkt also, wo sich Vergangenheit und Zukunft begegnen. Der Bau wurde als Teil der Hamburger Gummi-Kamm Compagnie von 1902 bis 1906 errichtet, zu genau jener Zeit, in der Porsche seine ersten Elektrovehikel baute. Das »Prototyp« ist ein magischer Ort für Menschen, die das Automobil lieben, so wie König und Schmidt selbst. Autos sind hier nicht einfach leblose Gegenstände, sie sind »Technikdenkmäler, Sammlerstücke, Kunstwerke, Ikonen, Lustobjekte und Geschichtenerzähler«, wie die »Pro-

Ein Leben mit Porsche: »Prototyp«-Gründer Oliver Schmidt (links) und Thomas König

totyp«-Gründer sagen. Und dabei sind sie vor allem begeistert von der Epoche, »in der noch mit Pioniergeist Autos erdacht, gebaut und gefahren wurden«.

Und deshalb schwebt über allem die Begeisterung und Verehrung für das Werk eines der größten Automobilpioniere – Ferdinand Porsche. Der Alte ist im »Prototyp« unsterblich geworden, in Form einer Granitbüste. Er blickt auf eine kostbare Sammlung automobiler Raritäten, die er erdacht, gebaut und gefahren oder zumindest inspiriert hat. Die Gründer Schmidt und König und ein ganzes Team von Unterstützern haben die Schätze in zeitaufwendiger, mühevoller Recherchearbeit zusammengetragen. Oft brauchten sie Jahre, um ein ganz bestimmtes Modell für die Sammlung aufzuspüren, den jeweiligen Besitzer zum Verkauf zu überreden, um es überhaupt zu bekommen. Neben dem seltenen Sascha finden sich auch ein Volkswagen-

Vorserienwagen von 1938, sehr frühe, in Handarbeit zusammengeschusterte Nachkriegs-Porsches aus der Zeit, in der das Unternehmen noch im österreichischen Gmünd residierte, die ersten Rennwagen mit Porsche-Motoren aus den Vierzigerjahren, ein seltener Porsche-Jagdwagen aus den Fünfzigerjahren und sogar einer von drei noch existierenden Formel-1-Rennern aus Zuffenhausen. Es sind Millionenwerte, die hier stehen, allesamt in makellosem Zustand und jederzeit startbereit. Ihr finanzieller Background erlaubt es den beiden Gründern, sich voll und ganz ihrer Leidenschaft zu widmen.

Warum ausgerechnet Porsche? »Es ist eine deutsche Marke, ein großer Jugendtraum«, sagt Oliver Schmidt. Schon von Kindesbeinen an seien er und sein Schwager König mit dem Porsche-Virus infiziert. »Das erleben wir heute selbst hier im ›Prototyp‹, wenn Kinder kommen. Die stehen davor und sagen: ›Oh, guck mal, Mama, Papa, ein Porsche.‹« Und Mitgründer Thomas König ergänzt: »Am Anfang war es einfach ein Auto, mit dem man Spaß haben konnte. Spätestens mit dem zweiten oder dritten Wagen war es dann so, dass wir nach mehr als nur einem alten Auto gesucht und auch registriert haben, dass das in der Marke Porsche absolut zu finden ist. Denn ohne diese Vorgeschichte wäre die Marke nicht so faszinierend, wie sie heute ist.«

Zur Begeisterung für die Marke gesellte sich ein fast schon archäologisches Interesse an der Erforschung der Vor- und Frühgeschichte von Porsche. Und so stieß man auch auf den kleinen roten Sascha, der einen Meilenstein für die spätere Entwicklung des Hauses Porsche und des Automobils überhaupt darstellt. »Man muss sich hineinversetzen in den zeitlichen Kontext von 1922«, erklärt Oliver Schmidt, »Fahrzeuge waren damals reine Luxusobjekte. Es war ja noch die Zeit der Kutschen, kann man sagen. Und da gab es eben diesen kleinen Volksrennwagen, von dem aber letztendlich nur vier produziert wurden.«

Zur Serienfertigung des Sascha kam es auch deshalb nicht, weil Ferdinand Porsche Austro Daimler 1923 verließ, nachdem der Vorstand des Unternehmens die Mittel für die Rennabteilung stark gekürzt hatte.

»Aus späteren Hinweisen Ferdinand Porsches«, bemerkt sein Enkel Ferdinand Piëch in der *Auto.Biographie*, »kann man schließen, dass er den Sascha für einen wichtigen Schritt auf dem Weg zum Volkswagen hielt, was Leichtbau und ideale Motorgröße (1100 ccm) betrifft.« Somit war der Sascha ein Vorbote des anbrechenden Zeitalters der Massenmotorisierung. Noch wurden die meisten Automobile in Europa in Handarbeit hergestellt wie zuvor die Kutschen. Und noch galten Autofahrer, auch »Autler« genannt, als Exoten. Der Kampf mit den Pferdefuhrwerken um die Vorherrschaft auf den Straßen war noch nicht entschieden.

Amerika hatte es da besser, jedenfalls war man schon weiter auf dem Weg zur Autofahrernation. Ende der 1920er-Jahre gab es knapp 30 Millionen Autos in den USA, eines auf vier Einwohner. In Detroit, der damaligen Welthauptstadt des Automobils, hatte Henry Ford es sich zum Ziel gesetzt, seine Arbeiter – und am Ende alle Amerikaner – mobil zu machen. Fords Modell T sollte 850 Dollar kosten und damit für viele Amerikaner erschwinglich sein. Nur mit einem revolutionären Produktionsverfahren war das möglich. Die »Tin Lizzy« wurde als erstes Auto am Fließband montiert – und trat ihren Siegeszug quer durch die USA an. Die Nachricht vom Beispiel Fords gelangte auch nach Deutschland, und Ferdinand Porsche begann, über neue Fertigungsmethoden und neue Märkte nachzudenken.

»Mit seinem Sascha-Wagen fing er damit an, die Idee ist allerdings älter«, berichtet Historiker Manfred Grieger, Leiter der Historischen Kommunikation bei Volkswagen. »Volksautomobile gibt es im deutschen Sprachraum seit etwa 1904, also die Vision, dass ein Auto für alle zu haben ist. Dieser Begriff wandelt sich dann in den Zwanzigerjahren tatsächlich in Richtung Volkswagen, da spielen eine ganze Reihe von Konstrukteuren eine Rolle, nicht einzig und allein Ferdinand Porsche.«

Die Idee vom Kleinwagen existierte, seit es Autos gab, wie zum Beispiel der Benz Velo beweist. Autoerfinder Carl Benz baute diesen leichten Zweisitzer in den Jahren 1894 bis 1901. Die Grundversion kostete 2000 Goldmark – wenig im Vergleich zum großen Benz Victoria, für den 3875 Goldmark verlangt wurden. Dank einer Serienfertigung und des dadurch relativ günstigen Preises erwies sich der Benz Velo mit rund 1200 hergestellten Exemplaren als Verkaufsrenner, wenngleich die absoluten Zahlen heute nicht sehr beeindruckend wirken. Mit Massenproduktion à la Ford hatte das noch nichts zu tun. Heute werden allein in Wolfsburg 3800 Volkswagen gebaut – täglich.

In der Weimarer Zeit gab es den Hanomag 2/10 PS, wegen seiner eigenartigen Form besser bekannt als »Kommissbrot«. Er war der erste deutsche Kleinwagen, der ab 1925 auf einem Fließband entstand. Damaliger Neupreis für den kleinen Zweisitzer: ab 1995 Reichsmark. Insgesamt wurden 15775 Hanomag »Kommissbrote« gebaut. Der 2/10 PS gilt damit als einer der erfolgreichsten frühen Volkswagen in Deutschland.

Ferdinand Porsche nahm 1923 ein Angebot der Daimler-Motoren-Gesellschaft an und ging mit der Familie von Wiener Neustadt nach Stuttgart, der Geburtsstadt des Automobils. Dort bezog Porsche auf dem noblen Killesberg eine großzügige Villa, die er nebst Garagen und einer Versuchswerkstatt für sich von Paul Bonatz bauen ließ, dem Schöpfer des Stuttgarter Hauptbahnhofs. Tochter Louise heiratete 1928 den Wiener Anwalt Anton Piëch und war stets in Österreich geblieben. Sohn Ferry, damals 14 Jahre alt, ging zunächst mit nach Stuttgart und erlebte seinen Vater auf dem vorläufigen Höhepunkt seiner Karriere. »Obwohl ihn große Güte und Liebe zu seiner Familie auszeichneten«, schreibt Ferry Porsche in seinen Erinnerungen, »war er eine selbstbewusste und entschlossene Persönlichkeit, stets auf der Suche nach neuen und noch besseren technischen Ideen – ungeduldig im Umgang mit Menschen, die nicht seinen Anforderungen entsprachen.« Ferrys eigener Lebensweg schien zu dieser Zeit schon vorgezeichnet: »Ohne es gedanklich klar zu formulieren, fühlte ich als einziger Sohn und Erbe, dass mich eine enorme Beanspruchung

Früh übt sich: Ferry Porsche mit dem vom Vater gebauten »Ziegenbockwagen« in Wien, 1921

erwartete, wenn dereinst die Reihe an mich kam, den Namen unserer Familie weiterzuführen.«

Ferdinand Porsche begann bei Daimler in Untertürkheim als Vorstandsmitglied und Leiter des Konstruktionsbüros. Unter seiner Regie entstanden zunächst keine Volkswagen, sondern Sport- und Rennwagen. Auch mit Entwicklungsaufträgen für das Heereswaffenamt beschäftigte sich der neue Technische Direktor, damals noch insgeheim, denn die Versailler Verträge verboten den deutschen Unternehmen die Rüstungsproduktion in den Jahren nach dem Ersten Weltkrieg. Unter Porsches Regie entstanden bei Daimler unter anderem Kettenfahrzeuge und ein Flugmotor mit 300 PS.

Porsche konzipierte den ersten Mercedes mit acht Zylindern, später entstanden die luxuriösen Modelle S (Sport), SS (Super-Sport) und

SSK (Super-Sport Kurz), die mit ihren Kompressormotoren in für damalige Zeiten unerhörte Leistungsbereiche vordrangen. Der zweisitzige Roadster SSK verfügte anfangs über 200, später über 250 PS und fuhr bis zu 200 Stundenkilometer schnell. Nur etwa 35 Exemplare wurden von diesem Supersportwagen gebaut, die heute zu den wertvollsten Oldtimern weltweit zählen. Autosammlern gelten sie das, was die Blaue Mauritius den Philatelisten ist – wobei immer wieder Fälschungen auftauchen: mehr oder weniger geschickte Nachbauten, die aus den Teilen weniger wertvoller Mercedes-Oldtimer zusammengesetzt sind. »Wir erleben immer wieder wundersame Vermehrungen, wie man sie sonst nur aus der Bibel kennt«, kommentierte einst Wolfgang Rolli, der langjährige Leiter der werkseigenen Mercedes-Sammlung. Wenn eines der seltenen, original erhaltenen SSK-Exemplare den Besitzer wechselt, werden Preise von sechs Millionen Euro und mehr bezahlt.

Am 19. Oktober 1924 trat Mercedes erstmals mit Porsches neuen, besonders leistungsstarken Kompressormotoren bei einem Rennen an. Gleich mit vier Autos startete die Mannschaft aus Stuttgart zum Großen Preis von Italien in Monza. Schon bei diesem ersten Einsatz der gewaltigen, aber schwer zu beherrschenden Rennwagen ereignete sich eine Tragödie. In Monza verunglückte Graf Louis Zborowski in der Lesmo-Kurve tödlich. Die Unfallursache war unklar, Mercedes zog die verbliebenen Grand-Prix-Wagen aus dem Rennen zurück.

Zwei dieser Rennwagen wurden zu etwas leistungsschwächeren Sportwagen umgebaut. Sie tauchten 1926 beim ersten Großen Preis von Deutschland auf der Berliner Hochgeschwindigkeitsstrecke Avus (Automobil-Verkehrs- und -Übungsstraße) wieder auf. Für Mercedes traten der 25-jährige Rudolf Caracciola und der ein Jahr ältere Adolf Rosenberger aus Pforzheim an, ein erfolgreicher Geschäftsmann mit weitreichenden Verbindungen in die Wirtschafts- und Finanzwelt, der sich auch als passionierter Rennfahrer einen Namen gemacht hatte. Im strömenden Regen erreichten die Mercedes-Kompressorwagen auf den kilometerlangen Geraden der Avus Höchstgeschwindigkeiten von bis zu 200 Stundenkilometern. Am Ende siegte Caracciola. Sein Teamkollege Rosenberger war schon beim Training schwer verunglückt. Er war bei Tempo 150 von der Strecke abgekommen, sein Wagen schleuderte in ein Zeitnehmerhäuschen und tötete drei Streckenhelfer. Rosenberger überlebte mit schweren Verletzungen. Später sollte er zu einem der wichtigsten Geschäftspartner Ferdinand Porsches werden.

Porsche baute nie wieder einen Rennwagen für Mercedes. Im Jahr 1926 hatte die schwierige wirtschaftliche Lage die beiden Konkurrenten Daimler und Benz zur Fusion gezwungen. So entstand aus der Not heraus der spätere Weltkonzern Daimler-Benz. Der neu gegründete Vorstand lehnte alle Rennwagenprojekte Porsches aus Kostengründen ab. Für den besessenen Konstrukteur Porsche waren Kosten aber immer Nebensache gewesen. »Man hat immer gesagt, er ist der teuerste Ingenieur«, berichtet sein Enkel Ernst Piëch, »weil er ein Auto nicht konstant über Jahre gebaut, sondern immer geändert hat. Und das war viel zu teuer.« Porsche wurde als Leiter der Mercedes-Entwicklung abgelöst. Zum Nachfolger wurde Hans Nibel ernannt, der vom Fusionspartner Benz nach Stuttgart gekommen war. Als Porsches Vertrag 1928 nicht verlängert wurde, kam es zu einem juristischen Kleinkrieg, weil er selbst von einer lebenslangen Anstellung ausgegangen war. Der Streit endete mit einem Vergleich. Schließlich wähnte sich Porsche auch noch als Opfer einer Intrige bei der Entwicklung eines kleineren Mercedes-Modells, übrigens mit Heckmotor. Es ging um den Vorwurf, die Motoren würden wegen eines Konstruktionsfehlers im Winter nicht anspringen. An einem kalten Morgen kam der Unternehmensvorstand auf einem Hof am Werk Untertürkheim zusammen, um sich selbst ein Bild zu machen. Als die aufgereihten Prototypen gestartet werden sollten, rührte sich tatsächlich nichts. Sie sprangen nicht an. Wie Porsche hinterher ermittelte, hatte der Daimler-Benz-Einkauf gegen seine Weisung zu schwache Batterien beschafft.

»Das war das Ende bei Daimler, danach wurde er dann geschasst«, berichtet Ernst Piëch.

Es folgte ein kurzes österreichisches Intermezzo. Im Jahr 1929, in dem Ernst Piëch geboren und Ferdinand Porsche damit zum ersten Mal Großvater wurde (sieben weitere Enkel folgten), wechselte er zur Firma Steyr nach Oberösterreich. Dort entwickelte er das Modell Austria, ein luxuriöses Sportcabriolet mit Achtzylindermotor. Der Wagen ging nicht in Serie, nur drei Prototypen entstanden. Porsches Sohn Ferry wohnte zu dieser Zeit bei seiner Schwester in Wien und besuchte eine Privatschule, um sich auf das Abitur vorzubereiten. Die Wochenenden mit dem Vater in den Steyr-Werken waren prägend für seinen weiteren Lebenslauf, wie er sich in seiner Biografie erinnert: »Auf die Wochenenden in den Steyr-Werken freute ich mich schon die ganze Woche«, schreibt Ferry Porsche. »Es war faszinierend, die Gedanken meines Vaters nachzuvollziehen und seine Fortschritte von einer Woche zur anderen und über Monate hinweg zu beobachten. Hierin lag der mir vorgezeichnete Lebensweg, daran gab es keinen Zweifel. Autos waren meine erste und größte Leidenschaft und sind es bis heute geblieben.«

Als die Hausbank der Steyr-Werke in der damaligen Wirtschaftskrise Bankrott machte, wurde das Automobilwerk vom Konkurrenten Austro Daimler übernommen. Der wiederum gehörte noch immer zum Daimler-Konzern und wollte mit seinem ehemaligen Chefkonstrukteur Porsche nicht mehr zusammenarbeiten. Porsche verließ das Unternehmen nach nicht einmal einem Jahr. »Ihn interessierte weniger die Loyalität zur Firma als die Loyalität zur Technik«, berichtet Sohn Ferry Porsche in der Filmdokumentation *Ferdinand Porsche – ein Mann und sein Werk*, »er sah immer wieder neue Horizonte. Und so kreierte er immer wieder Automobile, die ihrer Zeit voraus waren und Geschichte machten.«

Dann schlug die Weltwirtschaftskrise zu. Ferdinand Porsche ging zurück nach Stuttgart. Und inmitten von Arbeitslosigkeit und Not

Geburtsstätte des Unternehmens Porsche: die Stuttgarter Kronenstraße in den 1930er-Jahren

machte er sich selbstständig. Am 25. April 1931 wurde die in der Stuttgarter Kronenstraße 24 gelegene »Dr. Ing. h. c. F. Porsche Gesellschaft mit beschränkter Haftung, Konstruktionen und Beratungen für Motoren und Fahrzeugbau« im Firmenregister eingetragen. Die Firmenanteile lagen zu 70 Prozent bei Porsche selbst, der 24 000 Reichsmark ins Stammkapital einlegte, zu 15 Prozent bei seinem Schwiegersohn Anton Piëch und zu 15 Prozent bei Adolf Rosenberger. Dies war die Geburtsstunde des Unternehmens Porsche.

HITLER UND SEIN LIEBLINGS-KONSTRUKTEUR – MASSEN-MOTORISIERUNG ALS PROPAGANDA-PROJEKT

Im Winter 1931/32 erreichte die Wirtschaftskrise in Deutschland ihren Höhepunkt. Mehr als sechs Millionen Menschen waren arbeitslos, denen nur noch etwa zwölf Millionen Beschäftigte gegenüberstanden. Porsche hatte in Stuttgart eine verschworene Truppe aus Technikern und Ingenieuren um sich geschart, die zum Teil schon bei Austro Daimler mit ihm zusammengearbeitet hatten. Sie gehörten zu den Besten ihrer Zeit, so wie Oberingenieur Karl Rabe, als Chefkonstrukteur Porsches »rechte Hand«, der Getriebefachmann Karl Fröhlich oder der Motorenspezialist Josef Kales. Später stießen noch Erwin Komenda, der Karosserieentwickler, und Motorenspezialist Franz Xaver Reimspieß von Austro Daimler dazu. »Es war für die Konstrukteure damals sicher ein großes Risiko«, sagt Heinz Rabe, der Sohn von Porsches Oberingenieur, »aber es war von Anfang an doch so, dass ein ungeheurer Wille und Mut vorhanden waren, diese Aufgabe gemeinsam zu bewältigen.«

Jungunternehmer: Vater und Sohn Porsche in den 1930er-Jahren

Auch Sohn Ferry, damals 22 Jahre alt, gehörte zum Team. »Mein Vater war darauf gekommen, dass seine enorme Produktivität den Firmen im Lauf von ein, zwei Jahren so viele Grundlagen verschafft hat, dass diese zehn Jahre davon leben konnten«, erzählt er. »Und die Firmen haben sich dann die Ausgaben gespart, indem sie ihm den Vertrag nicht verlängert haben. Und er hat sich gesagt: ›Wie komme ich dazu, jedes Mal die Grundlagen zu schaffen, und dann kann ich wieder gehen. Ist doch besser, ich mache ein eigenes Büro auf und arbeite für alle.‹«

Mitten in der Weltwirtschaftskrise musste aber auch ein Porsche um Aufträge kämpfen. Der Lohn für die wenigen Mitarbeiter bestand oft nur aus Unterkunft und Verpflegung, was der Kreativität keinen Abbruch tat. Einer der ersten Erfolge: Im August 1931 wurde die Drehstabfederung zum Patent angemeldet, die noch jahrzehntelang im Automobilbau Verwendung finden sollte; auch beim Volkswagen und später in den Porsche-Sportwagen.

Der erste Auftrag an das Konstruktionsbüro wurde vom Chemnitzer Autohersteller Wanderer vergeben. Das Geschäft hatten Adolf Rosenberger und Wanderer-Vorstand Klaus Detlof von Oertzen eingefädelt. Porsches Mannschaft entwickelte für Wanderer einen neuen Reihen-Achtzylindermotor und eine Sechszylinder-Mittelklasselimousine, die später als Wanderer W 21 und W 22 in Serie ging. Ab September 1931 arbeitete die Truppe im Auftrag von Zündapp an der Entwicklung des Kleinwagens Typ 12. Der war mit Heckmotor und einer rundlichen Karosserie einer der Urahnen des späteren Volkswagens. Die Arbeiten an diesem Projekt wurden im Frühjahr 1932 abgeschlossen, wegen der wirtschaftlichen Depression verzichtete Zündapp aber auf eine Serienfertigung. Später sollten Porsche und seine Ingenieure das Konzept unter anderen politischen Vorzeichen weiterverfolgen.

Politik interessierte Ferdinand Porsche nur, soweit sie für die technische Entwicklung nützlich war. Selbst Stalin stieß zunächst auf

Begehrter Konstrukteur: Ferdinand Porsche in den 1930er-Jahren

offene Ohren, als er bei Porsche anfragen ließ, ob der nicht auch im Dienste des Sowjetkommunismus Autos entwickeln könne. Und so besuchte 1932 eine Delegation aus Moskau Porsche in seinem Stuttgarter Büro. Kurz darauf lud Stalin ihn zu einer Informationsreise in das Sowjetreich ein. »Zuerst kam uns die Einladung so fantastisch vor, dass es uns schwerfiel, sie ernst zu nehmen«, erinnert sich sein Sohn Ferry später in seiner Autobiografie. »Aber sehr bald wurde uns klargemacht, dass alles wirklich ernst gemeint war.« Der Diktator wollte die Sowjetunion mithilfe von Experten aus dem Reich des Klassenfeinds industriell aufrüsten, und er hatte die Idee einer staatlich geförderten Automobilindustrie, ähnlich wie Hitler später. In dieser Sache hatte Stalin auch schon den Erzkapitalisten und Fließbanderfinder Henry Ford um Rat gefragt. Schließlich machte er Porsche das Angebot, Generaldirektor für die Entwicklung der sowjetischen Autoindustrie zu werden, doch der winkte ab. Nicht einmal aus ideologischen Gründen, wie sein Sohn Ferry später bekannte: »Er war der Überzeugung, dass er in seinem Alter nicht mehr so viel Russisch lernen könnte, um sich dort richtig verwirklichen zu können. Die politische Einstellung hätte überhaupt keine Rolle gespielt, denn jedes Regime, das es ihm erlaubt, sozusagen aus dem Vollen zu schöpfen – nämlich seinen Hobbys nachzugehen –, war ihm recht, oder sagen wir mal gleichgültig. Er hat da nicht tiefer hineingesehen.« Porsches Leben war die Technik, in wessen Dienst auch immer.

Es wurde zum Pakt mit dem Teufel. Und der kam für allzu viele nicht aus der Hölle, sondern vom Himmel, manchmal sehr unmittelbar und mit Propellerantrieb. Im Wahlkampf 1932/33 inszenierte sich Adolf Hitler als moderner Politiker, als einer, der auf der Höhe der Zeit war. Mit Flugzeug und Mercedes reiste er zu seinen Wahlkampfauftritten, ein politischer Demagoge in der Verkleidung des Fortschritts. Empfänglich dafür war nicht nur das gemeine Volk, auch große Teile der technischen und wirtschaftlichen Elite witterten Morgenluft – und übersahen die diktatorische, menschenverachtende und verbrecherische Seite dieses politischen Aufbruchs, der geradewegs ins moralische Mittelalter und darüber hinaus führen sollte.

30. Januar 1933. Der Tag der Machtergreifung. Die Republik war am Ende. Hitler wurde Reichskanzler, die Diktatur nahm ihren Anfang. Man hoffte auf den wirtschaftlichen Aufschwung. Für die frisch gewählte Regierung spielte die Autoindustrie dabei eine Schlüsselrolle, denn Hitler wollte die Massenmotorisierung. Er galt als ausgesprochener Autonarr. Schon Anfang der 1920er-Jahre stellte ihm die NSDAP einen Dienstwagen samt Chauffeur – der »Führer« besaß bekanntlich nie einen Führerschein. Schwere Mercedes-Karossen waren ihm unentbehrliche Requisiten bei der Inszenierung von Parteitagen, NS-Aufmärschen und Truppenparaden. Der »Führer« mit hoch erhobenem Arm war nur in einem solchen Spitzenerzeugnis deutscher Technik denkbar. Hitler und Propagandaexperte Goebbels erst recht wussten die überlegene Wirkung solcher Kampfwagen richtig einzusetzen. Für die passende Motorisierung des »Führers« hatte schon zur »Kampfzeit« in den 1920er-Jahren Jakob Werlin gesorgt, Leiter der Münchner Benz-Niederlassung und Mitglied der NSDAP. Selbst als Hitler nach dem gescheiterten Putsch vom 9. November 1923 in der Festung Landsberg einsaß, besuchte Werlin seinen »Führer«, um ihm dort die neuesten Benz-Modelle aus Mannheim zu präsentieren. Tags darauf schrieb Hitler dem Parteigenossen und Autohändler: »Den grauen Wagen, den Sie zurzeit in München haben, bitte ich aber auf alle Fälle so lange reservieren zu wollen, bis ich über mein Schicksal (Bewährungsfrist?) die notwendige Klarheit habe.« Zur Haftentlassung am 20. Dezember 1924 stellte die Benz-Niederlassung einen Wagen zur Verfügung, um Hitler abzuholen. Autoverkäufer Werlin wurde später zum wichtigsten Berater des »Führers« in allen Kraftfahrzeugfragen. Einer der wenigen, die jederzeit Zugang zu ihm hatten.

»Nicht zuletzt wegen seiner Aufgeschlossenheit für technologische Innovationen übte das NS-Regime eine gewisse Anziehungskraft aus, und das Projekt des Volkswagens diente später häufig dazu, sie zu rechtfertigen«, schreiben die Autoren Hans Mommsen und Manfred Grieger in ihrem Standardwerk *Das Volkswagenwerk und seine Arbeiter im Dritten Reich**, in dem auch die Vorgeschichte des Volkswagens und Porsches Rolle dabei beleuchtet werden. Dem Buch liegt ein Forschungsprojekt aus den Neunzigerjahren zugrunde, das damals auch von Volkswagen unterstützt wurde. »Die Nazis hatten sicherlich ein wirtschaftspolitisches Kalkül«, sagt Koautor Grieger, inzwischen Leiter der Abteilung Historische Kommunikation bei Volkswagen. »Die Förderung der Automobilbranche konnte Arbeitsplätze bringen, und das war 1933/34 eine wichtige Währung zur Stabilisierung der eigenen politischen Macht. Der andere Punkt war allerdings auch, dass das Versprechen auf Massenmobilität – also das Auto – für viele eine ganz neue Gesellschaftsordung verhieß.«

Der neue Kanzler wollte aufbauen – an allen Fronten. Deshalb kündigte er im Februar 1933, wenige Tage nach seinem Amtsantritt, ein staatliches Konjunkturprogramm für die krisengeschüttelte Autobranche an. In seiner Rede zur Eröffnung der Automobilausstellung in Berlin stellte Hitler ein Elf-Punkte-Programm zur Massenmotorisierung und zur staatlichen Förderung des Automobilrennsports vor. Die Parole lautete: »Vollgas voraus!« Hitlers Rede wurde im Radio übertragen: »Danken möchte ich aber dann weiter den unzähligen deutschen Konstrukteuren und Technikern, deren Genialität diese Wunderwerke menschlicher Erfindergabe schafft. Es ist traurig, dass unser Volk diese namenlosen Männer kaum jemals kennenlernt.«

Das sollte sich im Fall Porsche bald ändern. »Hitler hatte eine große Schwäche für Porsche, er hielt ihn für genial, was er partiell auch war«, berichtet der Historiker Hans Mommsen im Interview. »Hitler hielt Porsche für einen der besten Ingenieure, die es überhaupt gab. Aber es ist nicht so, dass Porsche Hitler inspiriert hat. Hier trafen sich zwei Leute, die dieselbe Idee verfolgten.«

* *Im Folgenden:* Das Volkswagenwerk

Jedenfalls in puncto Mobilität. Nach Hitlers Rede auf der Automobilausstellung, auf der Hitler auch einen großzügigen Straßenbauplan ankündigte, schickte Porsche seinem Landsmann ein Glückwunschtelegramm: »Als Schöpfer vieler namhafter Konstruktionen auf dem Gebiete des deutschen und österreichischen Kraft- und Luftfahrtwesens und mehr als 30 Jahre mitkämpfend um den heutigen Erfolg, beglückwünsche ich Euer Exzellenz zur tiefgründigen Eröffnungsrede der ›Deutschen Automobilausstellung‹. Ich hoffe«, so Porsche weiter, »dass es mir und meinen Mitarbeitern weiterhin und in erhöhtem Maße vergönnt bleibt, dem deutschen Volke unser Wollen und Können zur Verfügung zu stellen.«

Zunächst standen im Kontruktionsbüro Porsche hingegen personelle Veränderungen an. Wie aus einer Aktennotiz vom 30. Januar 1933 hervorgeht, dem Tag, an dem die SA-Fackelzüge in Berlin den neuen Reichskanzler Hitler begrüßten, beabsichtigte der jüdische Kaufmann und Mitgesellschafter Adolf Rosenberger, »aus Gesundheitsrücksichten mit Ende Feber 1933, seine Stelle als Geschäftsführer der Dr. Porsche Ges. m. b. H. über sein eigenes Ansuchen zurückzulegen«. Laut Protokoll waren bei dem Treffen »gegenwärtig: die Geschäftsführer Herr Dr. Porsche, Herr Adolf Rosenberger, Herr Dr. Anton Piëch jun. und Herr Baron Malberg«. Ferry Porsche berichtete später in seinen Erinnerungen, dass Rosenberger auf eigenen Wunsch ausschied: »Leider war die finanzielle Lage unseres Unternehmens zu diesem Zeitpunkt sehr schlecht. Rosenberger bedrängte uns ständig, einen anderen Geldgeber zu suchen. Er wollte aus der Firma Porsche so schnell wie möglich aussteigen und Deutschland verlassen.« An Rosenbergers Stelle trat der Wiener Baron Hans von Veyder-Malberg als erster kaufmännischer Leiter und Geschäftsführer in die Firma ein. Malberg musste sich laut Protokoll »zur Deckung des laufenden Geldbedarfs« verpflichten, »Kredite selbst oder durch dritte Personen bis zur Höhe von 40000 RM zur Verfügung zu stellen«. Die Geschäfte schienen damals wirklich nicht gut zu laufen.

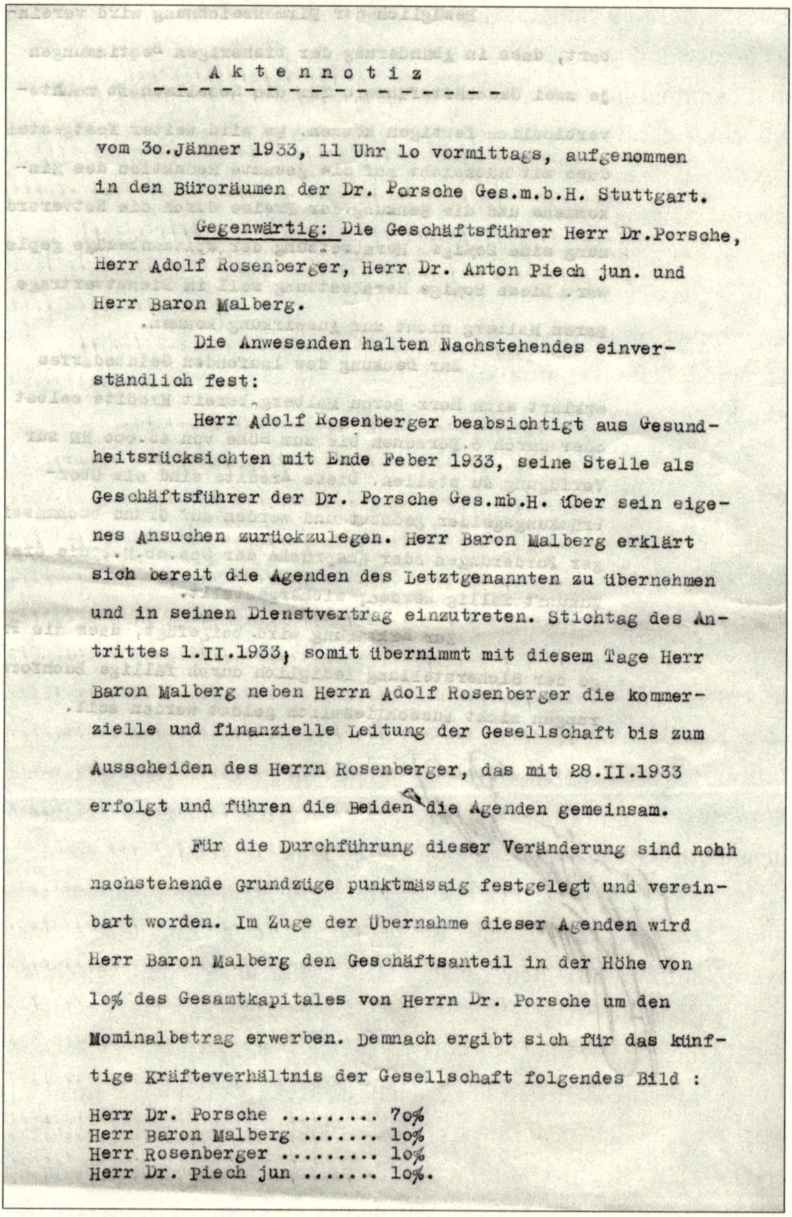

A k t e n n o t i z
- - - - - - - - - - - - - - - - - -

vom 3o.Jänner 1933, 11 Uhr lo vormittags, aufgenommen in den Büroräumen der Dr. Porsche Ges.m.b.H. Stuttgart.

Gegenwärtig: Die Geschäftsführer Herr Dr.Porsche, Herr Adolf Rosenberger, Herr Dr. Anton Piech jun. und Herr Baron Malberg.

Die Anwesenden halten Nachstehendes einverständlich fest:

Herr Adolf Rosenberger beabsichtigt aus Gesundheitsrücksichten mit Ende Feber 1933, seine Stelle als Geschäftsführer der Dr. Porsche Ges.mb.H. über sein eigenes Ansuchen zurückzulegen. Herr Baron Malberg erklärt sich bereit die Agenden des Letztgenannten zu übernehmen und in seinen Dienstvertrag einzutreten. Stichtag des Antrittes 1.II.1933; somit übernimmt mit diesem Tage Herr Baron Malberg neben Herrn Adolf Rosenberger die kommerzielle und finanzielle Leitung der Gesellschaft bis zum Ausscheiden des Herrn Rosenberger, das mit 28.II.1933 erfolgt und führen die Beiden die Agenden gemeinsam.

Für die Durchführung dieser Veränderung sind nohh nachstehende Grundzüge punktmässig festgelegt und vereinbart worden. Im Zuge der Übernahme dieser Agenden wird Herr Baron Malberg den Geschäftsanteil in der Höhe von 1o% des Gesamtkapitales von Herrn Dr. Porsche um den Nominalbetrag erwerben. Demnach ergibt sich für das künftige Kräfteverhältnis der Gesellschaft folgendes Bild :

Herr Dr. Porsche 7o%
Herr Baron Malberg 1o%
Herr Rosenberger 1o%
Herr Dr. Piech jun .... 1o%.

Protokoll der Gesellschaftersitzung vom 30. Januar 1933 (Auszug)

Porsches Schwiegersohn Anton Piëch als Rechtsberater der Firma setzte den Anstellungsvertrag mit Malberg auf, in dem als Gehalt ein Fixum von »monatlich brutto RM 1000« vereinbart wurde, zusätzlich noch ein flexibler Gehaltsbestandteil: »Wenn ein Jahreseingang von 250 000 RM erreicht wird, erhöht sich das monatliche Fixeinkommen um 500 RM pro Monat.«

Mit dem Einstieg des Barons änderten sich auch die Gesellschaftsanteile. Porsche besaß nach wie vor 70 Prozent, Rosenberger, Piëch und von Veyder-Malberg jeweils 10 Prozent. Zweieinhalb Jahre später, am 30. Juli 1935, trat Adolf Rosenberger seinen Geschäftsanteil durch notariellen Vertrag an Ferry Porsche ab. Am 5. September 1935 wurde Rosenberger in seiner Heimatstadt Pforzheim wegen angeblicher »Rassenschande« verhaftet und gute zwei Wochen später aus dem Untersuchungsgefängnis direkt in das Konzentrationslager Kislau deportiert. Vier Tage darauf entließ man ihn. Er musste 53 Reichsmark und 40 Reichspfennig als Kosten für »Schutzhaft« bezahlen. Ferdinand Porsche und sein Sohn Ferry behaupteten nach dem Krieg, sie hätten dafür gesorgt, dass ihr ehemaliger Geschäftspartner bald wieder freigelassen wurde. Adolf Rosenberger stritt das ab, geholfen habe ihm einzig und allein von Veyder-Malberg. Er floh aus Nazi-Deutschland, gelangte über Paris in die USA und vertrat im westlichen Ausland zunächst noch Porsches Interessen. Sein Besitz in Pforzheim wurde »arisiert«, auch die Aufträge von Porsche blieben schließlich aus. Nach Kriegsende sollte man sich wiedersehen, und Rosenberger forderte nachher Entschädigung.

Zurück ins Jahr 1933: Das Konstruktionsbüro Porsche erhielt einen Großauftrag der NSU-Werke in Neckarsulm. Im August begann die Entwicklung eines Kleinwagens namens Typ 32, der dem späteren Volkswagen in Konzept und Form bereits weitgehend glich: So war der luftgekühlte Boxermotor im Heck angeordnet, Grundlage der käferförmigen Limousine war ein Zentralrohr-Kastenrahmen, und die einzeln aufgehängten Räder wurden mit Porsches patentierten

Drehstäben gefedert – alles wesentliche Konstruktionselemente des späteren »Käfers«. Drei Prototypen entstanden, in Serie ging Typ 32 nicht: Da NSU die Namensrechte für den Automobilbau für 30 Jahre an Fiat verkauft hatte, durfte der Wagen nicht gebaut werden.

Die Nazis konstruierten das Deutsche Reich 1933 schon kräftig um, auch im Straßenwesen. Am 23. September, kaum sechs Monate nach Hitlers Machtantritt, begann bei Frankfurt der Bau der ersten Reichsautobahn. Für den symbolträchtigen ersten Spatenstich war Hitler aus Berlin angereist – per Flugzeug. »Ehe sechs Jahre vergangen«, rief der Vorarbeiter der Nation vor Filmkameras und Radiomikrofonen, »soll ein Riesenwerk zeugen von unserem Willen, unserem Fleiß, unserer Fähigkeit und unserer Entschlusskraft. Deutsche Arbeiter, an das Werk!«

Selbst der Straßenbau musste von Kampfparolen begleitet werden – ein Spatenstich als Signal zum Aufbruch. Zur selben Zeit veranstaltete die NSDAP ihren Gau-Parteitag Hessen-Nassau unter dem Slogan »Frieden und Arbeit« in Frankfurt. 700 Arbeiter marschierten mit geschultertem Spaten als »Soldaten der Arbeit« zur Baustelle. SA-Männer und NSDAP-Genossen, Schüler und Passanten jubelten am Straßenrand. Und auch das wurde eifrig für die *Wochenschau* festgehalten. Dabei hatten die Nazis ihr großes Prestigeobjekt nur übernommen. Die Idee eines Schnellstraßennetzes war schon 1925 im Frankfurter Wirtschaftsamt unter Oberbürgermeister Landmann entwickelt worden. 1926 wurde der Verein zur Vorbereitung der Autostraße Hamburg–Frankfurt–Basel (HaFraBa) gegründet. Der HaFraBa plante ein Straßennetz mit »allein dem Kraftfahrzeugverkehr vorbehaltenen, völlig kreuzungsfreien Straßen«. Doch dann wurde das ehrgeizige Vorhaben im Reichstag gekippt – von einer Koalition aus NSDAP und KPD.

Nach der Machtergreifung musste Hitler die fertigen Pläne des HaFraBa nur noch aus der Schublade ziehen und sich mit dem Spaten in der Hand zum Vollstrecker erklären. Die Leitung für den Bau der

Reichsautobahnen übernahm Fritz Todt, der zum Generalinspektor für das deutsche Straßenwesen ernannt worden war. Bauherrin war die von der Reichsbahn gegründete und mit 50 Millionen Reichsmark ausgestattete Gesellschaft Reichsautobahnen. Und während Arbeiter zum Ruhm des »Führers« und der Reichsautobahn schaufelten, konstruierten Ingenieure die Autos, die auf ihnen fahren sollten. So also begann die Mobilmachung der deutschen Volksgenossen, zunächst ganz harmlos und zivil. »Hitler bringt diese Ideen in einer Situation auf den Punkt«, analysiert der Historiker Manfed Grieger, »an dem innerhalb des NS-Regimes tatsächlich die Möglichkeit eröffnet werden konnte, diese Vision Wirklichkeit werden zu lassen. Zumindest in der Planung.«

In seiner Eröffnungsrede auf der Automobilausstellung in Berlin am 7. März 1934 griff Hitler die Idee vom Volkswagen auf. Der Automobilindustrie warf er vor, der falschen Vorstellung vom ausschließlich luxuriösen Charakter des Autos verfallen zu sein. Auch der »einfache Mann«, so Hitler, habe Anspruch darauf, ein eigenes Auto zu besitzen. Es sei vor allem eine Frage der Entschlusskraft von Staat und Industrie, das Problem des deutschen Kleinwagens »vielleicht« innerhalb von vier bis fünf Jahren zu lösen. Von der deutschen Automobilindustrie verlangte Hitler, »immer mehr den Wagen zu konstruieren, der ihr zwangsläufig eine Millionenschicht neuer Käufer erschließt«. Damit stand die Entwicklung des Volkswagens auf der politischen Tagesordnung, und auch sein möglicher Preis wurde schon öffentlich diskutiert. Es seien auf der Automesse zwar zahlreiche neue Modelle gezeigt worden, kommentierte das *Berliner Tageblatt*, es sei jedoch nicht gelungen, den »Tausendmarkwagen« zu verwirklichen. Für den Reichsverband der Deutschen Automobilindustrie (RDA) erklärte dessen Präsident Robert Allmers dagegen, die Öffentlichkeit werde »schon jetzt auf Wunderdinge vorbereitet, und sie wird nachher enttäuscht sein, wenn die raue Wirklichkeit anders aussieht – anders aussehen muss«.

Hinter den Kulissen war die Debatte um den Volkswagen also schon entbrannt. »Es spricht vieles dafür«, schreiben die Historiker Mommsen und Grieger in ihrer Studie *Das Volkswagenwerk*, »dass die Inititative zur staatlichen Förderung eines preiswerten Kleinwagens, die Anfang 1934 vom Reichsministerium für Volksaufklärung und Propaganda ausging, im Vorgriff auf Hitlers Rede auf der Internationalen Automobil-Ausstellung vom 7. März 1934 erfolgte.« Auf einer interministeriellen Konferenz, zu der im Februar 1934 das Reichswirtschafts- und das Reichspropagandaministerium, der Chef des Kraftfahrwesens der SA, Adolf Hühnlein, und der Verbindungsoffizier des Reichswehrministeriums eingeladen waren, warnte der Automobilverband eindringlich vor der Produktion von unterdimensionierten »Fahrmaschinen«, deren Anschaffungskosten nach den Vorstellungen der Politik bei 1000 Reichsmark liegen sollten. Dem Sitzungsprotokoll nach plädierte der RDA stattdessen für die Produktion eines Volkswagens, der normale Abmessungen haben und mindestens vier Personen Platz bieten sollte. Zu dieser Zeit favorisierte das Reichsverkehrsministerium aus Kostengründen noch ein Dreirad, mit zwei Rädern vorn und einem hinten. Auch Hitler schwankte noch, ob ein preiswertes Dreirad nicht die bessere Lösung sei, legte sich dann aber später auf vier Räder für den Volkswagen fest, geradezu eine wegweisende Entscheidung für die deutsche Geschichte. Einen Kübelwagen auf drei Rädern hätte man sich in Afrika schlecht vorstellen können.

Die Sitzung ging ohne konkretes Ergebnis zu Ende. Immerhin einigte man sich auf Initiative der Ministerien darauf, einen »hervorragenden Konstrukteur« mit der Prüfung der Frage zu beauftragen, ob durch technische Vereinfachung eine wesentliche Verbilligung der Produktion zu erreichen sei. Die Vertreter der Automobilindustrie maßen diesem Punkt des Protokolls wenig Bedeutung bei. Sie hielten es von vornherein für aussichtslos, einen leistungsfähigen Personenwagen für 1000 RM anzubieten. »Die Automobilproduzenten hielten das in diesen finanziellen Größenordnungen für absoluten Wahnsinn«, sagt Historiker Mommsen, »und sie hatten natürlich auch recht, dass der Markt das alles nicht hergab.«

Aber die Industrie stand in Treue fest zu ihrem »Führer«. Nach Hitlers Eröffnungsrede auf der Automobilausstellung in Berlin reagierte die Daimler-Benz AG als erster Autohersteller. Schon am 13. März 1934 wandte sich deren Vorstandschef Wilhelm Kissel mit der Bitte um eine Unterredung in der »Sache Volkswagen« an Jakob Werlin. In seinem Brief an Werlin schrieb Kissel: »Wenn der Führer das will, müssen wir uns mindestens einmal die Mühe machen, um festzustellen, ob es geht und welche Faktoren eventuell da sein sollten, die beseitigt werden müssen, um den Plan des Führers zu verwirklichen.« Ein kaum verklausulierter Hinweis darauf, dass man das Projekt für einigermaßen undurchführbar hielt. Unterdessen legte die Abteilung Kraftfahrzeugwesen im Reichsverkehrsministerium Anforderungen für »die Beschaffenheit des Volkswagens« fest. Demnach sollten der Anschaffungspreis nicht mehr als 1000 Reichsmark und die Betriebskosten sechs Reichspfennig pro Kilometer bei einer Fahrleistung von 10000 Kilometern pro Jahr betragen. Der Benzinverbrauch sollte bei vier bis fünf Litern auf 100 Kilometer und die Höchstgeschwindigkeit bei 80 Stundenkilometern liegen. Weiterhin musste das Fahrzeug drei Erwachsenen und einem Kind Platz bieten und eine hinreichende Bodenfreiheit besitzen, um einen militärischen Einsatz zu ermöglichen. Das Chassis musste bei Wegfall des Aufbaus drei Mann und ein Maschinengewehr aufnehmen können. Die Festlegung des Preises ging wohl auf ein Missverständnis zurück, wie Historiker Mommsen im Interview berichtet: »Damals war die Rede von einem 1000-Dollar-Fahrzeug bei Ford. Und dann hat Hitler in seiner etwas oberflächlichen Weise erklärt: ›Na gut, dann machen wir es für 1000 Mark‹ – was vielleicht doch nicht derselbe Betrag war.«

Die Planungen des Ministeriums bezeichneten Vertreter der Autohersteller bei einer Sitzung des RDA im Mai 1934 als »Unfug«. Was bei dem Treffen besprochen wurde, hat Carl Hahn, Direktor bei der Auto Union und Vater des späteren Volkswagen-Chefs gleichen Namens, in einem internen Bericht notiert. Die Aufzeichnungen liegen heute im Sächsischen Staatsarchiv. Demnach stieß die Vorstellung der Regierung, innerhalb eines Jahres zu einer Lösung für die »Lieblingsidee des Führers« (Hahn) zu kommen, auf einhelligen Widerspruch. Allein um den von Hitler inzwischen verlangten Dreizylinderdieselmotor zu entwickeln, bedürfe es mehrerer Jahre, bemerkten die Teilnehmer. Carl Hahn riet dazu, »den Mund zu halten, nach oben zu erklären, dass an der Erreichung des Ziels gearbeitet wird, dies aber längere Zeit in Anspruch nehmen würde«. Hahn notierte weiter, dass sich im Wettstreit um die Gunst des »Führers« der Standpunkt durchgesetzt habe, man könne es nicht wagen, »dem Führer zu erklären«, dessen Volkswagen-Pläne seien »derzeit undurchführbar«. Die anwesenden Firmenvertreter erklärten sich dazu bereit, dem Vorstand des RDA die Bildung einer gemeinsamen Studiengesellschaft und die Beauftragung eines neutralen Konstruktionsbüros mit der Prüfung der technischen und kalkulatorischen Fragen vorzuschlagen. In diesem Zusammenhang nannte Daimler-Benz-Vorstand Wilhelm Kissel den Namen Ferdinand Porsche.

Man verständigte sich darauf, keine Reichsmittel in Anspruch zu nehmen, und vereinbarte, für die Bereitstellung von 500000 Reichsmark zur Finanzierung der Studiengesellschaft einzutreten. Die führenden Autohersteller gingen davon aus, dass Porsche ebenso wie sie zu dem Ergebnis kommen werde, die Anforderungen des Reichsverkehrsministeriums seien ebenso praxisfremd und undurchführbar wie Hitlers Vorschlag eines Dreizylinderdieselmotors. »In mancher Hinsicht war das nur der Versuch, sich eines lästigen Problems zu entledigen«, urteilen Hans Mommsen und Manfred Grieger.

Warum Hitler ausgerechnet den Dieselmotor bevorzugte, ist nicht überliefert. Es zeigt aber, dass der »Führer« zumindest in Autofragen auf der Höhe der Zeit war. Dieselmotoren für Personenwagen waren, von einigen Prototypen abgesehen, noch gar nicht auf dem Markt; die Technik befand sich noch im Versuchsstadium. Den ersten Serienwagen mit Dieselmotor brachte Mercedes-Benz erst 1936 heraus – fast ein halbes Jahrhundert nachdem der Augsburger Ingenieur Rudolf Diesel (1858–1913) seine »Neue, rationelle Wärmekraftmaschine« zum Patent angemeldet hatte. Der Unterschied zum Ottomotor ist, dass der Dieselmotor mit Selbstzündung durch extrem hohe Verdichtung des Kraftstoffs arbeitet, während der Ottomotor einen Zündfunken benötigt. Wegen des hohen Drucks in den Zylindern musste der Motor damals aus schwerem Grauguss hergestellt werden, was den Einsatz in kleineren Fahrzeugen zunächst im wahrsten Sinne des Wortes erschwerte. Nach der Vorstellung des ersten Mercedes Diesel dauerte es noch einmal gut vierzig Jahre, bis Dieselmotoren dank Elektronik und neuer Einspritzverfahren auch für kleinere Personenwagen salonfähig wurden.

Bei der Konstruktion des ersten selbstzündenden Motors hatte Diesel zunächst erfolglos mit Benzin experimentiert. Spätere Versuche mit Lampenpetroleum waren vielversprechender. Auf der Weltausstellung 1900 in Paris präsentierte der Erfinder einen Motor, der auf Wunsch der französischen Regierung mit Erdnussöl betrieben wurde. Ob Porsche, der 1900 in Paris sein Elektroauto vorstellte, den Dieselmotor studierte, ist nicht bekannt. In späteren Jahren experimentierte Diesel auch mit Pflanzenöl als Brennstoff. Und möglicherweise hatte Hitler das im Sinn, als er den Dieselmotor für den Volkswagen forderte, weil er die Unabhängigkeit vom Erdöl für eine spätere militärische Nutzung des Volkswagens als Vorteil ansah.

Rudolf Diesel starb unter ungeklärten Umständen. Am 29. September 1913 ging er in Antwerpen an Bord des Postdampfers *Dresden*, um nach Harwich überzusetzen. Nachdem er abends in seine Kabine gegangen war, wurde er nie wieder gesehen. 14 Tage später sah die Besatzung eines niederländischen Lotsenbootes die Leiche eines Mannes bei starkem Seegang im Wasser treiben. Sie konnte die Leiche nicht bergen, sondern den Kleidern lediglich einige Gegenstände entnehmen, darunter eine Pastillendose und das Portemonnaie, die von Diesels Sohn Eugen später als Besitzgegenstände des Vaters identifiziert wurden.

Fortan rankten sich um Diesels Tod diverse Verschwörungstheorien. Seine Hinterbliebenen glaubten an einen Mord, bei dem es darum ging, Diesels Ideen zu stehlen. Andere vermuteten, dass Diesel im Auftrag der Ölindustrie ermordet wurde, weil er gerade an einer Dieselvariante mit Pflanzenöl arbeitete, die das Geschäftsmodell der Ölkonzerne bedroht hätte. Die wahrscheinlichste Version aber ist Selbstmord. Diesel stand damals kurz vor seinem finanziellen Ruin, der geniale Erfinder hatte als Unternehmer zeit seines Lebens wenig Glück.

NS-PROJEKT VOLKSWAGEN – PORSCHE GEGEN DEN REST DER AUTOMOBILINDUSTRIE

Der Volkswagen wurde wie die Autobahnen zu einem Propagandaprojekt: Hitlers »völkischer Sozialismus« sollte mobilisiert werden. Ferdinand Porsche sah die Zeit gekommen, seine alte Idee zu verwirklichen, die Massen mit einem billigen und trotzdem vollwertigen Auto zu motorisieren. Schon Anfang der 1920er-Jahre, als der Austro Daimler Sascha entstand, hatte er sich mit der Volkswagen-Idee auseinandergesetzt. Im Juni 1930 schon hatte Porsche sich mit der Bitte an den befreundeten Vorstandssprecher der Deutschen Bank, Emil Georg von Stauß, gewandt, die Automobilunternehmen auf die bevorstehende Gründung seines Konstruktionsbüros hinzuweisen. Porsche wollte sich vor allem anbieten, wie er dem Freund schrieb, das »für die Autoindustrie sicher äußerst bedeutungsvolle« Volkswagen-Projekt anzugehen, von dessen Entwicklung er sich eine erfolgreiche Belebung des Marktes versprach. Im Schreiben an Emil Georg von Stauß bemerkte Porsche, er habe bei den Steyr-Werken

»das Problem des für die breite Masse bestimmten billigen Wagens in entsprechender Größe vollkommen gelöst«.

Porsche-Fürsprecher von Stauß war einer der einflussreichsten Finanzmanager der Weimarer Republik. Für die Deutsche Bank saß er in den Aufsichtsräten von Daimler-Benz, BMW, der Filmproduktionsgesellschaft UFA und der Lufthansa. Zudem war er als Mitglied der konservativen Deutschen Volkspartei (DVP) seit September 1930 auch Reichstagsabgeordneter. In den damaligen Zeiten der Wirtschaftskrise hatte er um staatliche Subventionen für ein Programm der »nationalen Motorisierung« zur Rettung der deutschen Automobilindustrie gekämpft, ähnlich wie später die Nationalsozialisten. Als einer der ersten Wirtschaftsführer knüpfte von Stauß Kontakte zu Hermann Göring und anderen Nazigrößen. Von seinem ersten persönlichen Treffen mit Hitler war er so überzeugt, dass er gleich in die NSDAP eintreten wollte. Das redete Göring dem Bankier mit der Begründung aus, er sei als Mitglied der DVP viel wertvoller für die NS-Bewegung. Der gute Kontakt blieb auch im Dritten Reich erhalten. Damit gehörte von Stauß zu »der reaktionären Gruppe von Industriellen und Finanzgewaltigen, die Hitler vor seinem Aufstieg zur Macht finanzielle Unterstützung leisteten und ihm dann in den Sattel halfen«, wie die Finanzabteilung der US-Militärregierung nach Kriegsende bei ihren Ermittlungen gegen die Deutsche Bank urteilte.

Bei den Volkswagen-Verhandlungen zwischen dem Reichsverband der Automobilindustrie und der NS-Reichsregierung im Frühjahr 1934 war Ferdinand Porsche als Konstrukteur von mehreren Seiten ins Gespräch gebracht worden, allerdings zeigten sich die Vertreter des RDA in dieser Frage ausgesprochen zurückhaltend. Später lehnte der Verband die Bestellung eines einzelnen Konstrukteurs ab, da sie den »gewaltigen Verdiensten« zahlreicher anderer Ingenieure nicht gerecht würde. Vor allem das Unternehmen Daimler-Benz, das Porsche einst im Unfrieden verlassen hatte, war gegen eine Beauftragung des Konstrukteurs.

In der Zwischenzeit hatte Porsche seinen »Führer« jedoch schon persönlich kennengelernt. Der Pressechef der Auto Union, Richard Voelter, hatte Hitler den Konstrukteur 1926 am Rande eines Autorennens auf der Stuttgarter Solitude vorgestellt. Im Mai 1933 besuchte Porsche in Begleitung des Direktors der Auto Union, Klaus Detlof von Oertzen, zum ersten Mal die Reichskanzlei. Bei dieser Gelegenheit erinnerte sich der einstige Weltkriegsgefreite Hitler an die beeindruckenden Zugmaschinen, die sein Landsmann Ferdinand Porsche im Ersten Weltkrieg für die österreichische Armee entwickelt hatte. Auch im nächsten Weltkrieg würden Porsches Ideen gefragt sein.

Im Januar 1934 verfasste Porsche ein »Exposé betreffend den Bau eines Deutschen Volkswagens«, das er ans Reichsverkehrsministerium schickte. Er beschränkte sich darin nicht auf technische Ausführungen, sondern skizzierte das Projekt Volkswagen als eine Gemeinschaftsaufgabe des »ganzen Volkes«, wie er schrieb, »insbesondere dessen Jugend, die nicht nur in körperlicher, sondern auch in technischer Tüchtigkeit herangezogen werden will«. In der Einleitung verwies er auf Erfahrungen mit einem anderen »Volksgerät«: »Der Bau eines einheitlichen Rundfunkgerätes, des sogenannten Volksempfängers, hat gezeigt, welche hohe wirtschaftliche Bedeutung einem Erzeugnis beizumessen ist, das hohe Qualität mit absoluter Preiswürdigkeit in sich vereinigt.« Seit Jahren trage sich das deutsche Volk, führte Porsche weiter aus, »mit der Hoffnung, dass ihm endlich ein ausgesprochener Volkswagen beschert werden möchte. (...) Wohl sind bereits einzelne Wagentypen auf dem Markt erschienen, die hohe Qualität zeigen, deren Preis jedoch den verringerten Durchschnittseinkommen der deutschen Volksgenossen keineswegs Rechnung trägt. Solche ›Fabriksvolkswagen‹ wenden sich nach wie vor an eine begrenzte Käuferschicht, die nie und nimmer für Deutschlands künftige Kraftverkehrsentwicklung maßgebend bleiben kann und darf.«

Porsche definierte den Volkswagen als »vollwertiges Gebrauchsfahrzeug, das mit jedem anderen Gebrauchsfahrzeug gleichberechtigt in Wettbewerb treten kann«. Der Volkswagen im Sinne Porsches sei »kein Kleinfahrzeug, das durch künstliche Verringerung seiner Abmessungen, seiner Leistung, seines Gewichts usw. die Tradition der bisherigen Erzeugnisse auf diesem Gebiete nach der Storchschnabelmanier weiterführt«. Porsche kalkulierte mit einer Leistung von 26 PS, einem Gewicht von 650 Kilogramm und einem Kaufpreis von 1550 Reichsmark. Anfangs dachte er nur an eine zivile Nutzung – anders als die Reichsregierung, deren Wagen fürs fahrende Volk bekanntlich auch geschütztauglich sein musste. Am Schluss der Ausführungen unterbreitet der Konstrukteur folgenden Vorschlag: »Die Regierung möge mir den Bau eines Volkswagens als Studienobjekt übertragen.« Der Wagen werde von ihm innerhalb von etwa einem Jahr durchkonstruiert und durchprobiert, worauf »eine Abnahmeprüfung durch eine Kommission von amtlichen und privaten Sachverständigen unter Heranziehung der Industrie stattzufinden« habe. Er selbst, so schreibt Porsche weiter, halte sich »für die selbstständige Entwicklung eines Volkswagens aus dem Grunde für befähigt, da ich mir während meiner jahrzehntelangen praktischen Tätigkeit, in deren Verlauf ich mehr als 60 Fahrzeugtypen entwickelt habe, wohl alle hierzu nötigen fachmännischen Erfahrungen aneignen konnte.« Die spätere Entwicklung des Volkswagens lief dann auch unter dem Kürzel Typ 60.

Hitler sprach sich bei einem Treffen mit Porsche im März 1934 für die Entwicklung eines einfachen, robusten und möglichst leichten Autos mit Vierradantrieb und einer Motorleistung von 30 PS aus. Autoexperte Hitler legte besonderen Wert auf die leichte Austauschbarkeit der Aggregate und die Verwendung eines Dieselmotors mit drei Zylindern und Luftkühlung; diese vor allem wegen einer möglichen militärischen Verwendung. Die spätere legendäre Robustheit des Wehrmacht-Kübelwagens in Afrika und anderswo zeigte, dass Hitler zumindest in Sachen Luftkühlung einmal die richtige Vision hatte. Angetrieben wurde der Kübelwagen allerdings von einem Benzinmotor.

Als bekannt wurde, dass Hitler sich in Sachen Volkswagen mit Porsche schon weitgehend verständigt hatte, gab der Reichsverband der Automobilindustrie im Mai 1934 seinen hinhaltenden Widerstand auf und schlug Ferdinand Porsche für die Entwicklung des Volkswagens vor. Porsche skizzierte die technischen Details und die zukünftigen Absatzchancen in einer »Denkschrift zum deutschen Volkswagen«, die er noch im Mai 1934 vorlegte. Das Auto sollte nun 28 bis 30 PS, ein Vierganggetriebe und Fahreigenschaften auf dem Stand der Technik haben. Mit einem Preis von unter 1500 Reichsmark sei zunächst nicht zu rechnen, aber durch Rationalisierungseffekte bei entsprechend hohen Stückzahlen seien erhebliche Einsparungen möglich. Porsche verwies ausdrücklich auf das Beispiel der Fließbandfertigung des T-Modells von Ford. Allerdings sei es unvertretbar, so Porsche, an einer Preisgrenze von 1000 Reichsmark festzuhalten, da mithin nur Fahrzeuge denkbar seien, die den Anforderungen »breitester Käuferschichten« nicht gerecht würden. Gegenüber den damals billigsten Modellen von Opel und DKW könne nur eine völlige »Neuschöpfung« unter »Zusammenfassung aller Kräfte der gesamten Automobilindustrie« dazu verhelfen, einen möglichst niedrigen Verkaufspreis zu erreichen.

Damit griff der Konstrukteur das Problem auf, das die deutsche Automobilindustrie bei der Volkswagen-Diskussion in erster Linie beschäftigte und weshalb sie das gesamte Projekt von Beginn an mit großem Misstrauen behandelte. Sie fürchtete die Konkurrenz für die bestehenden Modelle, deren Entstehung sie im Übrigen selbst finanzieren sollte. Mit dem neuen Einheitsmobil würde der übrige Markt für Fahrzeuge der unteren Mittelklasse praktisch zusammenbrechen, was einige Autohersteller die Existenz kosten würde. Immerhin kalkulierte man mit einem Marktanteil des Volkswagens von 70 Prozent. Porsche schlug deshalb vor, die einzelnen Firmen an der Produktion des Volkswagens zu beteiligen und sie zu einer größeren Gesellschaft zusammenzufassen. Eine Art Gleichschaltung der Automobilindustrie unter einer, wie Porsche schrieb, »einheitlichen Führung«. Hans Mommsen und Manfred Grieger nennen das »die Übertragung des Führerprinzips auf den Automobilbau«. Porsche dachte allerdings noch nicht an eine selbstständige Fabrik, sondern an eine einheitliche Vertriebsgesellschaft, die »unter Führung einer hierzu vom Reich designierten Persönlichkeit mit entsprechender Vollmacht« stehen sollte. Unter all diesen Bedingungen sei eine Jahresproduktion von 150000 bis 200000 Fahrzeugen für den deutschen Markt realisierbar. Den Verkaufspreis setzte das Büro Porsche zwischen 1490 und 1190 Reichsmark an, das sei aber das »äußerste Erreichbare«.

Es folgten eingehende Verhandlungen zwischen Porsche und dem Reichsverband der Automobilindustrie (RDA), der das Entwicklungsprojekt auf Führerbefehl zu finanzieren hatte. Am 22. Juni 1934 wurde der Konstruktionsvertrag zwischen Porsche und dem RDA abgeschlossen. In der Präambel erklärten die Vertragspartner, »die Motorisierung des deutschen Volkes auf Grundlage einer Gemeinschaftsarbeit unter Einsatz der besten Kräfte des deutschen Automobilwesens mit allen Mitteln und zum Wohle des Deutschen Reiches zu fördern«. Binnen sechs Monaten sollten Entwurf, Konstruktion und Vorkalkulation, binnen weiteren vier Monaten sollten ein Versuchswagen gebaut und eine Hauptkalkulation vorgelegt werden. Als Herstellungspreis wurden pro Wagen 900 Reichsmark bei einer jährlichen Stückzahl von 50000 vereinbart. Der Gesamtauftrag war zum 22. April 1935 zu erfüllen: zehn Monate Entwicklungszeit für ein völlig neues Automodell. Es war ein Aufbruch in das PS-Utopia des NS-Regimes.

Bei Vertragsunterzeichnung erhielt Porsche eine Vorauszahlung von 25000 Reichsmark. Sämtliche gezahlten Bruttolöhne und -gehälter sollten monatlich nicht mehr als 20000 Reichsmark betragen. Für den Fall einer Serienproduktion wurde für die Frist von vier Jahren eine Prämie von einer Reichsmark pro Wagen fällig. Beträge, die in dieser Zeit für die Weiterentwicklung der serienreifen Grundkonstruktion aufgewendet würden, sollten von den Prämienzahlungen abgezogen werden. »Das war der Beginn einer Zusammenarbeit«, berichten Hans Mommsen und Manfred Grieger, »an deren Ende im Jahre 1938 der RDA trotz aller vertraglichen Absicherungen die horrende Summe von 1,75 Millionen Reichsmark vorgestreckt hatte.« Des »Führers« Lieblingskonstrukteur war saniert.

Vier Jahre nach der Gündung des Konstruktionsbüros Porsche wuchs die Belegschaft zum 1. Januar 1935 auf 35 Mitarbeiter an. Fast alle arbeiteten jetzt am Volkswagen-Projekt, daneben gab es einige weitere Aufträge für Flugmotoren. Die Autoindustrie blieb weiterhin skeptisch, dass Porsche die knappen Zeitvorgaben erfüllen konnte. Am 4. Januar tauchte im *Berliner Tageblatt* unter dem Titel »Volkswagen braucht Zeit!« ein offensichtlich vom RDA initiierter Beitrag auf. Es wäre eine »nicht zu verantwortende Leichtfertigkeit der deutschen Automobilindustrie«, so hieß es da, wenn sie mit einem unausgereiften Modell hervortreten und dadurch »Idee und Erfolg des Volkswagens« gefährden würde. Der »Führer« ließ sich durch derlei Bedenken wie immer nicht beirren. Hitler nutzte im Februar 1935 einmal mehr seine Eröffnungsrede zur Internationalen Automobil-Ausstellung, um die Idee von der Volksmotorisierung unters Volk zu bringen: »Ich freue mich«, rief er auch den vollzählig angetretenen Verantwortlichen der Automobilindustrie zu, »dass es der Fähigkeit eines glänzenden Konstrukteurs und der Mitarbeit seines Stabes gelungen ist, die Vorentwürfe für den deutschen Volkswagen fertigzustellen, um die ersten Exemplare ab Mitte dieses Jahres endlich erproben zu können.« Dann schrieb Hitler dem »glänzenden Konstrukteur« gleich noch ins Stammbuch, wie der Volkswagen auszusehen hätte: »Es muss möglich sein, dem deutschen Volke einen Kraftwagen zu schenken, der am Fließband gefertigt wird und im Preise nicht höher liegt als früher ein mittleres Motorrad und dessen Brennstoffverbrauch mäßig ist.«

Porsche geriet in erheblichen Zugzwang und hatte mit Verzögerungen zu kämpfen. Ende Januar 1935 waren zwar die Entwürfe für die Karosserie so weit fertiggestellt, dass ein Auftrag für den Bau der ersten Prototypen an das Karosseriewerk von Daimler-Benz in Sindelfingen herausgegeben werden konnte, die Karosserie fiel jedoch weitaus schwerer aus, als ursprünglich gedacht, einen Motor gab es noch nicht, und auch die alles entscheidende Frage des Verkaufspreises war bei Weitem noch nicht gelöst. So war es schlicht unmöglich, bis Ende April einen fahrfertigen Protoypen auf die Räder zu stellen, wie es bei Vertragsabschluss vereinbart worden war. Im Juni erst legte Porsche nach mehrfachem Drängen der RDA-Vertreter eine abschließende Kalkulation vor, in der für das Fahrgestell einschließlich Motor 756 Reichsmark veranschlagt wurden – ohne Karosserie, die beim vereinbarten Herstellungspreis von 900 RM somit nur 144 RM hätte kosten dürfen. Eine spätere Kalkulation für die Karosserie ergab für sie einen Preis von etwa 350 Reichsmark.

In der entscheidenden Sitzung des RDA am 24. Juni 1935 bemerkten die Teilnehmer einhellig, Porsche habe die gestellte Aufgabe in finanzieller Hinsicht nicht gelöst. Daraufhin wurde eine technische Kommission gebildet, der Vertreter der Firmen Adler, Ambi-Budd, Auto Union, Daimler-Benz, Hanomag, Hansa-Lloyd und Opel angehörten. Die Techniker kamen nach eingehender Prüfung der Kalkulation im Juli 1935 zu demselben Ergebnis wie der RDA. Als Ausweg aus der Kostenkrise empfahlen sie eine Verringerung der Abmessungen und der Leistung des vorliegenden Modells. »Das Ende vom Lied«, schrieb daraufhin Daimler-Benz-Chef Wilhelm Kissel an seinen Bekannten Emil Georg von Stauß von der Deutschen Bank, »wird wohl sein, dass man wieder eine ganz neue Konstruktion ins Auge fassen muss.« Nur widerwillig hatte Porsche der technischen Kommission seine Konstruktionszeichnungen überlassen. Jetzt musste er sich zu einer Verringerung der Abmessungen bereitfinden. Allerdings stellte sich bald heraus, eine nennenswerte Verringerung des Fahrzeuggewichts und damit der Herstellungskosten ließen sich auch damit nicht erreichen. Porsches Karosseriespezialisten überarbeiteten den ursprünglichen Entwurf noch einmal und kamen schließlich auf ein geschätztes Fahrzeuggewicht von 650 bis 670 Kilogramm; anfangs war man noch von höchstens 550 Kilogramm ausgegangen. Inzwischen wurde mit einem Herstellungspreis von 1120 Reichsmark kalkuliert – der damit immer noch deutlich über der Grenze von 900 RM lag.

Deshalb war die Konstruktionsaufgabe aus Sicht des Reichsverbandes der Industrie gescheitert, und es sprach auch nicht für Porsche, dass es noch immer keinen Motor für den Volkswagen gab. Bei der Suche nach einem völlig neuen Motortyp waren seine Ingenieure auf Abwege geraten. Sie hatten laut Vorgabe ihres Chefs nach einem Konzept gesucht, das sich durch einfache Konstruktion, geringen Kraftstoffverbrauch, Haltbarkeit und Wartungsfreiheit auszeichnet. Dabei waren sie auf einen Zweitakt-Doppelkolbenmotor mit rund 1000 Kubikzentimeter Hubraum gekommen, der im Frühjahr 1935 lediglich als Entwurf vorlag. Der von Hitler geforderte Dieselmotor wurde nicht weiterverfolgt. Porsche blieb nichts anderes übrig, als mit dem RDA über die Verlängerung seines Konstruktionsvertrags zu verhandeln.

Das Lieblingsprojekt des »Führers« drohte gegen die Wand zu fahren. Hitler selbst hatte sich im Gespräch mit Armeeführern schon negativ über die vorgesehene Heckmotorkonstruktion geäußert, weil er sie für unfallträchtig hielt. Porsche selbst hatte bei Hitlers engstem Berater für Kraftfahrzeugfragen, Jakob Werlin, schon länger darauf gedrängt, ein Treffen mit dem Diktator zu arrangieren. In der kritischen Lage, in der sich das Projekt befand, musste er sich der vollen Unterstützung seines mächtigsten Verbündeten versichern, andernfalls hätte der RDA es nur zu gern ad acta gelegt. Im Frühjahr 1935 erhielt Porsche dann nach wochenlangem Warten die Gelegenheit, Hitler über den Stand der Dinge zu unterrichten. Der »Führer« habe sich für jede Einzelheit interessiert und mehrfach wiederholt, »dass der Volkswagen unbedingt herausgebracht werden müsse«, teilte Porsche dem RDA sogleich nach dem Treffen in einem Schreiben mit, »und, wenn es notwendig sei, sogar entsprechende Verordnungen erscheinen würden, die alle Wege zur Durchführung des Plans ebnen sollten«.

Das kam einer kaum verhüllten Drohung an die Adresse der Automobilindustrie gleich. Porsche und sein »Führer« würden das Volkswagen-Projekt notfalls auch ohne ihre Zustimmung in Angriff nehmen. Hitler wollte den Volkswagen. Um jeden Preis.

Solange er unter 1000 Reichsmark lag.

DER »NATIONAL-RENNWAGEN« – PORSCHE UND DIE BRAUNEN »SILBERPFEILE«

Auch in der höheren Leistungsklasse konnte sich Porsche auf Hitlers Unterstützung verlassen. Schon bei der Verkündung seines Elf-Punkte-Programms zur Förderung der Automobilindustrie im Februar 1933 bezeichnete der neue Reichskanzler die Wiederaufnahme des Rennsports als eine der wichtigsten Sofortmaßnahmen. Mit staatlichen Subventionen von 500000 Reichsmark für Mercedes und 300000 für die Auto Union brachte das Regime 1933 den Rennbetrieb der größten deutschen Autokonzerne wieder ins Rollen. Bis Kriegsbeginn 1939 summierten sich die Subventionen zu Millionenbeträgen. Ein ansehnlicher Teil davon landete auch bei der Dr. Ing. h. c. F. Porsche GmbH beziehungsweise bei Porsches Hochleistungs-Fahrzeugbau GmbH, die im Auftrag der Auto Union zunächst Renn-, später auch Rekordwagen entwickelte. Hitler war der wichtigste Sponsor der deutschen Rennställe. Als Gegenleistung erwartete er Siege und Geschwindigkeitsrekorde im Zeichen des Hakenkreuzes.

Autorennen waren die Massenspektakel der Zeit, am Nürburgring, auf der Avus, in Silverstone, Großbritannien, oder in Indianapolis in den USA. Stars wie Rudolf Caracciola, Hans Stuck, Manfred von Brauchitsch oder Bernd Rosemeyer fuhren die Konkurrenz in Grund und Boden. »Silberpfeile« nannte die gleichgeschaltete deutsche Presse die alufarbenen Geschosse, die in der Nazipropaganda als Symbole der »Überlegenheit deutscher Kraftfahrzeugkonstruktion« galten und die »Weltgeltung deutscher Wertarbeit« signalisieren sollten. »Die Allgemeinheit meinte«, berichtet Ferry Porsche später in seinen Memoiren, »das Land, das die erfolgreichsten Rennwagen bauen konnte, dürfte auch über die bessere Regierungsform verfügen. Die Absurdität dieser Meinung ist offenkundig.« Dennoch wussten die Porsches diese Gelegenheit zu nutzen. »Im NS-Deutschland wurden diese beiden verschiedenen Wertvorstellungen miteinander verbunden. Dies half uns, ein rein technisches, automobilsportliches Ziel, von dem wir jahrelang geträumt hatten, zu erreichen«, schreibt Ferry Porsche.

Anders als die Spitzenpolitiker der Weimarer Zeit suchte der Nichtsportler Hitler die Nähe der deutschen Sportidole – umgekehrt war es genauso. »Ihr Vorbild«, so Manfred von Brauchitsch bei der Eröffnung der Automobilausstellung in Berlin 1936 zu Hitler, »verpflichtet uns, unser Können und Leben für das deutsche Volk einzusetzen.«

Porsche hatte 1932 zusammen mit seinem Partner Adolf Rosenberger die Hochleistungs-Fahrzeugbau GmbH gegründet, um für die Wanderer-Werke in Chemnitz einen Rennwagen zu entwickeln. Der Auftrag war wiederum über einen Bekannten Rosenbergers aus einem Berliner Herrenklub gekommen, Klaus Detlof von Oertzen. Der Wanderer-Vorstand sah im Rennsport das ideale Werbeinstrument, um sein Unternehmen auch international bekannt zu machen. Mit Beginn der Saison 1934 sollte ein neues Reglement des Weltverbandes der Automobilklubs (FIA) in Kraft treten, nach dem Grand-Prix-Rennwagen nur noch maximal 750 Kilogramm wiegen durften; gemessen wurde dabei das Leergewicht der Fahrzeuge, ohne Kraftstoff, Öl, Kühlmittel und Reifen. Das Gewichtslimit bedeutete eine ungeheure Herausforderung für die Konstrukteure, denn die Rennwagen der damaligen Zeit waren bedeutend schwerer. Die Kunst war es, neue Materialien zu verwenden und damit kleinere und leichtere Motoren zu bauen, als es bis dahin möglich war, und dennoch Höchstleistungen zu erreichen. Eine schwere Aufgabe für Leichtbau-Pionier Ferdinand Porsche und seine Ingenieure. Auf einer Karteikarte skizzierten sie für die »Type R«, später Typ 22, die »grundlegenden Dimensionen« eines Grand-Prix-Wagens nach der neuen Formel. Der Entwurf wurde später verfeinert, das Layout des Fahrwerks am 3. Mai 1933 unter der Nummer 692 180 zum Reichspatent angemeldet. Das Revolutionäre war dabei vor allem die Lage des Motors, den Porsche in der Mitte des Wagens anordnete, zwischen dem Rücken des Fahrers und der Hinterachse. Bis dahin waren Rennwagen fast ausnahmslos konventionell gebaut, mit Frontmotoren und Hinterradantrieb. Der Mittelmotor versprach einen niedrigen Schwerpunkt, ausgeglichene Gewichtsverteilung und gute Traktion bei Beschleunigung.

Noch existierte der neue Wanderer-Rennwagen nur auf dem Papier, da drohte der Auftraggeber pleitezugehen – die Wanderer-Automobilwerke waren in der Wirtschaftskrise zum Sanierungsfall geworden. Ihr Schicksal schien schon besiegelt, als im Februar 1932 der Sächsische Landtag einsprang und eine Bürgschaft von sechs Millionen Reichsmark übernahm, um die angeschlagenen sächsischen Hersteller Audi, DKW, Horch und Wanderer zu retten. Es ging um 8000 Arbeitsplätze und die Zukunft der traditionsreichen Automobilbauregion Sachsen. Am 28. Juni 1932 vereinigten sich die vier Unternehmen unter dem Dach der Auto Union, rückwirkend per Vertrag zum 1. November 1931. Die vier ineinander verschlungenen Ringe im Firmensymbol standen fortan für die vier Marken des Konzerns. Auch Porsches Konzept für den Wanderer-Rennwagen ging auf den neuen Konzern über. »Die Auto Union kaufte den Entwurf von Ferdinand Porsche und beschäftigte ihn auch in einer beratenden Tätigkeit«, sagt der Braunschweiger Historiker Uwe Day, Autor des Buches

Silberpfeil und Hakenkreuz. »In der ersten Phase war Porsche für die Auto Union unverzichtbar, weil er eben das technische Genie in diesem ganzen Rennsportstall war. Sein Entwurf war schon ein Prototyp, könnte man sagen, für die Silberpfeile.«

Auch bei Mercedes-Benz hatte man über eine Teilnahme an der künftigen 750-kg-Formel nachgedacht, wollte sich diese aber durch Subventionen finanzieren lassen. Rennsport, so meinte man bei Mercedes, sei eine nationale Aufgabe, auch in Zeiten von Wirtschaftskrise und Massenarbeitslosigkeit. Im Juni 1932 fragte Entwicklungschef Hans Nibel in einem Schreiben an das Reichsverkehrsministerium, »ob es nicht möglich wäre, dass wir zur Neu- und Weiterentwicklung unserer Rennwagen eine Unterstützung des Reiches erhalten könnten«. Leider sei es dem Unternehmen nicht möglich, die »außerordentlich kostspielige Weiterentwicklung« der Rennwagen mit eigenen Mitteln vorzunehmen. Dabei verwies Nibel auch auf die Konkurrenz aus Frankreich (Bugatti) und Italien (Alfa Romeo), die von ihren jeweiligen Regierungen unterstützt würde, da die internationalen Rennen, so Nibel, »über die Propaganda für die betreffende Automobilmarke hinaus eine große Propaganda für die Industrie des betreffenden Landes bedeutet«. Nibel schickte noch weitere Bittbriefe hinterher, erhielt aber vom Reichsverkehrsminister Paul von Eltz-Rübenach wegen »der überaus angespannten Finanzlage und der schärfsten Kürzung der Haushaltsmittel« eine schroffe Absage. »Hinzu kommt«, schrieb der Minister, »dass das Ministerium in zurückliegenden Zeiten günstigerer Finanzlage sowohl beim Rechnungshof des Deutschen Reichs als auch beim Haushaltsausschuss des Reichstags wegen der Verausgabung von Beihilfen, die der Förderung der deutschen Automobilindustrie auf dem Wege über Automobilrennen dienen sollten, auf sehr starke Bedenken und Beanstandungen gestoßen ist.« Im August 1932 meldete sich auch die neu gegründete Auto Union, bei der Ferdinand Porsche jetzt Rennwagenpläne schmiedete, beim Reichsverkehrsminister mit der Bitte um Unterstützung – ebenfalls ohne Erfolg. Es brauchte erst einen Systemwechsel und einen Autofanatiker als Kanzler, bis der Bau von Rennwagen in den Rang eines nationalen Projekts von höchster Priorität erhoben wurde. Ohne die Nazis hätte es die »Silberpfeile« der 1930er-Jahre nie gegeben.

Hitler hatte schon in den 1920er-Jahren Autorennen besucht und sich ungemein für die Technik der Rennwagen interessiert, wobei er eine erstaunliche Detailkenntnis an den Tag legte. Er war vom Rennsport begeistert – und von den Rennfahrern. Mercedes-Star Rudolf Caracciola hatte in ihm seinen größten Fan. Hitler sandte ihm zu Geburtstagen und Siegen regelmäßig Glückwunschtelegramme. Die persönliche Bekanntschaft ging auf das Jahr 1931 zurück, als Caracciola einen neuen Mercedes-Dienstwagen, Modell 770, an Hitler auslieferte und den NSDAP-Chef und dessen Nichte Geli Raubal im neuen Automobil durch Oberbayern chauffierte. Ein anderes Rennfahreridol der damaligen Zeit, Hans Stuck, hatte Hitler schon Mitte der 1920er-Jahre kennengelernt. Stuck, auch »Bergkönig« genannt, fuhr zwischen 1927 und 1930 für Austro Daimler unzählige Siege bei Bergrennen ein. Unterm Hakenkreuz sollte er später mit Porsches Konstruktionen für die Auto Union über die Pisten rasen.

Aber zunächst wurde er arbeitslos. Infolge der Wirtschaftskrise 1929/30 ging Austro Daimler pleite, und der »Bergkönig« stand auf der Straße. In seinen Memoiren berichtet Stuck, wie er kurz darauf Gelegenheit hatte, mit Rennsportfan Hitler in München zu sprechen. Ein gemeinsamer Bekannter hatte das Treffen vermittelt. »Ich erzähle ihm, dass Austro Daimler in Wien die Fabrik geschlossen hat, dass Mercedes-Benz keine Wagen zu Rennen schickt. Da sind noch Alfa Romeo in Italien, Bugatti in Frankreich. Ausland natürlich. Fremde Wagen. Hitler hört es sich an, nachdenklich, mit Falten an der Nasenwurzel. ›Ich habe Geld‹, sagt er. ›Aber ich brauche jeden Pfennig. Unser Kampf verschlingt alles. Wir werden an die Macht kommen.‹« So weit Stucks Erinnerungen an das Gespräch mit Hitler. Es endete, wie der Rennfahrer weiter schreibt, mit einem Versprechen des NSDAP-

Chefs: »›Ich kann Ihnen keinen Rennwagen vermitteln, Herr Stuck. Noch nicht. Aber eines verspreche ich Ihnen: Wenn Sie mit keinem ausländischen Wagen für ausländische Firmen fahren, dann sollen Sie von mir einen Wagen haben – sobald wir an die Macht gekommen sind. Dann wird Ihnen das Reich einen Rennwagen zur Verfügung stellen, Herr Stuck.‹« Drei Jahre später sollte Stuck seinen »Führer« an dieses Versprechen erinnern. Der Rennwagen, den ihm das Reich dann zur Verfügung stellte, wurde von Ferdinand Porsche konstruiert.

Auch bei der Konkurrenz stand Hitler im Wort. Mercedes-Pilot Manfred von Brauchitsch durfte nach einem siegreichen Rennen auf der Avus 1932 bei ihm in München vorsprechen. Auch er warb, wie sein Team-Kollege Stuck, beim Chef der NSDAP um Unterstützung für ein nationales Prestigeprojekt Grand-Prix-Wagen. »Mit möglichst knappen Sätzen trug ich ihm meine Gedanken vor«, erzählt Manfred von Brauchitsch, der 1954 in die DDR übersiedelte, in seiner Biografie, »erklärte ihm, dass meine Firma für die Entwicklung und Herstellung eines modernen Rennwagens etwa zwei Millionen Mark benötige. Ich brachte meine Hoffnung zum Ausdruck, dass er mit seinen Möglichkeiten im nationalen Sportinteresse diese Summe beschaffen könne. Er hörte sich das alles sehr genau an. Dann erhob er sich, steckte beide Hände in die Hosentaschen und ging einige Male auf und ab. Schließlich begann er zu antworten. Er versprach mir, dafür zu sorgen, dass die deutsche Automobilindustrie in die Lage versetzt würde, international wieder konkurrenzfähig zu werden.« Ein halbes Jahr später, Ende 1932, will sich von Brauchitsch »spontan« zum Obersalzberg aufgemacht haben, um nochmals um die Unterstützung des kommenden Reichskanzlers zu bitten. »Ihre Firma bekommt das Geld in dem Augenblick, wenn ich an der Macht bin«, soll der ihm versprochen haben.

Die Liaison von Politik, Wirtschaft und Motorsport trug direkt nach Hitlers Machtergreifung erste Früchte. So ist es kein Zufall, dass er seine erste programmatische Rede als Reichskanzler am 11. Februar

1933 auf der Automobilausstellung in Berlin hielt. Dort kündigte er neben dem Projekt Massenmotorisierung auch die staatliche Förderung des Rennsports an. Die NS-Propagandisten, allen voran Propagandaminister Joseph Goebbels, hatten begriffen, dass sie sich durch die Nähe zum Rennsport als moderne Bewegung in Szene setzen konnten. Der Propagandaminister fantasierte von der »stählernen Romantik« im Zeitalter des Nationalsozialismus. Rennfahrer wie Rudolf Caracciola, Hans Stuck, Manfred von Brauchitsch oder später Bernd Rosemeyer verkörperten als »Stoßtrupp« die Ambitionen der Nazis, am Durchbruch zur Massenmotorisierung zu arbeiten.

Und der »Führer« hielt seine Versprechen, jedenfalls wenn man den Erinnerungen von Hans Stuck glauben darf. Ende Februar 1933, vier Wochen nach der Machtergreifung, habe bei ihm zu Hause das Telefon geklingelt: »Hier Adolf Hitler. Herr Stuck, ich habe Ihnen seinerzeit gesagt, dass Ihnen das Reich hilft, einen Rennwagen zu bauen, wenn ich an die Macht komme. Nun, es ist so weit.«

Das Rennen um die Subventionen war eröffnet. Mercedes-Benz stand als Hitlers Hoflieferant in der Poleposition, aber die Auto Union hatte Ferdinand Porsche, des »Führers« Lieblingskonstrukteur.

Zunächst war Mercedes etwas schneller als der Rivale aus Sachsen. Daimler-Benz-Vorstandschef Wilhelm Kissel schickte am 15. März ein Schreiben an den »hochverehrten Herrn Reichskanzler«, in dem er um einen Zuschuss von einer Million Reichsmark für den Bau von etwa fünf Rennwagen bat. »Die Zuwendungen würden wir nicht auf einmal benötigen, sondern laufend während dieses Jahres«, erklärte Kissel und beschrieb auch gleich, was die Gegenleistung für großzügige staatliche Hilfe wäre: »Da unsere Marke bei sportlichen Veranstaltungen im Verlauf der Geschichte unserer Firma häufig und bedeutsam für die Förderung des Ansehens des deutschen Namens beigetragen hat, würden wir unser ganzes Können daransetzen und uns eine Ehre daraus machen, auch im künftigen Sport die deutsche Fahne vertreten zu können.«

Die Auto Union sicherte sich zunächst die Dienste Porsches, bevor man sich um das Thema Staatshilfe kümmerte. Schon am 17. März 1933 schloss die Auto Union mit Porsches Hochleistungs-Fahrzeugbau GmbH einen Konstrukteursvertrag ab, der bis zum geplanten Auslaufen der 750-Kilogramm-Rennserie im Jahr 1936 galt. Zunächst erhielt Porsche 75 000 Reichsmark für die Entwicklung eines Rennwagens, der laut Vertrag folgende Eigenschaften haben musste: »1. Der Motor muss 250 PS bei 4500 Touren haben. 2. Das Gewicht des kompletten Fahrzeugs soll im Jahre 1933 unter 800 kg unbereift und trocken und muss im Jahre 1934 entsprechend dem internationalen Reglement unter 750 kg liegen. (...) 3. Der komplette Wagen muss sich bei einer ununterbrochenen Fahrt von 10 Runden auf der Avus, Berlin, bewähren und dabei in jeder Geraden die Höchstgeschwindigkeit von 250 Stundenkilometern erreichen.« Weiter wurde festgelegt, der Wagen müsse neben der offiziellen Auto-Union-Bezeichnung »mit dem Zusatz *Typ Porsche* laufen und gemeldet werden«. Daran sollte sich die Auto Union später nicht halten, erfüllte aber eine andere Bestimmung zugunsten Porsches: »Sollten für den Bau von Rennwagen innerhalb der Vertragsdauer staatliche – oder Club-Subventionen oder von dritter Seite – gegeben werden, so erhält die Auto Union diese Subventionen zunächst allein, bis sie einen Gesamtbetrag von RM 100 000,-- (Einhunderttausend Reichsmark) erhalten hat. Jede weitere diesen Betrag übersteigende Summe (...) wird dann zur Hälfte zwischen der Auto Union und der Dr. Porsche GmbH geteilt.«

Offensichtlich konnten sich die Manager der Auto Union damals noch nicht vorstellen, wie viel sich die Nazis die Weltherrschaft auf den Rennpisten tatsächlich kosten lassen würden. Bis zum Beginn des Zweiten Weltkriegs beliefen sich die Zuschüsse an die beiden »Silberpfeil«-Rennställe von Mercedes und Auto Union auf mehrere Millionen Reichsmark. Und so profitierte auch Porsche von dem staatlichen Geldsegen. Bis Juni 1936 musste die Auto Union fast eine halbe

Prestigeprojekt »Silberpfeil«: Ferdinand Porsche mit einem Prototyp seines Mittelmotor-Rennwagens

Million Reichsmark, genau RM 492 428,50, an ihren Konstrukteur weiterleiten.

Dennoch erwies sich das Outsourcing der Rennabteilung als geschickter Schachzug beim Duell um die staatlichen Zuschüsse. Nur mit Porsches Erfahrung konnte die Auto Union, die zuvor noch nie am Rennsport teilgenommen hatte, gleichsam über Nacht zum ernsthaften Mercedes-Konkurrenten aufsteigen. Das sah man im zuständigen Reichsverkehrsministerium anscheinend auch so. Jedenfalls erhielt der Daimler-Vorstand Anfang April 1933 die Mitteilung, dass für das Mercedes-Projekt allenfalls 300 000 bis 400 000 Reichsmark bereitgestellt werden könnten. Ein erster Hinweis darauf, dass die Staatshilfe geteilt werden sollte – und ein Alarmzeichen für die Mercedes-Truppe. Als Antwort schickte Daimler-Chef Kissel einen Eilbrief an Ministerialdirektor Ernst Brandenburg im Verkehrsministerium, in dem er noch einmal und mit etwas mehr Nachdruck um »ausreichende Mittel« bat und obendrein die Konkurrenz schlechtmachte: »Zum Bau von Rennwagen, welche nicht nur unsere Marke, sondern die ganze deutsche Nation in schweren Rennen vertreten sollen, gehören nicht nur Konstrukteure; es ist dazu der ganze Geist und die ganze Einstellung eines Hauses erforderlich, das über entsprechende Erfahrungen verfügt.« Die Reaktion aus dem Ministerium fiel einigermaßen kühl aus: »Da bereits ein Antrag in gleicher Richtung seitens der Auto Union vorliegt, würde es aber wohl zweckmäßiger sein, wenn die beiden interessierten Firmen sich untereinander verständigen würden«, schrieb Carl Eduard Herzog von Sachsen-Coburg und Gotha, der neu ernannte Beauftragte für das Kraftfahrwesen im Verkehrsministerium.

Hinter den Kulissen ging das Gerangel heftig weiter, auf allen Ebenen. Kissel machte noch im April bei seinen einflussreichen Aufsichtsratsmitgliedern von der Deutschen Bank, Alfred Blinzig und Emil Georg von Stauß, Stimmung gegen Porsche und dessen Piloten Stuck: »Wenn erst einmal unsere neuen Rennwagen fertig sind und in großen Rennen laufen, wünschte ich mir, dass dann auch der Porsche-Wagen liefe, und dass wir ihn dann so abfertigten, wie wir es mit anderen Marken im Laufe der Geschichte des Rennsports getan haben. Da Herr Stuck zur Auto Union übergegangen ist, haben wir uns was Hübsches zurechtgedacht, nämlich, wir haben Herrn Caracciola veranlassen können, zum AVUS-Rennen am 21. Mai d. Js. auf unseren SSK-Wagen zu melden. Wir verwenden den Wagen des Herrn Stuck, den wir gestern für 16000 Reichsmark zurückgekauft haben.« Auf den Preis, so Kissel weiter, würden »die Schulden des Herrn Stuck und seiner Gattin« in Höhe von rund 14000 Reichsmark angerechnet, der Rest würde dem Rennfahrer in bar ausbezahlt. »Zur Überraschung vieler« sollte der frühere Mercedes-Star Caracciola der Konkurrenz dann die Schau stehlen und in dem SSK-Wagen antreten, »mit welchem Herr Stuck hätte fahren sollen, wenn er sein Wort nicht gebrochen hätte«.

Einmal ganz davon abgesehen, dass auch der Mercedes SSK ursprünglich eine Konstruktion Ferdinand Porsches war, ging Kissels Plan nicht auf. Rudolf Caracciola, der erfolgreichste und bei Weitem populärste Mercedes-Pilot der 1920er-Jahre, trat in der Saison 1932/33 in Ermangelung eines deutschen Rennwagens in einem Alfa Romeo an, was ihm viele Anhänger in Deutschland äußerst übel nahmen. Ausgerechnet am 20. April 1933, an »Führers« Geburtstag, verunglückte »Caratsch« beim Training zum Großen Preis von Monaco so schwer, dass sein rechtes Bein fast vollständig zertrümmert wurde. Monatelang blieb er ans Krankenbett gefesselt, die Saison war für ihn beendet, und es war fraglich, ob er jemals wieder Rennen würde fahren können. Und gerade zum Start in die erste braun gefärbte Rennsaison verlor der Mercedes-Stall seinen Starpiloten.

Als kommender Mann galt jetzt Hans Stuck – der »Bergkönig«, dem Hitler zum Machtantritt einen Rennwagen versprochen hatte. Anfang 1934 setzte die Auto Union auf Stuck und Porsche beim Rennen um die Gunst des »Führers«. Der Mercedes-Fan in der Reichskanzlei favorisierte nämlich seine Hausmarke in der Frage, wer die meisten Zuschüsse zum Rennwagenprojekt erhalten sollte. Stuck und Porsche bemühten sich um eine Audienz bei Hitler, die ihnen schließlich gewährt wurde. Den Ablauf des Treffens schildert Stuck in seinen Memoiren so: »Hitler stellt Fragen wie ein Autofachmann, wie einer, der sich Tag für Tag nur mit Autos befasst hat.« Porsche habe dem »Führer« dann die Pläne für den Mittelmotor-Wagen vorgelegt, und der sei sehr angetan gewesen: »Der Wagen wird gebaut, Professor Porsche! – Und Sie werden ihn fahren, Herr Stuck (...) An Geld wird es nicht fehlen.«

In Wahrheit war es wohl so, dass das Gespräch mit Hitler auf Bitten des Auto-Union-Direktors Klaus Detlof von Oertzen zustande kam und etwas anders verlief, als von Stuck geschildert. Von Oertzen hatte das Porsche-Rennwagenprojekt einst zusammen mit seinem Freund Adolf Rosenberger angeschoben, inzwischen war der jüdische Kaufmann Rosenberger aus der Geschäftsführung bei Porsche ausgeschieden. In der Firmengeschichte *Im Zeichen der vier Ringe. Auto Union* erinnert sich von Oertzen im hohen Alter von 94 Jahren, wie er das Treffen mit Hitler arrangierte. »Wir wussten, dass Hitler dabei war, Daimler-Benz Geld zu geben«, deshalb habe er seinen alten Fliegerkameraden aus dem Weltkrieg, Hitlers Stellvertreter Rudolf Heß, gebeten, ihm einen Termin bei Hitler zu verschaffen. Der fand dann am 10. Mai 1933 statt. »Zu diesem Gespräch nahm ich Dr. Porsche und den Rennfahrer Hans Stuck mit, der war mit Hitler persönlich bekannt und ich nicht. (...) Im Verlauf des Gesprächs hat Hitler meinen Wunsch nach einer Kapitalunterstützung für die Auto-Union-Rennwagen abschlägig beschieden und am Schluss seiner Ausführungen gesagt: ›Geben Sie sich keine weitere Mühe!‹ Dann habe ich mein Herz in beide Hände genommen und habe zu ihm gesagt: ›Sie wissen, Herr Reichskanzler‹, ich habe ihn niemals ›Mein Führer‹ genannt, ›es ist nicht so furchtbar lange her, da wurden Sie aus der Festungshaft in einem Mercedes in Landsberg abgeholt. Sie sagten, dass Sie wieder mit Ihrer Parteiarbeit anfangen wollten. Die Presse sagte zu Ihnen: ›Herr Hitler, geben Sie sich keine Mühe, wir werden niemals wieder auf Sie hören, der Fall ist für Sie erledigt (...)‹ Dasselbe sagen Sie jetzt zu mir, ich solle mir keine Mühe geben wegen des Rennwagens, ich solle aufgeben. Aber das tue ich nicht, ich gebe mir sehr wohl Mühe. Das ist meine Pflicht den zehntausend Arbeitern gegenüber.‹ Dass ich solches gesagt habe, das hat mir Hitler übel genommen. Er hat mich zweimal groß angeschaut, ließ mich nach meiner verbalen Frechheit links liegen und drehte sich Dr. Porsche zu (...) Hitler war technisch interessiert und hatte auch allerlei Kenntnisse, die man bei ihm nicht vermutet hätte. Dann beendete er das Gespräch und sagte: ›Sie werden von mir hören.‹ Nach drei Tagen hatten wir schon die Erlaubnis, den Rennwagen bauen zu dürfen (...) Hitler hat den Bau unseres Rennwagens unterstützt. Aber das hat er nicht mir zuliebe getan, sondern Porsche zuliebe.«

Die hartnäckige Lobbyarbeit zahlte sich schließlich aus – für beide Rivalen. Sowohl Daimler-Benz als auch die Auto Union erhielten staatliche Finanzhilfen zum Aufbau ihrer Rennställe, die Mannschaft aus Stuttgart aber immer etwas mehr als die aus Zwickau. In der ersten Saison bekam Mercedes rund 500000, die Auto Union rund 300000 Reichsmark.

Die Feuertaufe für die »Silberpfeile« in den Zeiten des Hakenkreuzes fand am 15. Juli 1934 beim Großen Preis von Deutschland auf dem Nürburgring statt. Es siegte Hans Stuck, Auto Union, in Porsches Mittelmotor-Rennwagen. Stuck wusste, wem er den Sieg zu widmen hatte: »Also, ich freue mich ganz besonders, dass wir zum Großen Preis von Deutschland einen deutschen Sieg auf deutschem Fahrzeug mit deutschem Fahrer erringen konnten. Das Werk und die Unterstützung unseres Führers, für die ich mich hiermit bedanke. Heil unserem Führer!« Das Projekt Nationalrennwagen ist schon im ersten Einsatzjahr erfolgreich: So erzielt der neue »P«-Wagen der Auto Union drei Weltrekorde und gewinnt neben vier internationalen Bergrennen und dem Großen Preis von Deutschland noch in der Schweiz und in der Tschechoslowakei.

Um die Entstehung des Namens »Silberpfeil« ranken sich viele Legenden. Die populärste Version stammt von Mercedes-Rennleiter Alfred Neubauer. Wie er in seinen Erinnerungen von 1958 schreibt, sollten die Wagen eigentlich weiß lackiert sein, in der traditionellen Nationalfarbe deutscher Rennwagen. Andererseits gab es die neue Bestimmung des internationalen Rennsportverbandes, wonach die Fahrzeuge nicht mehr als 750 Kilogramm wiegen durften. Doch die Mercedes-Truppe habe in der Nacht vor dem ersten Rennen auf dem Nürburgring eine böse Überraschung erlebt. »Als die Mechaniker den ersten Wagen auf die Waage schieben, zeigt sie auf 751 Kilogramm. Was tun? Ich kann keine lebenswichtigen Teile ausbauen lassen, alles ist bis aufs Gramm genau berechnet. ›Schönes Pech‹, knurrt Manfred von Brauchitsch mich an. ›Lassen Sie sich doch einen Ihrer berühmten Tricks einfallen. Sonst sind wir die Lackierten ...‹ – ›Lackiert?‹, frage ich mich, und im gleichen Moment fällt auch schon der Groschen. ›Natürlich – der Lack, das ist die Lösung!‹ Die ganze Nacht schrubben die Mechaniker den schönen weißen Lack von unseren ›Silberpfeilen‹. Und als sie morgens nochmals auf die Waage kommen – da wiegen sie haarscharf 750 Kilogramm.« Und schimmern, wenn man Neubauer glauben darf, silbern in der Morgensonne. Demgegenüber steuert Fritz Huschke von Hanstein, nach dem Krieg langjähriger Leiter des Porsche-Rennstalls und Porsche-Pressechef, in seinem 1978 erschienenen Buch *Automobilsport* eine Geschichte bei, die sich bei der Auto Union abgespielt haben soll: »Während alle noch rätselten, wo man Gewicht einsparen könne, hat der Konstrukteur Professor Ferdinand Porsche schon sein Taschenmesser in der Hand und begann, die für Deutschland vorgeschriebene weiße Rennfarbe abzukratzen.« Weiter schreibt der frühere SS-Untersturmführer: »Von da an traten die Rennwagen von Auto Union und Mercedes ihren einmaligen Siegeszug der Jahre 1934 bis 1939 als ›Silberpfeile‹ an.«

Wie auch immer. Der Motorsporthistoriker Uwe Day ist der Sache in seinem Buch *Silberpfeil und Hakenkreuz* auf den Grund gegangen: »Der Blick in die zeitgenössischen Quellen«, so Day, erhärte den Verdacht, »dass es sich bei Neubauers Geschichte eher um einen originellen Schöpfungsmythos handelt.« So ließen sich in den Medienberichten der 1930er-Jahre zunächst keine Beweise für nächtliche Schleifaktionen finden, wohl aber für das signifikante Aussehen der stromlinienförmigen Geschosse. So schwärmten Hörfunkreporter bereits 1932 von dem »silbernen Pfeil« Manfred von Brauchitschs. Und nach einem Bericht der *Allgemeinen Automobil-Zeitung* von 1933 präsentierte die Auto Union ihren Rennwagen schon vor dem Nürburgring-Rennen in auffälligem Silber – was im Übrigen auch Neubauer selbst 1958 bestätigte: »Am 6. März rast über die Avus ein silbern glänzender Wagen. Er dreht Runde auf Runde in einem Tempo, das selbst die Berliner aus der Fassung bringt.« Nach 1933 kamen dann weitere Wortschöpfungen auf: »Silberfisch«, »silbergraue Projektile« oder »silbergraue Wölfe«. Letztlich setzten sich die »Silberpfeile« durch – ein Begriff, den die PR-Abteilung von Mercedes auch heute gern bemüht, wenn sie mit Michael Schumacher im Formel-1-Renner an die ruhmreiche Renntradition anknüpfen möchte. Die braunen Schrammen am silbernen Mythos werden dabei gern übersehen.

SIEGE AN ALLEN FRONTEN – DEUTSCHE WUNDERWAFFEN AUF DEN RENNSTRECKEN

Was Brot und Spiele für das alte Rom, waren Arbeit und Autorennen für das neue Deutschland. Fünf Jahre vor Kriegsbeginn: Die NS-Propaganda erklärte den Siegeszug der deutschen Rennwagen zum nationalen Großprojekt; vergleichbar dem späteren Wettlauf zum Mond zwischen den USA und der Sowjetunion in Zeiten des Kalten Krieges. Von 1933 bis zum Beginn des Zweiten Weltkriegs sollten die deutschen Wunderwaffen auf den Rennstrecken in aller Welt drückend überlegen sein. Die Nazis inszenierten die Rennen auf den Vorzeigekursen Avus und Nürburgring als »deutsche Motorsportfeste«. Bei den Rennspektakeln zeigte sich eine »gemischte« Form faschistischer Öffentlichkeit. Nationale Embleme, Hakenkreuzfahnen, Marschmusik und Uniformen des Nationalsozialistischen Kraftfahrkorps (NSKK) sorgten für den offiziellen Rahmen. Gleichzeitig war der Rennsport das deutsche Gegenstück zum englischen Wimbledon oder der französischen Tour de France. Er besaß internationales Flair, vermittelte aber zugleich nationale Identität und Normalität. Zu einem Wettkampftag strömten bis zu 380 000 Menschen in Sonntagskluft aus Berlin und dem Umland zur Avus, um sich dann entlang der 20 Kilometer langen Strecke zu verteilen. Auf der »Ehrentribüne« versammelten sich Industrieführer, hochrangige Staats- und Parteivertreter wie Joseph Goebbels, Hermann Göring, Hitlers Sekretär Martin Bormann und andere, nie aber der »Führer« selbst.

Die bestimmende Figur in der Rennszene war ein Mann in Uniform, Adolf Hühnlein, der Führer des NSKK, das im Volksmund unter der Bezeichnung »Nur Säufer, keine Kämpfer« lief. Im NSKK lernten junge deutsche Männer auf Kommando Kradfahren und übten zunehmend Geländefahrten für ganz andere Schlachten. Sie erklärten Manfred von Brauchitsch und Hans Stuck zu ihren Idolen, später auch Bernd Rosemeyer und Rudolf Caracciola, der nach seinem schweren Unfall erst ab 1935 wieder mitrasen konnte. Die NS-Medien feierten seine Rückkehr als Vorbild für Selbstüberwindung, als eine Art »Triumph des Willens«. Er selbst beschrieb sich 1939 in seiner Autobiografie *Mein Leben als Rennfahrer* als körperlich gebrochenen Mann, der sich seinen Weg zurück auf die Überholspur »eisern« erarbeiten musste. »Wenn ich fuhr und nicht mehr ankam gegen die Jungen und Gesunden? Sie würden mir Salz in die Wunden reiben«, schreibt der Volksheld dort über seine Ängste vor dem ersten großen Rennen nach dem Unfall. »Ich kannte das: Caracciola hat seine alte Form nicht mehr erreicht ... zu alt ... es gibt kein Comeback im Sport. Aber für mich musste es ein Comeback geben. Ich musste Herr werden über meinen Körper. Sonst war mein Leben sinnlos geworden.« Sein erstes Rennen wurde in Caracciolas Rückschau zu einer Art Stalingrad der Rennpiste: »Vierzigste Runde: Stuck Erster, Caracciola Zweiter. Mit fünfunddreißig Sekunden Abstand. Es ist hoffnungslos. Den Mann krieg' ich nie. Der Körper ist gefühllos. Eine dampfende Masse. Nur den Arm spüre ich und das Bein. O Gott, das Bein! Jeder Druck auf die Bremse fährt wie ein Messerstich auf den Oberschenkel. Aufgeben? An die Boxen fahren? Nein! Wenn ich dies Rennen aufgebe, gebe ich mich selber auf. Gas geben, Gas und schneller werden.«

Die Naziideologie machte aus den »Silberpfeil«-Piloten wahre Übermenschen – und die Vorboten künftiger Kriegergenerationen. Der Heldentypus des Rennfahrers stand für die Schlüsselwerte »Wille, Kraft und Können« oder – in Hitlers Worten ausgedrückt – »hart wie Kruppstahl, zäh wie Leder, flink wie Windhunde«. Somit waren die Piloten, meist im Rang von NSKK-Obersturmführern, die prominentesten Wegbereiter der paramilitärischen Mobilmachung. »Die Grand-Prix-Schlachten auf den europäischen Rennstrecken«, sagt Motorsporthistoriker Uwe Day, »waren eines der wichtigsten mentalen Rüstungsprojekte der Nazis.«

Der Rennsonntag besaß eine eigene dramatische Struktur, eine Steigerung von Hubraum und Maschinenleistung durch gestaffelte Motorrad- und Autoklassen. Mit Motorradparaden und Spielmannszügen gestalteten NSKK-Männer das Vorprogramm. NSKK-Führer Hühnlein fuhr im offenen Cabrio die Strecke ab, danach hielt er eine kurze Ansprache, und zu den Klängen des Präsentiermarschs wurde die Hakenkreuzflagge am Mast gehisst – der Abschluss der rituellen Eröffnungszeremonie.

Dann begannen die Motorradrennen verschiedener Klassen, der Höhepunkt war der »Kampf der Titanen« – Mercedes gegen Auto Union. Was sich beim Start der »Silberpfeile« abspielte, liest sich im *Angriff* vom 31. Mai 1937 so: »Die schweren Riesen (werden) über die Bahn geschoben und in Zweierreihen hintereinander ausgerichtet. Dann bekommen die Motoren ihre elektrische Spritze, heulen knurrend auf, die Monteure hauen ab, was das Leder hält, der Böllerschuss knallt und schickt eine blaue Rauchfahne durch das Geäst der Bäume – in der nächsten Sekunde ist alles ein tobender Hexenkessel.«

Schwere, auch tödliche Unfälle waren in der damaligen Zeit nichts Ungewöhnliches, machten für manche vielleicht den größten Reiz aus. Ein Vorgeschmack auf die kommende Hölle des Krieges. Höhepunkt der kollektiven Emotionen war der Einlauf über die Zielgerade, besonders wenn ein deutscher Fahrer siegte. Das Spektakel endete als

NS-Gesamtkunstwerk mit Nationalhymne, Sieg-Heil-Rufen, Flaggenparaden und der Pokalverleihung im Namen des »Führers«.

Ausgerechnet der Auto-Union-Star der ersten Stunde, Hans Stuck, bekam die ideologische Aufladung des Rennbetriebs am eigenen Leib zu spüren. Stucks zweite Ehefrau Paula, geborene Heimann, erfolgreiche Tennisspielerin und Journalistin, hatte jüdische Vorfahren. Vor einem Bergrennen am Schauinsland bei Freiburg schreiben Unbekannte auf den Asphalt: »Hans Stuck – ein Judenknecht, pfeift ihn aus!« Auch auf dem Werksgelände der Auto Union tauchen immer wieder antisemitische Parolen gegen Stuck und seine Ehefrau auf. Stuck vertraut auf seine Erfolge und seine guten Kontakte zu den Nazis. »Ich bekomme Glückwünsche körbeweise, werde aufgefordert, mich bei Hitler einzufinden«, schreibt er 1972 in seiner Autobiografie. »Zu einer Triumphfahrt auf der von der SA abgesperrten Straße muss ich von Berlin nach Zwickau mit dem Rennwagen fahren. Alle Arbeit ruht, die Schulen sind geschlossen, alles steht am Straßenrand und winkt. Nie hätte ich mir träumen lassen, dass ein Sportler so geehrt und gefeiert werden kann. Die Freudentränen lassen meine Rennbrille beschlagen (...) Ich lerne auch Himmler und seinen Adjutanten Wolff bei einer anschließenden Siegesfeier im *Chemnitzer Hof* kennen. (Letzterer wird mit Göring zusammen der Mann sein, der später bei allen Schwierigkeiten, die mir durch meine nur halb arische Frau entstehen, schützend seine Hand über uns halten wird.) Göring tut den in die Geschichte eingegangenen Satz: ›Wer arisch ist, bestimme ich‹, und davon ist auch meine Frau Paula betroffen.«

Stuck durfte weiter für Nazi-Deutschland fahren, Ehefrau Paula erhielt faktisch Berufsverbot. Sie durfte ihren Mann aber weiter zu den Rennen begleiten, sollte dort aber im Hintergrund bleiben. Vor dem Großen Preis von Deutschland 1935 gab Propagandaminister Joseph Goebbels der Presse gezielte Anweisungen, wie mit dem Thema umzugehen sei: »Das Propagandaministerium bittet in Zukunft größere Trainingsberichte über den Rennfahrer Stuck nicht zu bringen, vielmehr derartige Huldigungen den eigentlichen Rennberichten vorzubehalten, wenn die Leistung entsprechend gewürdigt werden kann.«

Doch da gab es nicht mehr viel zu würdigen. Stuck geriet 1935 in eine sportliche Krise, die Erfolge blieben aus, Europameister wurde der Renn-Rückkehrer Rudolf Caracciola mit Mercedes. 1936 verließ Stuck die Auto Union, um ein Jahr später wieder zurückzukehren, allerdings wurden ihm nicht mehr die alten Konditionen geboten. Daraufhin schaltete Stuck seine mächtigen Verbündeten von der SS ein, um bei den Vertragsverhandlungen Druck auf seinen Arbeitgeber auszuüben. Himmlers Stabschef Karl Wolff bat Auto-Union-Pressechef Richard Voelter, einen strammen Parteigenossen, zum Rapport. Der versuchte, Stuck in ein denkbar schlechtes Licht zu rücken, klagte über dessen »unkameradschaftliche Einstellung und die vielfache Stänkerei gegen seine Stallgenossen, an der allerdings seine Frau schuld ist, eine Gefahr für jede Mannschaft«. Voelter hielt später in einer Aktennotiz fest, er habe Wolff bei dem Gespräch mitgeteilt, es werde bei der Auto Union nicht ganz verstanden, »dass gerade die Reichsführung SS sich so stark für Stuck verwendet, der doch schon durch seine nichtarische Frau nach dieser Seite hin belastet ist«. Die Reaktion fiel jedoch anders aus, als Voelter erwartet hatte: »Hier unterbrach mich Gruppenführer Wolff sofort und sagte, zu dem Punkt der nichtarischen Frau müsse er darauf hinweisen, dass der Führer persönlich vor einigen Jahren entschieden habe, dass Stuck wegen seiner Frau keine Schwierigkeiten haben dürfe und dass seitdem diese Frage außer jeder Diskussion steht und auch dringend davor zu warnen sei, dass diese Frage auf irgendeiner Seite angeschnitten würde.« Stuck blieb bis 1939 bei der Auto Union, konnte aber nicht mehr an die ersten Erfolge anknüpfen.

Intern hatte er harte Konkurrenz bekommen – Bernd Rosemeyer, Jahrgang 1909, war kometenhaft zum Star unter den »Silberpfeil«-Piloten aufgestiegen. Seine Karriere verlief im Eiltempo: 1934 fuhr er erstmals Autorennen, seinen ersten Sieg feierte er am 29. September

1935 auf dem Masaryk-Ring im tschechischen Brünn (heute Brno), 1936 wurde er Europameister mit Auto Union. Rosemeyer war seit 1932 Mitglied der SS, und nicht zuletzt weil er dem Naziideal vom blonden, arischen Helden entsprach, wurde er zum Markenstar der Auto Union; er strahlte jugendliche Dynamik, Weltoffenheit und Hunger nach Abenteuer aus. Rosemeyers Hochzeit mit der bekannten Sportfliegerin Elly Beinhorn im Jahr 1936 war ein gesellschaftliches Ereignis im NS-Staat. Kennengelernt hatten sie sich im September 1935 bei Rosemeyers erstem Sieg auf dem Masaryk-Ring. Der Rennfahrer und die Rekordfliegerin bildeten das Traumpaar der 1930er-Jahre.

Begleitet wurde der schnelle Aufstieg von Rosemeyers väterlichem Freund und Förderer – Ferdinand Porsche. Begonnen hatte die Freundschaft 1934, in dem Jahr, in dem Rosemeyer vom Motorrad auf DKW-Rennwagen umgestiegen war. Porsche wurde rasch auf den jungen talentierten Fahrer aus Lingen im Emsland aufmerksam. Als die Auto Union im Herbst 1934 nach Nachwuchsfahrern für die 750-Kilogramm-Formel suchte, wurde auch Rosemeyer zu Testfahrten am Nürburgring eingeladen. Der Kandidat fiel durch fabelhafte Rundenzeiten auf und fand sogleich Aufnahme in den Rennstall. Wenig später wurde Porsche Zeuge, wie der junge Auto-Union-Rennfahrer nur knapp einem schweren Unfall entging: Ebenfalls auf dem Nürburgring platzte ihm bei Tempo 180 ein Reifen. Nur durch beherztes Gegenlenken konnte Rosemeyer den schleudernden Wagen auf der Straße halten und heil in die Box zurückbringen.

Auto-Union-Star Rosemeyer wurde zum Lieblingsrennfahrer des »Führers« und des Konstrukteurs Porsche, weil er mit dessen schwer zu beherrschenden Mittelmotor-Rennern am besten zurechtkam. Der Zweikampf mit Rudolf Caracciola, der ab 1935 für Mercedes startete, stilisierte sich zum Duell der Giganten hoch. Der *Wochenschau*-Bericht über den Großen Preis von Deutschland klang wie das Protokoll einer Schlacht: »Nürburgring, Eifelrennen 1937. Rennsonntag, ein Volksfest. Auftakt zum Rennen: Parade der NSKK-Ehrenformation.

›Achtung! Achtung! Hier Start und Ziel. Start zum Eifelrennen 1937. (...) Achtung! Achtung! Wir warten auf die Spitze des Feldes. Caracciola führt, dicht gefolgt von Rosemeyer, Brauchitsch und dem übrigen Rudel. Zweite Runde, Rosemeyer greift an. Jetzt zeigt er seine ganze Meisterschaft auf dem Nürburgring, auf dem er den Rundenrekord hält. Und jetzt bringt ihn eine Rekordrunde an die Spitze. (...) Achtung! Achtung! Rosemeyer an der Box gehalten, Vorsprung für Carraciola. (...) Noch zittern die Herzen, wird er als Erster am Ziel sein? Ja, er hat es geschafft! Bernd Rosemeyer auf Auto Union – Sieger beim Eifelrennen 1937.«

Deutsche Fahrer, deutsche Technik, deutsche Siege. Der NS-Staat glänzte im Schein der »Silberpfeile«. »Deutschland, Deutschland, über alles ...« Die Nationalhymne wurde gesungen, die versammelten Uniformträger reckten den rechten Arm zum Hitlergruß in die Höhe, der Sieger im weißen Overall und mit ölverschmiertem Gesicht grüßte eher lässig. Inmitten der Menschenmenge ein vierschrötig wirkender älterer Herr in Zivil, mit Hut und Mantel – Ferdinand Porsche. Der Konstrukteur wirkt wie ein Relikt aus einer anderen Zeit, was er in Wahrheit ja auch ist. Wenn er die Hand zum Hitlergruß erhebt, geschieht das eher reflexartig, fast gedankenverloren. Die *Wochenschauen* scheinen zu bestätigen, was sein Enkel Ferdinand Piëch Jahrzehnte später so beschrieb: »In seiner schmalen Zivilstatur sah er geradezu aufreizend aus gegenüber dem schwellenden Uniform-Getöse der Nazis. Ferdinand Porsche trug überhaupt nie Uniform, das hatte er auch im Kaiserreich schon so gehalten.« Ein eigensinniger, kantiger Mann sei er mit seinen 60 Jahren geworden, bescheinigt ihm der Enkel im Buch *Auto.Biographie*, »wohl auch gehörig weltfremd gegenüber dem Leben jenseits der Technik. Mag sein, dass er es als ausreichend empfand, sich in der relativ freien Meinungsäußerung gegenüber Hitler seine Eigenständigkeit zu bewahren.«

Die Historiker Hans Mommsen und Manfred Grieger beurteilen Porsches Rolle im Dritten Reich so: »Mit einer traumwandlerischen

Sicherheit gelang es Porsche, sich aus den chronischen Machtkämpfen der nationalsozialistischen Satrapen weitgehend herauszuhalten und, allerdings gestützt auf sein unbestreitbares Ansehen bei Adolf Hitler, eine weitgehend unabhängige Haltung einzunehmen. Sein unorthodoxes Auftreten, sein zwangloser und nie unterwürfiger Umgang mit der Parteiprominenz und sein internationales Renommee als Automobilkonstrukteur, zudem seine spektakulären Erfolge im Rennwagenbau, verschafften ihm eine Ausnahmestellung innerhalb des Regimes, die es ihm in mancher Hinsicht erlaubte, gelegentlich aus der Reihe zu tanzen.«

Das unbestreitbare Ansehen bei Hitler bewahrte Porsche allerdings nicht davor, dass die Auto Union den kostspieligen Konstrukteursvertrag mit ihm im Juni 1936 nicht verlängerte. Im Mai 1936 hatte Ministerialdirektor Brandenburg aus dem Verkehrsministerium gegen den Vertrag aus dem Jahr 1933 protestiert, weil ihm Porsches Anteil an den staatlichen Subventionen nicht gerechtfertigt erschien. Innerhalb von nur drei Jahren hatten sie dem Konstrukteur Einnahmen von rund einer halben Million Reichsmark beschert. »Mit einer solchen Regelung, die auf die Zeit vor der Machtergreifung zurückgehen soll, kann ich mich nicht einverstanden erklären«, schrieb Brandenburg. »Ich kann auch für die Zukunft Ihrer Firma nur unter der Voraussetzung Mittel bewilligen, dass Sie Ihren Vertrag mit Dr. Porsche von der Frage der Reichsbeihilfe lösen.« Die Auto Union nahm das zum Anlass, sich gleich ganz von ihrem teuren und zuweilen unbequemen Konstrukteur zu lösen, was ihn jedoch nicht davon abhielt, auch in der Saison 1937 die wichtigsten Rennen und Rekordversuche der Auto Union und seines Schützlings Rosemeyer zu begleiten – ohne Bezahlung.

Porsche konnte es sich leisten, er war ein wohlhabender Unternehmer geworden. Außerdem warteten andere, noch größere Aufgaben auf ihn, denn er durfte den Wunschtraum Hitlers verwirklichen und den Volkswagen bauen.

KLEINWAGEN UND GRÖSSENWAHN – DER WEG ZUM VOLKSWAGEN

Die Militarisierung des Alltags schreitet Mitte der 1930er-Jahre unaufhaltsam fort, Deutschland steht im Bann des Hakenkreuzes. Neben der militärischen wird auch die übrige technologische Entwicklung massiv vorangetrieben. Hitlers Fantasieprojekt eines »Autos für alle« nähert sich der Realisierung, wenn auch deutlich später als ursprünglich geplant. Ob der Volkswagen jemals für das Volk erschwinglich wird, ist eher fraglich. In der Garage des Porsche-Anwesens am Killesberg in Stuttgart entstehen unter Hochdruck die ersten beiden Prototypen. »Wir benutzten meine eigene Hobbywerkstatt«, schildert Ferry Porsche die Verhältnisse im elterlichen Wohnhaus, »stellten zwei Drehbänke zusätzlich zur Fräsmaschine und elektrischen Bohrmaschine, die schon darin standen, hinein und fanden dann noch Platz für zwölf Mann. Fragen Sie mich nicht, wie wir es machten, aber die ersten drei Prototypen (...) wurden dort gebaut.«

Porsche kämpfte noch immer an der Motorenfront. Sein Zweitakt-Doppelkolbenmotor erwies sich als unbrauchbar, doch die Zeit drängte. Auch der »Führer« wurde langsam ungeduldig. »Abgabetermin war schon in 14 Tagen«, berichtet Ernst Piëch, der älteste der Porsche-Enkel, der als kleiner Junge von sechs, sieben Jahren die Entwicklungsarbeit am Volkswagen verfolgte, »und sie haben Versuche gefahren. Die

Zylinderköpfe sind alle abgebrannt, es musste also ein neues Konzept entwickelt werden. Und da ist mein Großvater zu seinem Motorenspezialisten Reimspieß gegangen und hat gesagt: ›Sie machen jetzt einen Motor, der muss gehen. Den können wir nicht probieren. Der wird am Reißbrett konstruiert und der geht dann – ohne Versuch.‹ Und das war der Volkswagenmotor. Und der ist gegangen.«

Porsches Motorenexperte Franz Xaver Reimspieß entwickelte einen Motor, den er schon lange für den Volkswagen konzipiert hatte, den sein Chef aber ursprünglich nicht haben wollte: einen luftgekühlten Viertaktmotor mit vier Zylindern. Porsche glaubte fest daran, ein solches Aggregat für einen Wagen, der nur 1000 Reichsmark kosten sollte, sei nicht realistisch. Doch der Boxermotor erwies sich als einfach, zuverlässig und standfest und wurde später zu einem Markenzeichen des Volkswagens. Bis zum Lebensende des »Käfers« blieb die Reimspieß-Konstruktion in ihren Grundzügen unverändert.

Das erste einsatzbereite Fahrzeug wurde einer Kommission des Reichsverbandes der Automobilindustrie am 3. Juli 1935 vorgestellt. Die anwesenden Vertreter der Automobilhersteller lehnten das Modell ab, weil ihnen die Herstellungskosten noch immer zu hoch erschienen. Sie verlangten erneut von Porsche, er solle ein kleineres und damit billigeres Auto entwickeln. Eine Technikerbesprechung im August führte dann aber zu dem Ergebnis, dass die Chancen äußerst gering waren, durch konstruktive Änderungen zusätzliche Einsparungen zu erreichen. Das Problem lag bei den Materialpreisen, wobei die Karosseriefirmen noch nicht einmal verbindliche Kalkulationen vorlegen konnten – in Deutschland hatte man keine Erfahrungen mit der Großserienfertigung von Ganzstahlkarosserien; Autos wurden vielfach noch wie Pferdekutschen zusammengebaut. Um die Materialkosten in den Griff zu bekommen, dachte Ferdinand Porsche sogar darüber nach, Teile der Karosserie in Kunstharz auszuführen, verfolgte diese Idee letztendlich aber nicht weiter. Der Volkswagen Modell »Trabant« blieb den Volksgenossen also vorerst erspart.

Am 20. August 1935 schickte Porsche Hitlers Vertrautem Jakob Werlin eine Kopie seines »Berichts und Arbeitsprogramms«, den er für den RDA erstellt hatte. Darin gab Porsche die gewagte Zusage, die rein konstruktiven Arbeiten für den Volkswagen in zwei, die übrigen Aufgaben in drei Monaten abzuschließen – mit Ausnahme der Versuchsfahrten. »Wir müssen leider zugeben, dass die uns vom RDA übertragene Aufgabe den seinerzeit in Frankfurt festgelegten finanziellen und zeitlichen Rahmen in sehr beträchtlichem Ausmaß überschritten hat«, schrieb Porsche ungewohnt selbstkritisch in dem Bericht. Werlin teilte Porsche mit, der »Führer« habe sich nach dem Stand in der Sache Volkswagen erkundigt, doch wolle er, Werlin, ihn darauf aufmerksam machen, dass »die Situation nun allmählich etwas brenzlig« werde, zumal Porsches Schwiegersohn Anton Piëch die Fertigstellung eines Probewagens für Hitler zum 15. September zugesagt habe. Damit blieben Porsche gerade noch 14 Tage Zeit.

Piëchs Versprechen musste der Auftraggeber und Finanzier, der Reichsverband der Automobilindustrie, als Affront empfinden. Bei einer Sitzung am 8. August stellten die Mitglieder laut einer Aktennotiz fest, »dass der Zeitpunkt der Vorführung« vom RDA festgelegt werden sollte. Jakob Werlin merkte laut Aktennotiz auf derselben Sitzung an, um »dem Führer den Beweis zu erbringen, was bisher in der ganzen Angelegenheit von der Industrie getan wurde, sei es erforderlich, ihm den Wagen so bald als möglich vorzuführen«. Anscheinend hatte Hitler damit gerechnet, er könne den Volkswagen der Öffentlichkeit schon auf der Internationalen Automobil-Ausstellung im Februar 1936 in Berlin vorstellen, was die Mitglieder des RDA jedoch für illusorisch hielten. Die Sitzung endete mit der Aufforderung an die Porsche GmbH, in Ermangelung eines fertigen Autos »möglichst bald ein Album mit Fotografien und Perspektivskizzen« zur Unterrichtung des »Führers« vorzulegen.

Porsche stellte stattdessen lieber seinen zweiten Versuchswagen fertig, ein viersitziges Cabriolet. Am 22. Dezember 1935 trat der V2 seine Jungfernfahrt an, und eine Woche später fuhren Porsche und Sohn Ferry mit den beiden Prototypen V1 und V2 nach München, um sie Hitler zu präsentieren. Jakob Werlin hatte den Termin vermittelt, allerdings ohne den RDA zu informieren. Dessen Präsident Robert Allmers stellte Porsche später zur Rede und zog aus dem Gespräch den Schluss, wie er in einem internen Bericht vermerkte, dass Porsche »sich in dem Traum wiegt, der technische Direktor eines zu errichtenden großen Spezialwerks für den Bau des Volkswagens zu werden«. Der Automobilindustrie drohte die Kontrolle über das Projekt Volkswagen zu entgleiten.

In Porsches Werkstatt entstanden im Februar 1936 drei weitere Prototypen mit der Bezeichnung V3. Ebenfalls im Februar, noch vor der Automobilausstellung, übergab der RDA Hitler einen umfassenden Bericht, in dem Porsche scharf angegeriffen wurde. Er sei »ein genialer Konstrukteur«, arbeite aber teuer und »gewagter«, »als es

Bewährungsprobe: Ferry Porsche am Steuer eines V2-Prototypen, 1936

für die Massenfabrikation eines Volkswagens von guter Lebensdauer erwünscht« sei. Noch immer liege der Verkaufspreis des Volkswagens bei 1600 Reichsmark und damit ganz erheblich über der vom »Führer« gesetzten Grenze. Und weiter: »Gewiss ist seine Konstruktion bestechend schön und überraschend einfach im Aufbau, aber wir brauchen keine Gazelle, sondern ein robustes Pferd.« Ein Dreivierteljahr habe man durch die gescheiterte Konstruktion des Doppelkolbenmotors verloren, weshalb man weitergehende Zahlungen notgedrungen von den Ergebnissen einer »scharfen Dauerprüfung von mindestens zwei Fahrzeugen über 50000 km« abhängig machen werde.

Hitler soll auf diesen Bericht »äußerst ungehalten« reagiert haben, wie Daimler-Vorstandschef Wilhelm Kissel seinen Kollegen vom Reichsverband der Automobilindustrie berichten musste. Bei nächster Gelegenheit rächte sich Hitler auf seine Weise. Während der Eröffnung der Internationalen Automobil-Ausstellung im Februar 1936 brüskierte er die versammelten Automobilmanager in seiner Rede: »Sie werden das verstehen«, rief er ihnen zu, »weshalb ich mit rücksichtsloser Entschlossenheit die Vorarbeiten zur Schaffung des Deutschen Volkswagens durchführen lasse und zum Abschluss bringen will – und zwar, meine Herren, zum erfolgreichen Abschluss!« Und auf wen er dabei vertraute, machte Hitler auch gleich unmissverständlich deutlich: »Ich zweifle nicht, dass es der Genialität des damit betrauten Konstrukteurs (...) gelingen wird, die Anschaffungs-, Betriebs- und Erhaltungskosten dieses Wagens in ein tragbares Verhältnis zum Einkommen der breiten Masse unseres deutschen Volkes zu bringen, wie wir dies in Amerika in einem so glanzvollen Beispiel bereits als gelungen gelöst sehen können.«

Porsches V3-Protoypen mussten sich bei Testfahrten bewähren. Die Fahrzeuge waren noch längst nicht ausgereift, der Motor steckte in der Entwicklungsphase; und zu dem von Hitler geforderten Verkaufspreis von 990 Reichsmark war der Wagen nicht zu bauen. »Es wäre der Autoindustrie lieber gewesen, das Projekt gelingt nicht«, erinnert sich Ferry Porsche in der Dokumentation *Ferdinand Porsche – ein Mann und sein Werk*, »und daher hat man auch sehr scharfe Maßstäbe angelegt. Als die ersten drei Prototypen fertig waren, hat man gesagt: ›Gut, jetzt machen wir eine Erprobungsfahrt unter Kontrolle.‹ Es wurde in jeden Wagen ein Kontrollmann hineingesetzt, und das Ziel waren 30000 Kilometer. Nachdem bis 30000 Kilometer nichts passiert war, hat der Reichsverband der Autoindustrie gesagt: ›Dann fahren wir eben 50000.‹ Denn irgendwas sollte ja passieren. Dann sind 50000 gefahren worden, und da ist natürlich das eine oder andere passiert, aber keine so schwerwiegenden Dinge, sodass der Schlussbericht zum Leidwesen unseres Auftraggebers den abschließenden Satz hatte: ›Eine Konstruktion, die der Weiterverfolgung wert ist.‹«

Die Automobilhersteller Deutschlands wollten den Käfer nicht bauen, jedenfalls nicht zu einem Preis von unter 1000 Mark. Man könne zwar »dem Führer die Sache nicht ausreden, nachdem er wiederholt den Volkswagen verlangt hat«, erklärte Daimler-Chef Wilhelm Kissel im RDA, aber man müsse nach Wegen suchen, die künftigen Verluste aus dem Zuschussgeschäft zu teilen. Nach den Vorstellungen Kissels sollten die Automobilhersteller ein Drittel, die Zulieferindustrie zwei Drittel davon übernehmen. Mit mehr als 250 Firmen wurden Preisverhandlungen geführt, allerdings ohne befriedigendes Ergebnis, obwohl Kissel ganz im Sinne der nationalsozialistischen Volksgemeinschaft an »den Opferwillen aller an der Lösung des Volkswagen-Problems beteiligten Stellen« appellierte.

Am 4. Juli 1936 gab Hitler den Befehl zum Bau eines eigenständigen Volkswagen-Werks in NS-Regie. Eine Woche später, am 11. Juli, führte Porsche seinem »Führer« zwei Prototypen der V3-Serie auf dem Obersalzberg vor. Teilnehmer waren neben Hitler, Porsche und Jakob Werlin unter anderen auch Hermann Göring und Fritz Todt, der Generalinspektor für das deutsche Straßenwesen. Werlin berichtete dem Reichsverband der Automobilindustrie anschließend den Verlauf der Veranstaltung. Demnach soll Hitler vom Volkswagen begeistert gewesen sein, und Porsche habe auf Hitlers Frage, was der Wagen denn nun koste, nicht ganz der Wahrheit entsprechend geantwortet, die Verhandlungen mit den Lieferanten seien noch nicht abgeschlossen. Man könne aber mit einem Herstellungspreis von 940 Reichsmark rechnen, was einen Verkaufspreis von 1200 Reichsmark bedeute. Daraufhin meinte Hitler, eine Handelsspanne von 50 Reichsmark sei genug, womit er genau bei dem von ihm geforderten Preis von 990 Reichsmark landete. »Niemand wagte es«, so Hans Mommsen und Manfred Grieger in ihrem Buch *Das Volkswagenwerk*, »ihn über die Haltlosigkeit dieser Rechnung aufzuklären, da die Vertriebskosten noch ohne Gewinn auf ungefähr 10 Prozent des Verkaufspreises anzusetzen waren.«

Es gab ohnehin nichts mehr, was Hitler jetzt noch hätte aufhalten können. Als Nächstes, so der »Führer« auf dem Obersalzberg, sollten 30 weitere Versuchswagen gebaut werden. Die geschätzten Kosten von 850 000 Reichsmark wolle er »aus der eigenen Schatulle« bezahlen. Nichts, verglichen mit den Anstrengungen, die nach Hitlers Willen beim Bau des Volkswagen-Werks unternommen werden müssten. Die Kosten für die Errichtung eines solchen schätzte er auf 80 bis 90 Millionen Reichsmark, die von »dritter Seite« aufzubringen seien. Wen er damit meinte, verriet er allerdings nicht. Als Bauzeit veranschlagte er lediglich neun Monate, für den Anlauf einer ersten Serie von 100 000 Volkswagen drei weitere Monate. Anschließend könne man dann die Kapazität auf 300 000 Fahrzeuge im Jahr steigern. Aus strategischen Gründen, so Hitler, solle das Werk an der unteren Elbe errichtet werden. Zur Automobilausstellung 1938 in Berlin könnten die ersten Volksgenossen dann ihre Volkswagen im Empfang nehmen. Europas größte Autofabrik sollte also aus dem Nichts entstehen, in etwas mehr als anderthalb Jahren – das Projekt Massenmotorisierung gerät zum Projekt Größenwahn. Ferdinand Porsche sollte schnellstens mit der Planung beginnen, etwas völlig Neues für ihn – und nicht nur für ihn. »Die gesamte deutsche Autoproduktion in den 1930er-Jahren war in der Größenordnung von etwa 30000 Stück«, berichtet Carl H. Hahn, Sohn des Auto-Union-Direktors. »Wir hatten eine so zersplitterte handwerkliche Fertigung, dass wir für die Pläne, die mit dem Volkswagen auf den Tisch kamen, überhaupt keine Voraussetzungen hatten.«

Für Porsche war das Treffen auf dem Obersalzberg der Durchbruch, für die deutsche Autoindustrie eine herbe Niederlage. »Den Fachleuten«, urteilen Hans Mommsen und Manfred Grieger, »mussten sich bei dieser dilettantischen Behandlung des Volkswagen-Projekts die Haare sträuben.« Der Präsident des RDA, Robert Allmers, verlangte auf einer internen Sitzung erneut, eine neutrale Instanz solle die Konstruktion Porsches erproben – was dieser mit der Bemerkung ablehnte, er würde den Wagen ohnehin nicht aus der Hand geben, solange er nicht überzeugt sei, dass die Konstruktion einer neutralen Prüfung genüge. Auf einer Plenarsitzung des RDA am 27. Juli 1936 teilte das Präsidium den versammelten Firmenvertretern die Beschlüsse des Reichkanzlers kommentarlos mit. Auto-Union-Direktor Carl Hahn notierte: »Des Tages Erkenntnis war eindeutig diese: außerhalb der heutigen Automobilindustrie, unter keinem anderen Einfluss als dem der Regierung, mit den hierzu nötigen Mitteln, gleichgültig welcher Höhe, möglichst an der Unterelbe, zur Lieferung nach der Automobilausstellung 1938, unter Ausschaltung privatwirtschaftlicher Rücksichtnahme auf die Industrie.« Der Volkswagen komme mit einem Maximalpreis von 1200 Reichsmark, notierte Hahn, deutlich billiger als alle vergleichbaren Modelle anderer deutscher Hersteller. Der Manager der Auto Union fürchtete die massive Gefährdung seines eigenen Kleinwagengeschäfts, würde der Volkswagen erst einmal in Großserie produziert. An Porsches Fähigkeiten als Manager eines Automobilkonzerns glaubte bei RDA damals allerdings niemand. »Unternehmer und Biografen haben meinen Vater als einen sehr verschwenderischen Erfinder gesehen«, berichtet Ferry Porsche, »einen Mann, der mit einer gewissen Wirtschaftsblindheit Dinge verfolgt hat, die ihn eben interessiert haben, ohne an den Markt oder die Produktion zu denken.«

In den USA war man bei der Massenherstellung von Autos schon meilenweit voraus, und deshalb brach Porsche am 1. Oktober 1936 zusammen mit Ghislaine Kaes, seinem Neffen und Privatsekretär, zu einer sechswöchigen Studienreise über den Atlantik auf. Sie reisten an Bord der *Queen Mary*. In Detroit, der damaligen Welthauptstadt des Automobils, besichtigten sie die modernen Fertigungsanlagen der Ford Motor Company und der General Motors Corporation. Das Auto war in Deutschland erfunden worden, aber in den USA erlebte es seinen Aufstieg zum Massenprodukt. Henry Ford hatte die Fertigung Anfang des 20. Jahrhunderts mit dem Fließband revolutioniert und das Auto dadurch erschwinglich gemacht. Das Ford-Werk am River Rouge war die größte Autofabrik der Welt: 75000 Arbeiter bauten 2000 Autos pro Tag. Porsche ließ seinen Neffen notieren: »Die Arbeiter machten keinen abgespannten Eindruck, von der amerikanischen Hast sahen wir hier nichts – und rein ist es im Ford-Werk, dass einem das Herz lacht. Für den Europäer genügt es vollauf, wenn er in den Vereinigten Staaten nur die Ford-Werke besucht, denn hier sieht er bei allen Dingen, wie es gemacht werden soll. Ein Vorbild aus Stein und Stahl – ein Zeichen unserer Zeit.« Henry Ford, hielt Kaes weiter fest, sei der »einzige Große« in den USA, der es sich leisten könne, auf der Grundlage einzelner Produktionsschritte »ohne Unterschied« Schwarze und Weiße einzusetzen. Damit hatten Porsche und sein Neffe die entscheidende Veränderung erkannt, die mit dem Fließband gekommen war und die erst die hohen Stückzahlen ermöglichte: Die Aufteilung in kleine, einfache, zuweilen stupide Arbeitsschritte war das Ende der handwerklichen Fertigung. Bis dahin hatte man ausgebildete Fachleute gebraucht, um ein Auto aus Holz, Stahl und Blech zusammenzubauen. Jetzt reichten ungelernte Arbeiter, die ein paar Handgriffe beherrschten.

Im November 1936 kehrte Porsche nach Deutschland zurück. Er hatte die Automobilzukunft gesehen. »Was Ferdinand Porsche bei der Entwicklung des ›Käfers‹ angeht«, sagt Daniel Goeudevert, einst auch Vorstandsmitglied bei Ford, »so war er nur von einem besessen: Er wollte die Menschen mobil machen, und zwar so viele Menschen wie möglich. Gleichzeitig wollte er zeigen, dass er als Ingenieur ein besseres Produkt entwickeln kann als alle anderen in der Welt. Das hat er geschafft. Dass Goebbels, Hitler, Himmler und Göring um ihn herumtanzten, hat ihn wahrscheinlich mehr belastet, als man glaubt, aber er versuchte wohl, das Beste daraus zu machen.«

Anfang 1937 wurde bei Daimler-Benz eine erste Versuchsreihe mit 30 Volkswagen-Prototypen gebaut. Vorausgegangen war ein Streit unter den Automobilfirmen, wer den Auftrag bekommen sollte. Daimler-Chef Kissel berief sich darauf, die 30 Versuchswagen seien von Hitler bei Daimler-Benz »persönlich in Auftrag gegeben« worden, und Hitler wolle sie auch persönlich bezahlen. Finanziert wurden sie dann

Mobilmachung: Porsche und sein Volkswagen-Prototyp V3, 1937

aber vom Reichsverband der Automobilindustrie – der »Führer« hatte sie doch nicht aus seiner Privatschatulle bezahlen wollen, wie er Porsche auf dem Obersalzberg versprochen hatte. Dafür kostete die Herstellung der W30-Baureihe auch nicht 850000 Reichsmark, wie seinerzeit von Hitler veranschlagt, sondern 280000, also etwa 9000 Reichsmark pro Wagen. Die Gesamtkosten für die Entwicklung des Volkswagens gingen damit bereits in die Millionen.

Während Daimler-Benz in den Volkswagen-Prototypenbau einstieg, erhielt Porsche im März 1937 den Auftrag, für Daimler einen Weltrekordwagen zu entwickeln. Eine der Bedingungen war, dass Porsche die Beziehungen zum Rennstall der Auto Union vollständig löste, was dann auch geschah. Somit kehrte Porsche kurzzeitig in die Dienste jenes Unternehmens zurück, das er acht Jahre zuvor im Streit verlassen hatte. Die deutschen Rekordwagen von Auto Union und Mercedes waren die höchste Aufrüstungsstufe der »Silberpfeile«, und der T80 sollte mit einem 3500 PS starken Flugmotor den Geschwindigkeitsrekord zu Lande brechen. Auf einer geraden Autobahnstrecke zwischen Dessau und Halle sollte der T80 bis zu 600 km/h erreichen. Angeregt hatte das Projekt der frühere Auto-Union-Pilot Hans Stuck, der nach neuen Beschäftigungsmöglichkeiten suchte. »Mein Lebenswunsch ist es, der schnellste Mann der Welt zu werden. Ich werde dafür auch jedes Opfer und jede Leistung aufbringen«, hatte Stuck an Daimler-Chef Wilhelm Kissel geschrieben. Tatsächlich fuhr Porsches Mercedes nie einen Rekordversuch, der Zweite Weltkrieg kam dazwischen. Die Stromlinienkarosse des T80 hängt heute im Mercedes-Museum in Stuttgart-Untertürkheim.

Hitler ließ sich in Berlin über den Fortgang des Volkswagen-Projekts von Vater und Sohn Porsche persönlich informieren. Nach Ferry Porsches Erinnerungen lautete sein Kommentar: »›Ich gratuliere, Sie haben zweifellos die technischen Probleme glänzend gelöst‹, beglückwünschte Hitler uns, ›aber die wirtschaftliche Seite des Projekts ist eine andere Sache. Hier muss noch eine wichtige Entscheidung getroffen werden.‹« Was er zu tun beabsichtigte, sei im Grunde »ganz einfach« gewesen, berichtet Ferry Porsche: Der Reichsverband der Deutschen Automobilindustrie sollte das gesamte Volkswagen-Projekt als Geste guten Willens an die Deutsche Arbeitsfront (DAF) übergeben. Und so geschah es. Im Mai 1937 endete die Zuständigkeit des Reichsverbandes der Deutschen Automobilindustrie für den Volkswagen. Bis dahin hatte der RDA das Vorhaben durch die Übernahme der Entwicklungskosten subventioniert, jetzt war es vorbei mit der privatwirtschaftlichen Beteiligung am NS-Projekt Massenmotorisierung. »Als klar wurde, dass eine rationelle – und am Ende auch gewinnfähige – Produktion nicht möglich sein würde, haben sich die Autohersteller peu à peu zurückgezogen«, sagt Volkswagen-Historiker Manfred Grieger, »sodass dann am Ende die nicht profitorientierte Deutsche Arbeitsfront in diese Lücke hineinsprang und aus diesem Vorhaben ein nationalsozialistisches Vorhaben machte.«

Ab jetzt würden neben Porsche vor allem NS-Funktionäre über das Projekt entscheiden. Am 28. Mai 1937 gründete man unter der Aufsicht des Leiters der Deutschen Arbeitsfront, Robert Ley, die Gesellschaft zur Vorbereitung des Deutschen Volkswagens mbH (GEZUVOR). Ihr Sitz: Berlin-Grunewald, Taubertstraße 4, Unternehmenszweck der GEZUVOR war laut Gesellschaftsvertrag »die Planung und technische Entwicklung des Volkswagens«, als Geschäftsführer firmierten die Herren Dr. Ing. h. c. Ferdinand Porsche, Jakob Werlin und Dr. Bodo Lafferentz, Leiter des Kraft-durch-Freude-(KdF)-Amtes »Reisen, Wandern, Urlaub«. Lafferentz war als persönlicher Beauftragter Robert Leys in die Geschäftsführung entsandt worden. Hitler hatte die organisatorische Anbindung des Volkswagen-Projekts an die KdF-Organisation ausdrücklich genehmigt. Deren oberstes Ziel war nach eigenen Veröffentlichungen »die Schaffung der nationalsozialistischen Volksgemeinschaft und die Vervollkommnung und Veredelung des deutschen Menschen«. In diesem Zusammenhang diente auch der Volkswagen als Symbol für die Verwirklichung dieser NS-»Volksgemeinschaft«, weil er gleichsam der Beweis sein sollte, dass auch der von Hitler zitierte »kleine Mann« am sozialen Aufstieg und am technischen Fortschritt teilhaben konnte. Der Volkswagen war damit endgültig zum Eckpfeiler der NS-Ideologie geworden.

Als Stammkapital für die GEZUVOR brachte die DAF 480000 Reichsmark mit. Geld, das ursprünglich aus dem 1933 beschlagnahmten Vermögen der deutschen Gewerkschaften stammte, die zwangsweise in der DAF aufgegangen waren. Ihre praktische Arbeit nahm die GEZUVOR in einer Holzbaracke auf einem Grundstück in Stuttgart-Zuffenhausen auf, das Porsche zuvor für den Bau seiner eigenen Produktionsstätte gekauft hatte. Es war das Gelände, auf dem nach dem Krieg die Porsche-Fabrik entstehen sollte und wo bis heute der Firmensitz geblieben ist.

»Faktisch«, urteilen Hans Mommsen und Manfred Grieger, »waren die Aufgabenbereiche der Planungsbüros der GEZUVOR und der Por-

Schon damals unter einem Dach: Porsche- und Volkswagen-Standort in Stuttgart-Zuffenhausen, 1937

sche GmbH nicht zu trennen, und es kam zu einer weitgehenden finanziellen Verschränkung beider Unternehmen.« Damit war das Kons-truktionsbüro zur Planungs- und Konstruktionsabteilung des künftigen Volkswagen-Werks geworden, allerdings ohne sich auf diese Aufgaben zu beschränken. So hatte Porsche einige Monate zuvor mit der Daimler-Benz AG einen mit monatlich 20000 Reichsmark dotierten Vertrag geschlossen, in dessen Rahmen er auch den Rekordwagen T80 entwickelte. Daneben konstruierte Porsche mit dem Typ 110 auch einen Vorläufer des sogenannten Volkstraktors und beschäftigte sich mit der Errichtung von Windkraftanlagen. Noch im Jahr 1937 wurde die Porsche GmbH in eine Kommanditgesellschaft umgewandelt. Neben dem Geschäftsführer Ferdinand Porsche waren die weiteren Gesellschafter sein Sohn Ferry Porsche, seine Tochter Louise Piëch, sein Schwiegersohn Anton Piëch und Baron von Veyder-Malberg.

Unter Leitung von Porsches Sohn Ferry begannen im Mai 1937 die Testfahrten mit den W30-Prototypen. Die Fahrer für diesen Großversuch kamen von einer Staffel der SS-Fahrbereitschaft aus Kornwestheim bei Stuttgart. Schon die Versuchsfahrten der ersten drei Prototypen ein Dreivierteljahr zuvor waren mit Testfahrern der SS-Verfügungstruppe durchgeführt worden, die das Sicherheitsdienst-Hauptamt des Reichsführers SS Himmler auf Bitten des Konstruktionsbüros zur Verfügung gestellt hatte.

Beim Großversuch mit den 30 bei Daimler-Benz hergestellten Versuchswagen wurden innerhalb eines Jahres 2,4 Millionen Testkilometer zurückgelegt, wobei einzelne Modelle Fahrleistungen von mehr als 100000 Kilometer absolvierten. Die Testwagen waren jeweils mit zwei Mann besetzt, gefahren wurde in zwei Tagesschichten auf Autobahnen und Landstraßen, im Schwarzwald und in den Alpen. Mit eigens entwickelten Aufzeichnungsgeräten wurden alle Schalt-, Kupplungs- und Bremsvorgänge präzise festgehalten. Porsche legte vor allem Wert auf geübte Fahrer, die sich an die Anweisungen hielten und sorgfältig Fahrtenprotokolle führten. Der Tagesverdienst für die SS-Männer betrug zwölf Reichsmark, was damals weit über den Durchschnittslöhnen in der Industrie lag. Allerdings fehlte vielen Testfahrern die ausreichende Fahrpraxis, was schwere Unfälle mit erheblichen Sachschäden zur Folge hatte und Porsche zur Entlassung von etwa 30 Fahrern zwang. Für den positiven Ausgang der Testfahrten war das aber nicht mehr entscheidend, Porsches Volkswagen hatte seine Praxistauglichkeit bewiesen. Rund eine halbe Million Reichsmark verschlang der Großversuch.

Im Sommer 1937 brach Ferdinand Porsche zu einem zweiten Besuch in die USA auf. Neben Sohn Ferry begleiteten ihn seine Mitgeschäftsführer Werlin und Lafferentz. Auch die Rennfahrer Ernst von Delius und Bernd Rosemeyer waren mit dabei. Sie fuhren zum Vanderbilt Cup, der in Long Island ausgetragen wurde. Das Rennen war eine rein deutsche Angelegenheit, mit Rosemeyer als Gewinner. Das Ziel der Volkswagen-Delegation war – wie im Jahr zuvor – Detroit, die Autometropole mit den größten Fabriken der Welt. Dieses Mal jedoch war die Abordnung aus Deutschland in einer speziellen Mission unterwegs: Sie wollte Spezialmaschinen für die Karosserie- und Motorenfertigung einkaufen. »Wir besuchten unter anderem die Firmen Cincinnati Milling Machine Company in Reading/Ohio, die Fisher Body Corporation in Lansing/Michigan und die Ambi-Budd in Philadelphia«, berichtet Ferry Porsche im Jahr 1978. »Uns faszinierte, was wir bei Fisher sahen, so sehr, dass wir sogar mit der Stoppuhr die Produktion einiger Teile abnahmen, um zu ermitteln, wie lange es dauerte, einen Kotflügel oder eine Tür oder ein anderes Teil zu stanzen.«

Solche Produktionsmethoden waren in der deutschen Automobilindustrie praktisch noch unbekannt. Deshalb lautete der Auftrag der Porsche-Reisegruppe, deutschstämmige Produktionsspezialisten heim ins Reich zu holen. »Porsche gab pragmatisch die Parole aus: ›Wollt ihr nicht für uns arbeiten, ich gebe euch hier das Glück auf Erden. Ich hab eine Riesenaufgabe, ihr habt das entsprechende

Reise in die automobile Zukunft: Ferdinand Porsche bei der Ankunft in New York, 1937

Know-how‹«, berichtet der ehemalige Volkswagen-Vorstand Carl H. Hahn. »Damals haben innerhalb von wenigen Wochen 20 Leute unterschrieben.«

Die Spezialisten mit deutschen Wurzeln wurden zum Rückgrat des Volkswagen-Projekts. Amerikanische Fachkenntnis für die Mobilisierung der deutschen Volksgemeinschaft. »Tatsächlich bedeutete die Anwerbung von Deutsch-Amerikanern in gewisser Weise Technologietransfer«, sagt Volkswagen-Historiker Manfred Grieger, »indem man Experten aus den Ford-Zusammenhängen bat, nach Deutschland zurückzukehren, um am Aufbau dieser Fabrik teilzuhaben. Das war ein wichtiger Schritt, um diesen ›Fordismus‹ in einer hohen Entwicklungsphase nach Deutschland zu transferieren.«

Nun begannen die konkreten Planungen für den Bau eines Volkswagen-Werks. Im September 1937 legte Bodo Lafferentz seinen Kollegen in der Geschäftsleitung ein Sofortprogramm zur Errichtung der Volkswagen-Fabrik vor, obwohl das laut Gesellschaftsvertrag nicht zu den Aufgaben der GEZUVOR gehörte. Das Programm sah die drei wichtigsten Schritte vor, nämlich den Ankauf eines geeigneten Geländes, die Auswahl und Bereitstellung des benötigten Maschinenparks und den Aufbau eines sogenannten Vorwerkes, in dem Lehrlinge zu Facharbeitern für das neue Unternehmen ausgebildet werden sollten. Die Fabrik sollte in drei Ausbaustufen zunächst 150000, dann 300000 und schließlich bei voller Auslastung 450000 Volkswagen jährlich bauen. Lafferentz hielt es für möglich, dass die Fabrik in ferner Zukunft einmal 1,5 Millionen Fahrzeuge jährlich produzieren könnte – was im Werk Wolfsburg allerdings bis heute nicht erreicht wird.

Schon im Sommer 1937 wurde in der Gegend um Fallersleben ein geeigneter Standort für das geplante Werk gefunden. NS-Funktionär Bodo Lafferentz hatte das Gelände persönlich vom Flugzeug aus erkundet. Einer seiner Mitarbeiter hielt später in einem Vermerk fest, »dass die Auswahl von Fallersleben als Standort für die Volkswagenfabrik nicht aufgrund irgendwelcher wirtschaftlicher Überlegungen, sondern rein zufällig aufgrund einer Bereisung« geschehen sei. Die GEZUVOR versuchte, ihre Planungen strikt geheim zu halten, weil sie mit einigem Widerstand vor Ort rechnete. Dennoch blieb weder dem Bürgermeister von Fallersleben noch den ansässigen Grundbesitzern lange verborgen, dass in ihrer Umgebung Vorbereitungen für ein größeres Bauvorhaben im Gange waren. Der Haupteigentümer des fraglichen Geländes, Güntzel Graf von der Schulenburg, betrachtete die Vorgänge auf seinem Besitz offenbar höchst beunruhigt, spätestens als er im August 1937 neben anderen hohen NS-Funktionären auch DAF-Führer Robert Ley erkannte, wie dieser möglichst unauffällig das künftige Werksgelände in Zivil besichtigte.

Von der Schulenburg fürchtete weniger den Verlust seines hundertjährigen Eichenbestandes, wie er einem Freund anvertraute, als die Enteignung seines Anwesens. Der Familiensitz des Grafen war ein Schloss mit dem Namen Wolfsburg.

VOM VOLKS- ZUM KDF-WAGEN – DER NS-STAAT MACHT MOBIL

Am Mittellandkanal bei Fallersleben entstand die größte Fabrik der Welt, nach Ansicht der Planer für feindliche Bomberflotten unerreichbar. »Deutschland, Deutschland über alles«, hatte Hoffmann von Fallersleben einst gedichtet, die erste Strophe der Nationalhymne. Jetzt entstand in Fallersleben das deutscheste aller Automobilwerke – und daneben gleich eine ganze Stadt, benannt nach der Wolfsburg. Bauherr: die Deutsche Arbeitsfront. Das Vorbild für das Werk stand am River Rouge in Detroit, auch wenn das offiziell nicht zugegeben wurde. Das Hauptwerk der Ford Motor Co. sollte bei Fallersleben nahezu in denselben Dimensionen nachgebaut werden, »River Rouge am Mittellandkanal«, nennt es der Historiker Manfred Grieger. Auch das anvisierte Ziel von 1,5 Millionen Volkswagen pro Jahr orientierte sich an Ford, denn dort produzierte man eine etwas geringere Stückzahl.

Metropolis, NS-Utopia. Mit Porsche wollte ein eher unpolitischer Technokrat – wie viele damals – an die globale Entwicklung der Automobilindustrie anknüpfen. Der frühere Volkswagen- und Ford-Vorstand Daniel Goeudevert zieht einen Vergleich: »Ich hoffe, ich mache nichts Falsches, wenn ich die zwei Namen jetzt in einem Atemzug erwähne: Das sind Ferdinand Porsche und Albert Speer.«

Porsche und Speer – der Konstrukteur und der Architekt. Auch Speer zählte zu den Vertrauten des »Führers«, er brachte dessen gigantomanische Hauptstadtpläne zu Papier. Nach dem Endsieg wollten die Nazis Berlin als »Welthauptstadt Germania« im XXL-Format neu aufbauen, als Mittelpunkt eines germanischen Großreichs. Rund 50 000 Wohnungen sollten abgerissen und durch Prachtbauten ersetzt werden, um von der Macht und Herrlichkeit des »Tausendjährigen Reiches« zu künden. Hitler persönlich kümmerte sich mit Speer um die Planungen. 1937 wurde Speer zum Generalbauinspektor für die Reichshauptstadt ernannt und mit weitreichenden Kompetenzen ausgestattet.

Geplant waren eine 50 Kilometer lange Ost-West-Achse und eine 40 Kilometer lange Nord-Süd-Achse, die sich in der Innenstadt zu einer monumentalen Prachtstraße ausweiten sollte. Am Südende sollten in Tempelhof ein 22-gleisiger Superbahnhof und ein 117 Meter hoher Triumphbogen entstehen. Der Arc de Triomphe in Paris ist knapp 50 Meter hoch. Im Norden Germanias hätten sich Reichstag, der »Palast des Führers« und die »Große Halle« gruppiert, das wichtigste Gebäude der neuen Welthauptstadt. Sie wäre mit 320 Metern Höhe das größte Kuppelgebäude der Welt geworden. Die Bauarbeiten für »Germania« wurden 1943 eingestellt, als Baumaterialien knapp wurden und der Endsieg in unerreichbare Ferne rückte. Übrig gebliebene sind Filmaufnahmen eines Architekturmodells der geplanten Innenstadt. Die Kamera fährt durch die Prachtboulevards, vorbei an Triumphbogen und Großer Halle. Auf den Straßen stehen Modellautos, die den Verkehr in der künftigen Welthauptstadt andeuten sollen. Es sind Volkswagen, maßstabsgerecht verkleinert. »Was hat Speer damals motiviert? Die Architektur«, sagt Daniel Goeudevert. »Was hat Ferdinand Porsche motiviert? Die Macht war in der Hand von Hitler und seinen Leuten. Ich weiß nicht, was in der Seele eines Ferdinand Porsche vorging, aber ich kann mir vorstellen, dass er nur ein einziges Motiv hatte: nämlich ein Superprodukt auf die Räder zu bringen.«

In wessen Auftrag das geschah, schien eher nebensächlich. Und ähnlich wie Porsche dachten und handelten damals viele. »Er war besessen von der Technologie, er war besessen von der Geschichte mit Ford und seinen Produktionsmethoden. Er war besessen, etwas Neues zu tun«, urteilt Goeudevert. Es war ein faustischer Pakt: der Konstrukteur und der Diktator. Ein Foto zeigt, wie Porsche seinem Auftraggeber an dessen 50. Geburtstag ein Modell des Volkswagens überreicht. Hitler ist begeistert.

Porsche war privat nicht gar so begeistert vom Volkswagen, wie sein Enkel Ernst Piëch berichtet: »Großvater liebte große Autos, kleine Autos fuhr er nicht so gern. Sein Lieblingsauto war der Achtzylinder.« Die große Limousine war auch dabei, als Porsche zusammen mit Tochter Louise, verheiratete Piëch, und seinem treuen Chauffeur, Josef Goldinger, die großdeutsche Baustelle bei Fallersleben besichtigte. Private Filmaufnahmen hielten das Ereignis fest: Porsche wie immer mit Hut und dunklem Mantel, seine Tochter in einen kostbaren Pelzmantel gehüllt, vermutlich Ozelot.

Da geht's lang: Ferdinand Porsche, Chauffeur Josef Goldinger und Louise Piëch auf der Baustelle in Fallersleben

Noch stehen nur ein paar Holzbaracken, nichts deutet darauf hin, dass hier in wenigen Monaten die größte Fabrik der Welt stehen soll. Arbeiter fällen Bäume, ein Lastwagen fährt durchs Bild. Louise lächelt in die Kamera. Doch das gigantomanische Projekt konnte sie nicht in die entstehende Autostadt locken. »Das Interessante bei Louise war«, berichtet Historiker Mommsen, »dass sie zunächst nicht weg wollte nach Wolfsburg. Sie ist vielleicht einmal da gewesen, aber sie hat sich geweigert, dorthin zu gehen.« Louise Piëchs Abneigung gegen Wolfsburg sollte sich später noch bezahlt machen.

Ein Paradies der Werktätigen sollte das neue Werk werden. Die *Deutsche Wochenschau* stimmte die Volksgenossen 1938 schon einmal ein: »Der Bauabschnitt des Volkswagenwerkes geht seiner Vollendung entgegen. Den Arbeitern des Volkswagenwerkes werden die schönsten Pausenräume, Duschanlagen und Sportplätze zur Verfügung stehen, sodass nicht nur die technischen Anlagen, sondern auch die Betreuung der Belegschaft einzigartig in der Welt sein werden.«

Ökonomische Gesetzmäßigkeiten spielten bei dem NS-Vorzeigeprojekt eine untergeordnete Rolle. »Es war klar, dass die Kosten der Produktion bei einem Verkaufspreis von 990 Reichsmark nicht gedeckt werden konnten«, sagt Volkswagen-Historiker Grieger. »Da Hitler aber angeblich versprochen hat, den Fehlbetrag aus seiner persönlichen Schatulle zu decken, ist man auf diese Frage einfach nicht mehr zurückgekommen. Man hat das Projekt fortlaufen lassen, ohne die ökonomische Basis auf vernünftige Füße zu stellen.« Die Lösung sollte dann ein Sparvertrag sein. Die NS-Organisation Kraft durch Freude sollte den Deutschen zu einem echten Volkswagen verhelfen. DAF-Führer Robert Ley, dem die KdF-Organisation unterstand, pries das Sparsystem bei seiner Vorstellung als einzigartige Leistung des »deutschen Sozialismus«.

Schon im April 1937 hatte Porsches Mitgeschäftsführer bei der GEZUVOR, KdF-Funktionär Bodo Lafferentz, ein Memorandum zur Finanzierung des Volkswagen-Projekts vorgelegt. Das Auto sollte demnach nicht frei über den Handel verkauft werden, sondern nur über ein streng reguliertes Sparsystem zu bekommen sein. Die Idee war, den Kaufpreis mit Marken anzusparen, die wöchentlich in Höhe von mindestens fünf Reichsmark bei den Dienststellen der DAF und den Filialen der Bank der Deutschen Arbeit, später auch bei der Dresdner Bank ausgegeben wurden. Sie wurden auf KdF-Sparkarten aufgeklebt, die Vorlage von drei Sparkarten im Wert von jeweils 250 Reichsmark begründete den Anspruch auf Lieferung eines Volkswagens. Der Kaufpreis der geschlossenen Limousine betrug die von Hitler geforderten 990 Reichsmark, für die Cabrio-Limousine, den sogenannten Innenlenker mit Faltdach, 1050 Reichsmark. Für Extras wurden Zuschläge entrichtet, die ebenfalls angespart werden mussten, zusätzlich wurden 200 Reichsmark für zwei Jahresbeiträge zur Haftpflicht- und Teilkaskoversicherung berechnet. Der Sparvertrag war nicht übertragbar, konnte allerdings vererbt werden. Mit dem Mindestbetrag von fünf Reichsmark hätte der einfache Volksgenosse also inklusive der Nebenkosten rund fünf Jahre sparen müssen, um sich den Traum vom Volkswagen zu erfüllen. Zinsen bekamen die Sparer nicht, »aus Gründen der technischen Fortentwicklung und Verbilligung« des Wagens, wie es im offiziellen Merkblatt für die Ausstellung des Sparantrags hieß. Für die DAF kam so ein durchschnittlicher Zinsgewinn von 130 Reichsmark pro Antrag heraus. Insgesamt brachte die Aktion der DAF 275 Millionen Reichsmark ein, wie die Historiker Mommsen und Grieger errechnen.

Anfangs machte sich Lafferentz noch Sorgen, wie die ihm unterstellte KdF-Abteilung »Reisen, Wandern, Urlaub« den Ansturm bewältigen sollte, »wenn Millionen von Volksgenossen mit ihrem eigenen Wagen in den Urlaub fahren«. Die Befürchtungen waren unbegründet, denn das Interesse der potenziellen Volkswagenfahrer war eher gering. Der Wagen blieb für den durchschnittlichen Industriearbeiter, für den er in erster Linie gedacht war, praktisch unerschwinglich. »Für die Masse der deutschen Bevölkerung« habe das Thema überhaupt keine Rolle gespielt, so Historiker Mommsen. »Die Bedarfslage des Normalhaushalts ging sicherlich nicht in Richtung Volkswagen. Deshalb meinte ja auch einer der Porsche-Ingenieure, ob es nicht nützlicher wäre, Kühlschränke zu bauen.« Mit den volkswirtschaftlichen Realitäten, so Mommsen, habe die »Volkswagen-Mythologie« nichts zu tun gehabt. Insofern sei das Ganze doch »sehr stark in die Nähe eines Flops« geraten. Nur ganz wenige Volksgenossen hatten das Privileg, einen Volkswagen zu besitzen, und das waren fast ausschließlich die Spitzen der NS-Diktatur.

Das erste Exemplar, ein schwarzes Cabrio, ging am 20. April 1939 an den mächtigsten Förderer des Projekts: Adolf Hitler. Es war ein Geschenk zum 50. Geburtstag. Das Ereignis ist auf Farbfotos dokumentiert, wo der »Führer« sich höchst erfreut zeigte. Wagen Nummer 2, ebenfalls ein Cabrio, ging an Hermann Göring, Wagen Nummer 3

Präsent für den »Führer«: Porsche, Hitler und Lafferentz bei der Übergabe des Geburtstagsgeschenks am 20. April 1939. Rechts in SS-Uniform: Albert Speer

an Hitlers Stellvertreter Rudolf Heß. Propagandaminister Joseph Goebbels bekam einen KdF-Wagen, ebenso DAF-Leiter Robert Ley, GEZUVOR-Direktor Bodo Lafferentz, der japanische Botschafter Oshima und so weiter und so weiter. Bei Porsche kursierte die Kopie einer internen Liste mit der Bezeichnung »Wagen, die 1939 und 1940 im Hause fertiggestellt wurden«. Neben jedem Exemplar, das an ein Parteimitglied ausgeliefert worden war, hatte ein Unbekannter sarkastisch »1000 RM« notiert. Er kam auf zwölf von etwa 40 Fahrzeugen, die bis dahin gebaut worden waren. Von den übrigen Fahrzeugen wurden die meisten von der Firma Porsche zu Versuchs- und Werbezwecken benutzt. Kein KdF-Sparer hat im Dritten Reich ein Auto bekommen, und nach dem Krieg war der Mann, der das Auto zum Billigpreis versprochen hatte, nicht mehr zu belangen.

Bis zur Automobilausstellung im März 1939 waren gerade mal 200000, bis Jahresende 270000 Sparverträge abgeschlossen worden – trotz eines massiven Propagandafeldzugs der DAF und ihrer Unterorganisationen, der im Mai 1938 in der DAF-Hauszeitschrift *Arbeitertum* mit einer Artikelserie »Das Fahrzeug ist für jeden Volksgenossen da« begann. Das Problem war nur, dass das Gefährt bis auf wenige Prototypen alles andere als da war.

Freude am Fahren: Sondermarken der Deutschen Reichspost zur Automobilausstellung 1939

Deshalb schickte man die Kornwestheimer SS-Fahrbereitschaft, die den Großversuch mit den 30 Vorserienfahrzeugen durchgeführt hatte, auf PR-Tournee. Die Truppe sei in eine »Reklamekolonne« verwandelt worden, berichten Mommsen und Grieger, die »in Betrieben, bei kommunalen Feierstunden, anlässlich von Messen, Ausstellungen, Volksfesten, Flugtagen und Sportveranstaltungen, aber auch auf dem Reichsparteitag in Nürnberg« den neuen Wagen vorzuführen hatte. Im Juni 1939 fand eine sogenannte »Großdeutschlandfahrt« mit dem KdF-Wagen statt, über die Porsche-Ingenieur Karl Gensberger einen kurzen Bericht hinterließ: »Wir wurden mit Rufen: ›Das ist mein Wagen!‹ begrüßt. ›Ich habe schon drei Viertel bezahlt! Ihr könnt ihn gleich hier lassen!‹« Insgesamt wurden bei Werbeveranstaltungen mit den KdF-Wagen 498 058 Kilometer zurückgelegt, wie aus einer Aufstellung vom 21. September 1939 hervorgeht, die an Porsche weitergeleitet wurde.

Doch all dies nützte wenig. In den Kriegsjahren ging das Interesse am Sparen aufs eigene Auto – wenig überraschend – noch weiter zurück. Selbst von den Angestellten der Volkswagenwerk GmbH waren zwischen 1939 und 1945 nur etwa 25 Prozent bereit, Sparmarken zu kleben; insgesamt kamen nicht mehr als 340 000 KdF-Sparer zusammen – ein krasses Missverhältnis zur angepeilten Produktionskapazität von bis zu 1,5 Millionen Autos im Jahr, die weit jenseits aller realistischen Absatzmöglichkeiten lag. »Das hing am Ende damit zusammen, dass die Einkommensstruktur der deutschen Bevölkerung für die Automobilität noch gar nicht reichte«, stellt Volkswagen-Historiker Manfred Grieger fest.

Mit solchen Überlegungen wollten sich die Nazis bei ihrem Propagandafeldzug nicht belasten. Am 26. Mai 1938, es war der Himmelfahrtstag, fand die Grundsteinlegung für die größte Autofabrik der Welt statt. Entsprechend pompös hatte die Veranstaltung zu sein. Sie war von der NSDAP-Propagandaleitung des Gaues Ost-Hannover und dem regionalen KdF-Amt mit großem Aufwand inszeniert worden und diente, wie Mommsen und Grieger bemerken, »als definitive Inbesitznahme des Volkswagens und seines Werkes durch die DAF«. Porsches Konstruktion war endgültig zum Vehikel der Naziideologie geworden. Mehr als 50 000 Teilnehmer und reichlich NS-Prominenz kamen mit Sonderzügen nach Fallersleben. Jungvolk und Hitlerjugend (HJ) standen fähnchenschwingend an den Straßen, um den Besuchern einen Jubelempfang zu bereiten. An der Stelle, an der später das Verwaltungsgebäude stehen sollte, war eine mit Fahnen geschmückte Ehrentribüne aufgestellt worden. Musik- und Fanfarenzüge der HJ, der SS-Junkerschule Braunschweig und der DAF-Werkscharen standen bereit, um den Teilnehmern die lange Wartezeit bis zum Beginn der Grundsteinlegung zu vertreiben.

Den weiteren Ablauf der militärisch durchorganisierten Veranstaltung hielt das »Minutenprotokoll für die Grundsteinlegung zum

»Symbol der nationalsozialistischen deutschen Volksgemeinschaft« – die Grundsteinlegung des Volkswagen-Werks, 1938

Volkswagenwerk Fallersleben am 26. Mai 1938, 13 Uhr« fest. Pünktlich um 12:25 Uhr nahm der Fahnenblock neben der Ehrentribüne Aufstellung, in dem die SA, das Nationalsozialistische Kraftfahrkorps, die Hitlerjugend, die Deutsche Arbeitsfront, die SS und das Korps der Politischen Leiter vertreten war. Um 13:25 Uhr huldigten die vor der Tribüne postierten Ehrenkompanien aus den drei Wehrmachtsteilen und den Parteigliederungen dem »Führer«, der an der sogenannten Ehrenpforte eintraf. In seinem Gefolge NS-Ideologe Alfred Rosenberg, Otto Dietrich, Reichspressechef der NSDAP, und Jakob Werlin. Mit dabei auch DAF-Leiter Robert Ley, Heinrich Himmler, SS-Obergruppenführer Josef »Sepp« Dietrich, Stabschef der SA, Viktor Lutze, Chef des Oberkommandos der Wehrmacht, Wilhelm Keitel, und Führer des NSKK, Adolf Hühnlein. Propagandaminister Goebbels fehlte, er schickte seinen Staatssekretär. Eher am Rande standen zwei Männer in Zivil: Ferdinand Porsche und sein Sohn Ferry. Den Hut hatte Porsche dieses Mal abgenommen.

50000 Menschen sahen den Volkswagen an diesem Tag zum ersten Mal. Der »Führer« selbst schritt die Parade ab. Die *Wochenschau* hielt das Ereignis fest. Als Erster ging Robert Ley zum Rednerpult, um die Teilnehmer zu begrüßen. Den Volkswagen lobte er als »glorreiches Werk« des »Führers«. Danach ergriff Bodo Lafferentz als Leiter des KdF-Amtes das Wort und erstattete dem »Führer« Meldung. Der Volkswagen sei »produktionsreif«, die letzten noch bestehenden Zweifel an seiner Verwirklichung seien ausgeräumt. Der Wagen sei ein »kleines technisches Wunder« und werde zu einem Preis von 990 Reichsmark angeboten. »Wir haben dem Konstrukteur Dr. Porsche die denkbar größten Möglichkeiten verschafft«, so Lafferentz in seiner Rede, »damit er frei von jeder Einengung seine Konstruktion von höchster Qualität vollenden und sie in einem beispiellosen Verfahren erproben konnte. Ohne Rücksicht auf die sonstigen Schwierigkeiten haben wir auf dieser Grundlage unsere Arbeit mit dem Ziele begonnen, Ende 1939 den ersten Volkswagen rollen zu lassen.«

Dann trat der »Führer« ans Rednerpult – und sorgte für eine Überraschung. Original-Kommentar der *Wochenschau*: »Der Führer bestimmte in seiner Rede, dass der Wagen nach der Organisation benannt werden soll, die sich am meisten um die Freude aller Schaffenden bemühte. Er soll daher KdF-Wagen heißen.« Die Namensgebung war innerhalb der NS-Organisation abgestimmt worden, nicht aber mit Porsche. »Wir waren von dieser Ankündigung zutiefst betroffen, denn eine solche Bezeichnung war für den Export, den wir uns erhofften, denkbar ungeeignet«, bemerkte Ferry Porsche später.

Weiter sprach Hitler in Fallersleben: »Damit möchte ich zur Grundsteinlegung eines Werkes schreiten, von dem ich überzeugt bin, dass es ein Symbol der nationalsozialistischen deutschen Volksgemeinschaft sein wird.« So begann offiziell der Bau der, wie es in der eingemauerten Urkunde hieß, »größten europäischen Erzeugnisstätte auf dem Gebiet der Motortechnik«. Dann ließ Hitler sich unter dem bestellten Jubel der Teilnehmer zurück zu seinem Sonderzug chauffieren – im offenen Volks- beziehungsweise KdF-Wagen. Am Steuer Ferry Porsche, rechts neben ihm Hitler. Auf der Rückbank Ferdinand Porsche und Lafferentz. Als er durch die Menge gefahren wurde, streckte Hitler den rechten Arm zum Gruß. Dahinter in gebührendem Abstand der schwere Mercedes, der ihn vom Zug zum Schauplatz der Propagandashow gebracht hatte, für Ferry Porsche ein nachhaltiges Erlebnis: »Nach der Zeremonie musste jemand Hitler zu seinem Sonderzug zurückbringen, der im Bahnhof Fallersleben stand. Diese Aufgabe wurde zu meiner großen Überraschung mir übertragen – wahrscheinlich ob der Popularität meines Vaters.« Ungewollt habe er durch zahlreiche Bilder, die später von der Fahrt veröffentlicht wurden, große Aufmerksamkeit erlangt, berichtet Ferry Porsche. »Das führte dazu, dass ich zahlreiche Briefe bekam, sogar einen Heiratsantrag aus Amerika. Dabei war ich ja längst glücklich verheiratet, Vater eines Sohnes, und der zweite Sohn Gerhard Anton (›Gerd‹) wurde neun Tage darauf, am 5. Juni 1938, geboren.«

Zeitzeugen: Der Käfer (rechts) und seine ebenfalls von Porsche konstruierten Vorläufer in der Wolfsburger Autostadt

Ein Symbol der nationalsozialistischen deutschen Volksgemeinschaft, wie von Hitler beschworen, wurde das Volkswagen-Werk zum Glück nicht – stattdessen wurde es zum Symbol des deutschen Wiederaufstiegs nach dem verheerenden Krieg. Im Zeithaus der Autostadt Wolfsburg stehen heute Porsches Zündapp Typ 12, der NSU Typ 32 und die Autos, die auf Hitlers Befehl entstanden, den Krieg und die Verbrechen des NS-Regimes überdauert und den Wiederaufstieg der Deutschen aus Schutt und Schuld begleitet haben. »Ich frage mich, was wäre die Welt heute ohne diese Entwicklung von damals«, sagt Daniel Goeudevert. »Wir sind natürlich immer Schöngeister. 50, 60 Jahre später kann man leicht sagen: ›Wie kann man es sich erklären, dass ein Porsche, ein Speer und andere mitgemacht haben?‹ Ich kann das analysieren und frage mich am Ende des Tages immer: ›Was hättest du getan?‹ Und ich muss sagen, darauf habe ich keine Antwort.«

Viele haben mitgemacht und profitiert damals, in der Wirtschaft, der Industrie, Forschung, Kultur. Die technischen Leistungen der Deutschen schienen dem Regime recht zu geben. Am Vorabend des Zweiten Weltkriegs wurde der KdF-Wagen zu einem Imageträger für den NS-Staat. Die *Deutsche Wochenschau* berichtete 1938: »Auch ausländische Journalisten wurden zu überzeugten Freunden des KdF-Wagens. Man staunte über den geringen Benzinverbrauch von nur sechseinhalb Litern, die große Anfangsbeschleunigung auf 60 Stundenkilometer innerhalb von 14 Sekunden, die hervorragende Straßenlage und das Vierganggetriebe.«

Auch militärisch ging die Mobilmachung weiter, über die Grenzen hinaus. Deutschland marschierte im März 1938 in Österreich ein, was im NS-Propagandafilm folgendermaßen klingt: »Überall in Österreich, wohin die deutschen Soldaten kamen, wurden sie wie Brüder aufgenommen. Besonders herzlich war der Empfang in der Steiermark und in Kärnten.« Für die Porsches machte der »Anschluss« einiges einfacher, da sie noch aus der Zeit der k.u.k. Doppelmonarchie österreichische Staatsbürger waren. »Mein Vater konnte zum Beispiel die 100000 Reichsmark, die zu dem Professorentitel und dem Orden des Deutschen Nationalpreises gehörten, dazu verwenden, ein Haus in Dellach am Wörthersee zu kaufen«, so Ferry Porsche.

Viele Österreicher waren nicht weniger stramme Nazis als die Deutschen, und niemand schien zu erahnen, dass die schönen Fantasien von glücklichen Menschen in schönen Autos einem Albtraum weichen würden. »Bereits im kommenden Jahr werden unsere KdF-Wagen mit glücklichen Menschen über die Autobahnen rollen«, versprach der NS-Werbefilm. »Nunmehr kann der KdF-Wagen gemäß dem Willen des Führers der Freude des deutschen Volkes dienen.«

Hitler und sein Propagandaminister Goebbels wussten, was das Regime an den technischen Genies der Zeit hatte. 1938 wurde Porsche von Hitler mit dem neu gestifteten Deutschen Nationalpreis für Kunst und Wissenschaft ausgezeichnet, zusammen mit Ernst Heinkel,

Willy Messerschmitt und Fritz Todt, dem Generalbevollmächtigten für die Bauwirtschaft.

Das Regime vereinnahmte Porsche – und Porsche, inzwischen 63 Jahre alt, ließ es mit sich geschehen. Die Fabrikhallen in Fallersleben waren zwar noch eine Baustelle, an der die Deutsche Arbeitsfront baute, Hitlers Zwangsgewerkschaft. Der NS-Staat versuchte jedoch, den Eindruck zu erwecken, das »Tausendjährige Reich« von »Führer«, Volk und Technik sei wirklich angebrochen.

Ein fragiles Wirtschaftswunder, gebaut auf Pump und Innovation, auf Enteignung und Ausbeutung, entfaltete seinen trügerischen Glanz. Und die technische Entwicklung des Automobils hatte auch ihre dunklen Seiten – denn keine der Innovationen, die nicht auch militärisch eingesetzt werden konnte. Statt mit dem KdF-Wagen in die Ferien sollten die Volksgenossen bald mit dem Kübelwagen an die Front fahren.

DER ERLKÖNIG: TYP 64 – DER URAHN ALLER PORSCHES

Februar 1939. Einmal noch wurde die zivile Automobilausstellung in Berlin eröffnet. Motorradkompanien des NSKK und die »Silberpfeil«-Teams von Auto Union und Mercedes-Benz traten zur Eröffnungsfeier in Reih und Glied an. Mechaniker in der zweiten Reihe reckten den rechten Arm zum Hitlergruß empor, als Hitler mit seinem Gefolge auf sie zuging; die Fahrer selbst entboten den Gruß dagegen eher lässig. Derart flapsiges Verhalten war im Nazireich ansonsten eher verpönt, aber die Rennfahrer genossen in der NS-Diktatur einen Sonderstatus als Draufgänger, die sich mit ihren Maschinen an die Grenzbereiche der Technik – und des Lebens – herantasteten. Rudolf Caracciola durfte dem »Führer« bei der Eröffnungsfeier vor der Reichskanzlei sogar die Hand schütteln. Der »Silberpfeil«-Superstar war vorsichtiger als andere: Er wohnte schon seit Jahren in der Schweiz und ließ sich in Devisen bezahlen – mit Genehmigung des Regimes. Er weigerte sich auch während des Krieges, »heim ins Reich« zu kommen, und wurde dennoch weiter hofiert. Hitler wusste um den Werbeeffekt der »Silberpfeile« und ihrer todesmutigen Piloten.

Nach dem Empfang der Nationalhelden stieg Hitler in seinen schweren Mercedes und ließ sich zum Messegelände chauffieren. Spielmannszüge von SA und SS standen Spalier, Marschmusik begleitete den Auszug der motorisierten Kolonne durch das Brandenburger Tor. An der Charlottenburger Masurenallee begrüßte die Automobilausstellung ihre Besucher mit einem dichten Wald von Flaggenmasten mit der gehissten Hakenkreuzfahne, dem Zeichen des neuen Deutschland. Die *Deutsche Wochenschau* berichtete mit lauter Propagandastimme: »Nach der Eröffnungsfeier besichtigte der Führer die Ausstellung, an der sechs Nationen beteiligt sind. Die ersten drei Tage brachten bereits einen Rekordbesuch von über 100 000 Menschen, Vertreter aus 32 Nationen haben sich als Gäste angesagt.« Am Ende wurden 825 000 Besucher gezählt. Sie alle kamen, um die Sensation der Automesse zu sehen: Ferdinand Porsches KdF-Wagen, der allerdings noch immer nicht in Serie gehen sollte. Die Deutsche Reichspost gab aus Anlass der Automobil- und Motorradausstellung drei Sondermarken aus: »Die ersten Kraftwagen von Carl Benz und Gottlieb Daimler« zu 6 Pfennig (plus 4 Pfennig Spende), »Rennwagen von Auto Union und Mercedes-Benz« (12+8 Pfennig) und »KdF-Wagen« (25+10 Pfennig). Im Film *Deutsche Rennwagen in Front* wird der »Auto-Führer« mit den Worten zitiert: »Heute können wir mit Stolz feststellen: Die deutsche Automobilindustrie hat ihren alten Rang in der Welt wieder eingenommen« – noch sechseinhalb Monate bis zum Beginn des Zweiten Weltkriegs.

Um die Überlegenheit deutscher Automobiltechnik zu beweisen, stand noch ein großes Rennen auf dem politischen Programm, zu dem der Startschuss im September 1939 fallen sollte. »Die sogenannten Achsenmächte«, sagt der Hamburger Automobilhistoriker Wolfgang Blaube, »die Italiener, die Österreicher und die Deutschen planten ein politisch motiviertes Prestigerennen, das Rennen Berlin–Rom, um die politische Zusammengehörigkeit zu symbolisieren.« Der Plan war schon im Jahr 1937 mit der Eröffnung der Autobahn Berlin–München entstanden. Die 1300 Kilometer lange Strecke sollte von der Reichshauptstadt Berlin durch Österreich, das damals noch nicht »angeschlossen« war, über den Brenner bis nach Rom führen. Mehrere deutsche Autofirmen hatten vor, mit eigens für das Prestigerennen konstruierten Fahrzeugen teilzunehmen. Porsche wollte sich einen lang gehegten Wunsch erfüllen und mit einem eigenen Rennwagen antreten. Mit dem Austro Daimler Sascha hatte er Anfang der 1920er-Jahre die Idee vom kleinen, leichten Sportwagen zum ersten Mal verwirklicht. »Mit jeder Entwicklung, mit der er sich danach in Richtung Kleinwagen beschäftigte«, sagt Wolfgang Blaube, »verfolgte er auch ein Sportwagenkonzept. Als er den Volkswagen konstruierte, legte er dann der Reichsführung die Idee eines Sportwagens auf KdF-Basis dar. Das konnte aber bei der politischen Führung keine Priorität genießen.« Ein Sportwagen passte nicht zum Vernunftskonzept der Volksmotorisierung, entschied die Deutsche Arbeitsfront damals. Doch mit der Berlin-Rom-Wettfahrt war Porsches Sportwagenprojekt plötzlich wieder im Rennen. Der Typ 64 entstand, »als politisch korrekter Imageträger für den Volkswagen und dessen sagenhafte Fernreisequalitäten«, so Blaube. »Für diese Veranstaltung haben wir drei VW mit einer Stromlinienkarosserie gebaut, um an der Wettfahrt teilzunehmen«, berichtete Ferry Porsche im Jahr 1981. »Bei diesen Fahrzeugen haben wir gesehen, was man aus so einem kleinem Auto mit einer günstigen Karosserie, mit einem geringeren Gewicht, also einer Leichtmetallkarosserie, machen kann.«

Es war die Geburtsstunde des ersten Porsche, wenn er auch offiziell noch nicht so genannt wurde. Unter der internen Bezeichnung Typ 64 entwickelte und baute das Haus Porsche im Frühjahr das erste der drei Rennsportcoupés für das Langstreckenrennen. Vorausgegangen waren viele Vorüberlegungen, Denkmodelle und Konstruktionen, die in den Köpfen der Ingenieure und auf den Zeichenbrettern schon konkrete Formen angenommen hatten. Die prägnanteste, wichtigste und eindrucksvollste Entwicklung war der Typ 114, der formal eine enge Verwandtschaft zu den fließenden Linien des 64 zeigte, konzeptionell aber ein vollständig anderes Auto war, das nichts mit dem Volkswagen zu tun hatte. Vorgesehen war ein Zehnzylinder-V-Motor, der vor der Hinterachse saß – eine ähnliche Anordnung wie bei Porsches Auto-Union-Rennwagen. Der Typ 114 wurde nie gebaut, es blieb bei verkleinerten Modellen für die Windkanalversuche. Er wäre ein wahrer Supersportwagen geworden, ein Kraftprotz wie 70 Jahre später der Bugatti Veyron des Porsche-Enkels Ferdinand Piëch. »Das war die Idealvorstellung Ferdinand Porsches von einem Sportwagen«, erläutert Wolfgang Blaube, der sich seit Jahren eingehend mit der Geschichte des Berlin-Rom-Wagens und seiner Vorläufer befasst, »aber es dürfte auch ihm klar gewesen sein, dass es schwierig ist, so ein radikales Konzept tatsächlich umzusetzen. Letztlich war der Typ 64 die Blech gewordene Reinkarnation des Typ 114. Zumindest was die Form betrifft.«

Porsches Karosseriespezialist Erwin Komenda hatte die Pläne für die extrem schmale, 1,45 Meter hohe Stromlinienkarosserie aus Aluminium gezeichnet. Die Konstruktion des Aufbaus stammte von Porsches Mathematiker Josef Mickl, der aus dem Flugzeug- und Luftschiffbau kam. Der Typ 64 war das erste Auto der Welt mit einer selbsttragenden Leichtmetallkarosserie und wog nur 550 Kilogramm. Um die Personenkabine besonders schmal und damit strömungsgünstig zu halten, wurden die beiden Sitze um etwa 30 Zentimeter versetzt eingebaut, sodass sich die Schultern der Passagiere im engen Cockpit nicht berührten. Die futuristische Form entsprach weitgehend dem Entwurf für den Supersportwagen 114, aber auch eine gewisse Familienähnlichkeit mit dem KdF-Wagen ließ sich nicht verleugnen. Die Kühlluftschlitze unter dem Heckfenster verrieten, wo sich der Motor befand: hinten – dort, wo er auch beim Käfer saß und bis heute beim Porsche 911 sitzt. Gegenüber dem KdF-Wagen wurde die Leistung von 23,5 auf 40 PS erhöht, was für eine Höchstgeschwindigkeit von 145 Stundenkilometern reichte.

Das Rennen Berlin–Rom sollte ursprünglich am 27. und 28. September 1938 stattfinden, wurde dann aber nur eine Woche vor dem Start plötzlich abgesagt, ohne nähere Begründung. Ein Grund könnte gewesen sein, dass man Porsche genügend Zeit geben wollte, sein ehrgeiziges Rennwagenprojekt fertigzustellen. NSKK-Chef Adolf Hühnlein, auf deutscher Seite verantwortlich für die Austragung des Rennens, wollte den Wagen bei der prestigeträchtigen Wettfahrt unbedingt dabeihaben. Als neuer Termin wurde zunächst das Frühjahr 1939 genannt, später dann der 14. September 1939 als Starttermin festgelegt. Porsches erster Berlin-Rom-Wagen war erst am 19. August 1939 fahrbereit – gerade mal vier Wochen vor dem geplanten Start.

Dann kam der 1. September 1939. Deutsche Soldaten griffen in polnischen Uniformen den deutschen Sender Gleiwitz an; eine getarnte Kommandoaktion, um einen Anlass für den Überfall auf Polen zu schaffen. Im Radio verkündete Hitler den Beginn des Zweiten Weltkriegs: »Polen hat heute Nacht zum ersten Mal auf unserem eigenen Territorium, auch mit bereits regulären Soldaten, geschossen. Seit 05:45 Uhr wird jetzt zurückgeschossen.« Dann begann das Inferno. Hitler gab den Befehl, die polnische Westerplatte zu beschießen.

Aus naheliegenden Gründen fanden für die nächsten sechs Jahre dann überhaupt keine internationalen Autorennen mehr in Europa statt. »Interessanterweise ließ Porsche das Projekt Typ 64 nicht fallen«, berichtet Historiker Blaube. »Das zweite Auto wurde erst im Dezember 1939, das dritte Auto sogar erst im Juni 1940 fertig.« Da rückte die Wehrmacht gerade im Westen gegen Frankreich vor, nachdem sie zuvor Holland und Belgien überfallen hatte. Am 14. Juni besetzten die Deutschen Paris. Von Berlin–Rom war längst keine Rede mehr, gleichzeitig brauchte Porsche gegenüber der Volkswagen-Organisation eine Rechtfertigung für sein teures Lieblingsprojekt, das er um keinen Preis aufgeben wollte. »Er suchte nach einer Begründung, um die Entwicklung weiterverfolgen zu können«, sagt Blaube, »und schon ab Sommer 1939 wurde nicht mehr vom Berlin-Rom-Wagen, sondern vom Rekordwagen gesprochen. Das mittelfristige Ziel war, in der Zeit nach dem Krieg in der 1100-Kubikzentimeter-Klasse um Weltrekorde zu fahren.«

Dazu kam es dann nicht, aber den drei Prototypen stand auch so ein ziemlich bewegtes Autoleben bevor. Mit dem Wagen Nummer 1 hatte Porsches Mitgeschäftsführer bei Volkswagen, Bodo Lafferentz, einen Unfall. Wie der zustande kam und wie groß die Schäden waren, ist nicht eindeutig überliefert. Möglicherweise wurde das Chassis nach dem Crash für den Bau des dritten Wagens verwendet. Fortan nutzte das Konstruktionsbüro Porsche die beiden verbliebenen Prototypen als schnelle Dienstwagen – auch für Kurierfahrten zwischen Stuttgart und dem Volkswagen-Werk bei Fallersleben. Ferry Porsche saß ebenso wie sein Vater gelegentlich am Steuer des Berlin-Rom-Wagens, zuweilen wohl auch Chauffeur Josef Goldinger. Zumindest ein inoffizieller Rekord wurde aufgestellt, als bei einer Fahrt von Wolfsburg nach Berlin eine Durchschnittsgeschwindigkeit von 135 Stundenkilometern gemessen wurde. Von allen drei Rekordwagen existieren Schwarz-Weiß-Fotos aus den späten 1930er- und frühen 1940er-Jahren. Sie zeigen die Exemplare mit den Kennzeichen (für Stuttgart) IIIA 0703, IIIA 0687 und IIIA 0701 in unterschiedlich hellen Lackierungen, vermutlich in Silber, Schwarz und Blau, der Lieblingsfarbe Ferdinand Porsches.

Auch Filmaufnahmen von ausgedehnten Versuchsfahrten sind noch vorhanden. Auf ihnen ist Wagen Nummer 3 im Winter 1941 in Begleitung von Kübelwagen und anderen militärischen Volkswagen-Derivaten zu sehen. Erstaunlich ist, dass es entgegen den sonstigen Gepflogenheiten bei Porsche praktisch keine Aufzeichnungen über diese Testfahrten gibt, fast so, als handelte es sich beim Typ 64 um ein Geheimprojekt. »Letztlich kann man es sich so vorstellen«, sagt Wolfgang Blaube, »dass Porsche die Möglichkeit nutzte, um sich den von ihm erträumten Sportwagen aus Berlin finanzieren zu lassen.« Nur einer der Berlin-Rom-Wagen überlebte den Krieg und landete Ende der Vierzigerjahre im Besitz des österreichischen Amateurrennfahrers Otto Mathé. Die anderen galten als unwiederbringlich verloren, fast 70 Jahre lang. Bis zum September 2010.

Durch die Hamburger Speicherstadt rollt der Porsche Cayenne des »Prototyp«-Museums mit einer kostbaren Fracht im Schlepptau, im Anhänger verbirgt sich eine automobile Sensation. »Prototyp«-Gründer Thomas König und Oliver Schmidt haben einen der verschollen geglaubten Berlin-Rom-Wagen wiederauferstehen lassen, ein ebenso kühnes wie kostspieliges Unternehmen. Behutsam lassen sie das Leichtmetall-Chassis ihres Typ 64, der sich noch im Rohzustand befindet, im Hinterhof ihres Museums aus dem Anhänger rollen. Ein großer Moment. In jahrelanger Handarbeit hatten Oldtimerspezialisten aus dem rheinischen Korschenbroich die zerbrechliche Aluminiumkarosserie neu aufgebaut. Da keine Originalunterlagen mehr existierten, war vorab detektivische Kleinarbeit gefragt. Unter anderem hatten sich die Restaurateure den letzten noch existierenden Berlin-Rom-Wagen

Wiedergeburt eines Traums: »Prototyp«-Betreiber Schmidt (rechts oben) und König (rechts unten) mit ihrer Kopie des Berlin-Rom-Wagens

ausgeliehen und ihn mit einem Laserscanner vermessen. Mit den gewonnenen Daten entstand eine präzise 3D-Rekonstruktion des Aufbaus im Computer, auf deren Grundlage das Chassis und die Karosserie mit Holzformen originalgetreu nachgebaut wurden. »Wir haben zehn Jahre darauf hingearbeitet«, sagt Thomas König, »denn so lange ist es her, dass mit den ersten Teilen, die wir von den Überbleibseln dieses Wagens hatten, die Idee entstand, dass wir daraus einfach mehr machen müssen und wir das Auto wieder komplett zusammenbauen wollen.«

Schließlich gehört der Berlin-Rom-Wagen zu den Mythen der Automobilgeschichte. Er tauchte auf und verschwand wieder, fast wie der Erlkönig in Goethes Ballade. Ein visionärer Sportwagen, der Vorfahre des Porsche, entstanden unter der NS-Herrschaft und im anhebenden Weltkrieg. »Das Besondere am Berlin-Rom-Wagen ist, dass der Typ 64 immer schon ein Traum des alten Professors (Porsche) war«, erklärt Thomas König, »der immer drei Ideen gehabt hat, nämlich Produkte für das Volk zu bauen, Sportwagen zu bauen und Rennwagen zu bauen.«

Und alle drei Ideen verwirklichte er mithilfe des Naziregimes. Der Berlin-Rom-Wagen nahm vorweg, was ein Jahrzehnt und einen Weltkrieg später den Welterfolg des Unternehmens Porsche ausmachen sollte. Mit seiner Leichtbaukonstruktion und der im Windkanal entwickelten Stromlinienform war er seiner Zeit um Lichtjahre voraus. Im Typ 64 steckte Porsches gesamte 40-jährige Erfahrung als Konstrukteur von Sportwagen wie dem Prinz-Heinrich-Wagen, dem Sascha, den Mercedes S-Modellen oder dem Auto-Union-»Silberpfeil«. Gleichzeitig wies seine Stromlinienkonstruktion den Weg für die Porsche-Entwicklungen der nächsten 70 Jahre – mit den Modellen 356, 911, 904, 917, Boxster, Cayman und vielen anderen. »Wenn man sich vorstellt,

Seiten 164/165: Fehlendes Bindeglied zwischen Volkswagen und Porsche: Studie des Prototyp-Projekts Berlin-Rom-Wagen

dass noch in den Fünfzigerjahren ein MG, der meistgebaute Sportwagen weltweit, angesetzte Kotflügel, separate Scheinwerfer und Trittbretter hatte«, sagt Wolfgang Blaube, »dann muss der Berlin-Rom-Wagen den Leuten in den 1930er-Jahren wie eine fliegende Untertasse vorgekommen sein.«

In der kleinen Werkstatt des »Prototyp«-Museums begutachtet Thomas König die neu aufgebaute Aluminiumkarosserie. »In diesem Bauzustand kann man wunderbar die ganze Konstruktion erkennen«, erklärt er. »Wir haben den Wagen jetzt extra im Rohzustand hierher geholt, um die Teile anzupassen. Der Wagen ist eindeutig das Bindeglied zwischen dem Volkswagen und dem späteren Porsche 356 – in mehrfacher Hinsicht: rein technisch und von der Form, vom Design her ist er der Ahnherr aller Porsches«, – das Missing Link in der Prähistorie des Hauses Porsche. »Es hatte sicher eine politische Bedeutung, dass Volkswagen-Teile verwendet wurden und dass es auch eine Volkswagen-interne Karosseriebezeichnung, nämlich 60K10, für diesen Aufbau gab«, erläutert Wolfgang Blaube. »Aber letztlich kann man sagen, dass es sich um ein völlig eigenständiges Fahrzeug handelt, das die spätere Genese der Porsche-Modelle ab 1949 vorwegnimmt.«

Die Geschichte der drei Renncoupés steckt voller Geheimnisse und Kuriositäten, wie die jahrelangen Recherchen der Hamburger »Prototyp«-Inhaber König und Schmidt und des Motorjournalisten Blaube ergaben. Wagen Nummer 1 wurde bekanntlich durch den Lafferentz-Unfall zerstört – möglicherweise nicht so schwer, wie jahrelang angenommen, sodass zwar nicht die fragile Karosserie, wohl aber das Chassis gerettet werden konnte. Wagen Nummer 2 überlebte zwar den Krieg, nicht aber den Frieden: Im österreichischen Porsche-Familiensitz Zell am See benutzten ihn amerikanische GIs der Rainbow Division nach 1945 als Freizeitvehikel, wobei sie zur besseren Belüftung ein großes Loch ins Dach schnitten. Nach einem Unfall wurde das Auto in seine Einzelteile zerlegt, von der Karosserie blieb aber wohl nichts übrig. Wagen Nummer 3 überstand den Krieg und die

Nachkriegszeit unversehrt, wobei Historiker Blaube bei seinen Nachforschungen aufdeckte, dass der Wagen im Juni 1940 aus Teilen der vorangegangenen Prototypen zusammengebaut worden war. So stammten der Motor von Wagen Nummer 2 und das Chassis von Wagen Nummer 1. Das einzig komplett erhaltene Coupé diente nach 1945 als Kurierwagen in der neu gegründeten Sportwagenfirma Porsche, die damals im österreichischen Gmünd ihren Sitz hatte. Fotos aus dem Jahr 1948 zeigen das Coupé als Werbeträger für das junge Unternehmen beim Hofgartenrennen in Innsbruck. Einige Veränderungen gegenüber der Kriegszeit sind zu erkennen, die auffälligste ist zweifellos ein Schriftzug am neu gestalteten Bug des Wagens, bestehend aus sieben Buchstaben – »Porsche«; und damit prangt der Familienname zum ersten Mal auf einem Automobil. Bei dem Rennen stellte Ferry Porsche auch seinen neu entwickelten Mittelmotor-Roadster Nummer 356.001 erstmals der Öffentlichkeit vor, eine Weltpremiere im provinziellen Rahmen. Es war das Debüt des ersten nach dem Krieg gebauten Porsche, des unmittelbaren Vorgängers der späteren Erfolgsreihe 356. Porsche wollte sich aber nicht die Blöße geben, nur ein einziges Auto zu präsentieren, und deshalb stellte er gleichzeitig noch ein zweites Modell vor, nämlich den Berlin-Rom-Wagen, der in Wahrheit bereits acht Jahre alt war. »Der exhumierte Rekordwagen«, stellt Wolfgang Blaube fest, »sollte dem Publikum eine Modellpalette suggerieren.«

Dieses Exemplar des Typ 64 verkaufte Porsche 1949 für 32000 Schilling an den Innsbrucker Hobbyrennfahrer Otto Mathé, für den Gegenwert eines fast neuen »Käfers«. »Zu der Zeit war der Wagen wahrscheinlich überflüssig für Porsche«, sagt Thomas König, »vermutlich sah man in ihm einfach nur ein altes Auto.« Mathé übernahm auch alle Altteile, die Porsche damals nicht mehr brauchte, darunter auch Überreste des zweiten Berlin-Rom-Wagens. Im Hauptberuf betrieb Mathé, Jahrgang 1907, eine Tankstelle und einen Schmierstoffhandel. In der österreichischen Rennszene genoss er einen legendären

Ruf, vor allem wegen seines waghalsigen Fahrstils. Formel-1-Weltmeister Niki Lauda bezeichnete ihn einst als eines seiner Vorbilder. Bei einem Motorradrennen in Graz war Mathé 1934 so schwer gestürzt, dass sein rechter Arm gelähmt blieb – mit dem Motorradfahren hatte es also ein Ende. Nach dem Krieg kehrte Mathé wieder zurück ins österreichische Renngeschehen, dieses Mal auf vier Rädern. Seinen Berlin-Rom-Wagen ließ er auf Rechtslenkung umrüsten, so konnte er mit dem gesunden linken Arm schalten, während die Knie kurzzeitig das Lenkrad übernahmen. Bis 1953 setzte er den Wagen höchst erfolgreich bei Rennen in Österreich ein. Sein anderes Rennauto aus jener Zeit, einen skurrilen Eigenbau-Monoposto aus Porsche-Teilen, nannte er »Fetzenflieger«. Angeblich soll dieser den Ingenieuren von Ferry Porsche später als Inspirationsquelle beim Bau ihres ersten Formel-1-Rennwagens gedient haben.

Alles in einer Hand: Otto Mathé mit seinem Eigenbau-Rennwagen »Fetzenflieger« (1952)

Mitte der Fünfzigerjahre bekam Mathé öfter Post aus Stuttgart. Porsche wollte den historisch so wichtigen Berlin-Rom-Wagen zurückkaufen, doch Mathé hatte nicht die Absicht, sich zu trennen. Das änderte sich erst gut 30 Jahre später. In den Achtzigerjahren unternahm Mathé den Versuch, Ferry Porsche den Berlin-Rom-Wagen zu schenken. Mit seinem altersschwachen Range Rover schleppte er das noch betagtere Geschenk auf dem Anhänger zu Porsche nach Stuttgart-Zuffenhausen. Aber die Sage berichtet, schon der Pförtner habe ihn schroff abgewiesen mit den Worten, er solle seinen Schrott woanders loswerden. Sicher ist: Als Mathé im November 1995 starb, war der Wagen noch in seinem Besitz. Sein Erbe, darunter zehn Oldtimer, wurde im April 1997 versteigert. Bei Porsche diskutierte der Familienrat, ob man den Ur-Porsche zurückkaufen sollte, Ferry Porsche legte sein Veto ein. Für 6,1 Millionen Schilling (rund 435 000 Euro) wurde der Wagen bei der Auktion letztendlich nach Wien verkauft. Sein Versicherungswert beträgt etwa sechs Millionen Euro.

Aus dem Nachlass des verstorbenen Rennfahrers konnten die »Prototyp«-Sammler König und Schmidt 2008 den »Fetzenflieger« erwerben, daneben noch Mathés Renntransporter, einen grünen VW Bus mit Anhänger, vier weitere Mathé-Wagen sowie einen ganzen Berg an Ersatzteilen, die der Rennfahrer einst von Porsche mit übernommen hatte: Motoren, Achsen, Karosserieteile und vieles andere mehr. Zwei große Lkw waren nötig, um das Ersatzteillager von Innsbruck nach Hamburg zu transportieren, und es dauerte einige Zeit, bis König und Schmidt sich durch das Chaos hindurchgewühlt hatten. Zutage kamen Teile eines Chassis samt Motor und Getriebe, verbaut im Mathé-Fetzenflieger, das die Auto-Enthusiasten zunächst für eine der seltenen VW-Bodengruppen hielten, die 1938 bei Porsche hergestellt wurden. Auch das wäre schon eine Sensation gewesen. Nachforschungen in den Archiven in Zuffenhausen und Wolfsburg ergaben aber, dass König und Schmidt auf einen noch größeren automobilen Schatz gestoßen waren, vom dem sie selbst nie zu träumen gewagt hätten. Die

Seriennummern auf den Teilen verrieten, dass sie das verloren geglaubte Chassis aus dem Berlin-Rom-Wagen Nummer 2 wiedergefunden hatten – die letzten Überreste jenes Exemplars aus Zell am See, das die GIs der Rainbow Division nach dem Krieg durch einen Unfall ruiniert hatten.

Dieser unwahrscheinliche Glücksfall brachte die beiden auf die Idee, aus den Ruinen der Nummer 2 einen originalgetreuen Berlin-Rom-Wagen auferstehen zu lassen. Als Erstes suchten sie in den Ersatzteilbergen gezielt nach weiteren Originalteilen, wobei unter anderem die Türgriffe und sogar das Lenkrad des historischen Rennwagens auftauchten – unermesslich wertvoll für den Wiederaufbau, und das nicht nur, weil es der Professor höchstpersönlich einst mit seinen Händen berührt hatte. Allein dieses Lenkrad wäre Sammlern einen fünfstelligen Betrag wert. Die Restaurierung der Originalteile und der Neuaufbau der Karosserie dauerten drei Jahre. Beim Umgang mit dem hauchdünnen Aluminium war Handwerkskunst gefragt, die weltweit nur noch wenige Spezialisten beherrschen. Dabei kam es darauf an, die Konstruktion genau so auszuführen, wie sie von den Porsche-Konstrukteuren einst erdacht wurde. Der neue Typ 64 sollte kein zum Stehen verurteiltes Museumsobjekt, sondern ein voll einsatzfähiges Fahrzeug werden. Ganz im Sinne seines Schöpfers.

Hamburg, 16. April 2011. Der wiederauferstandene Berlin-Rom-Wagen rollt zu seiner Weltpremiere. Er ist der Star der Ausstellung »Archetypen. Die ersten Volkswagen« im »Prototyp«-Museum. Tiefschwarz glänzend im zeitgenössischen Nitrozelluloselack, mit Scheinwerfer-Verdunklungsblenden aus der Kriegszeit und dem Kennzeichen IIIA 0701 nebst einem »Versuchswagen«-Schild, das im Krieg zum Kauf des streng rationierten Benzins berechtigte – der schwarze Wagen ist der perfekte Wiederaufbau jenes Berlin-Rom-Exemplars, das auf einem Foto von 1941 in Zuffenhausen vor dem Porsche-Werk zu sehen ist. König und Schmidt haben eine Zeitmaschine geschaffen, die den Betrachter in die Vierzigerjahre zurückkatapultiert, was nicht ausschließlich gute Assoziationen mit sich bringt – der Eindruck ist so authentisch, dass er fast beängstigend wirkt.

Ein Reporter der US-Clubzeitschrift *Porsche 356 Registry* bemerkte sarkastisch, der schwarze Typ 64 könnte das standesgemäße Vehikel für Darth Vader sein, den düsteren Bösewicht aus der *Star-Wars*-Saga. Zumindest vermittelt er eine Ahnung, mit welcher Besessenheit Vater und Sohn Porsche ihre Vision vom Rennwagen verfolgt haben mussten, beinahe als habe es in Zeiten des Krieges nichts Wichtigeres gegeben.

Seiten 172/173: Späte Geburt: der rekonstruierte Berlin-Rom-Wagen bei seiner Weltpremiere im April 2011

IIIA 0701

VON DER FRIEDENS- ZUR KRIEGSPRODUKTION – AUS DEM KDF- WIRD DER KÜBELWAGEN

Zu Beginn des Krieges war das KdF-Werk noch ein Torso. Die Bauarbeiten für die größte Autofabrik der Welt waren im Sommer 1939 noch nicht beendet. Als Hitler am 7. Juni 1939 das Werk besichtigte, das einmal eine nationalsozialisische »Musterfabrik« werden sollte, führte man ihm nur das Presswerk vor, weil das den am weitesten ausgebauten Abschnitt der Fabrik darstellte – ein Potemkinsches Dorf in Fallersleben. In vielen anderen Bereichen gab es nicht einmal Strom. Immerhin konnte am 16. August die erste Turbine des neuen Kraftwerks in Gang gesetzt werden, die zumindest eine gewisse Energieversorgung sicherstellte. Noch bis zum Winter 1939 waren die Werkshallen 1 und 2 nicht beheizt, und in den Treppenhäusern fehlte das Fensterglas. Das deutsche River Rouge existierte nur in den Köpfen der Planer, kein einziges KdF-Auto war bis zum Kriegsbeginn in Fallersleben vom Band gelaufen. Und die »Stadt des KdF-Wagens«, das spätere Wolfsburg, war zu der Zeit nicht viel mehr als ein Barackenlager.

Die Kleinserienfertigung des KdF-Wagens wurde in Stuttgart-Zuffenhausen bei Porsche fortgesetzt. Ferry Porsche stellte am 25. September 1939 einen Produktionsplan auf, nach dem bis Ende des Jahres rund 40 Fahrzeuge gebaut werden sollten, darunter einige KdF-Wagen, Versuchsfahrzeuge und zwei Rekordwagen Typ 64 »Berlin-Rom«. Weiter nördlich träumten die Strategen des Volkswagen-Werks am 9. Oktober 1939, als sich Deutschland schon mit halb Europa im Krieg befand, noch immer von einem Start der »Produktion von 250 000 Volkswagen im Einschichtbetrieb« und jonglierten dabei mit reinen Fantasiezahlen. Der Geschäftsplan für das erste Jahr des Serienanlaufs sah so aus:

Umsatz				
52 % Sonnendach-Limousinen	je Stück	1050 RM	=	136 500 000 RM
48 % normale Limousinen	je Stück	990 RM	=	118 800 000 RM
		Gesamt	=	255 300 000 RM
Extra-Umsatz				
von 100 RM pro Wagen auf angenommene 20 % Export				
(50 000 Volkswagen)		50 000 x 100 RM	=	5 000 000 RM
		Gesamtumsatz	=	260 300 000 RM

Materialkosten pro Wagen	=	750 RM			
1 % für Fracht und Verluste	=	8 RM			
Herstellkosten					
75 Stunden zu 1 RM	=	75 RM			
Kosten pro Wagen	=	833 RM	Gesamt	=	208 200 000 RM
Zuschläge pro Wagen	=	150 RM	Gesamt	=	37 600 000 RM
Herstellkosten pro Wagen	=	983 RM	Gewinn	=	14 500 000 RM

Wie aus der Kalkulation weiter hervorgeht, wurden zusätzlich zu den Herstellungskosten weitere Aufschläge aufgelistet: Garantiekosten, Verkaufskosten, Werbung, Verwaltung, Umsatzsteuer und anderes mehr. Damit stieg der Verkaufspreis für den KdF-Wagen auf 1080 Reichsmark, was bedeutete, dass der von Hitler geforderte

Preis bei jedem Wagen mit 90 RM subventioniert worden wäre. Den rechnerischen Jahresverlust von etwa zehn Millionen Reichsmark hätte die DAF tragen müssen, die Deutsche Arbeitsfront, die sich vorwiegend durch die Beiträge der Mitglieder finanzierte – also jener Volksgenossen, die dazu angehalten waren, auf den KdF-Wagen zu sparen. Wie man es drehte und wendete, beim Wagen für das Volk bezahlte am Ende immer der kleine Mann. Für die NS-Diktatur war die Propagandalüge mit dem Volksmobil ein Riesengeschäft. Bis 1945 wurden überhaupt nur 630 zivile KdF-Wagen gebaut. Sie gingen ohne Ausnahme an NSDAP-Funktionäre oder staatliche Stellen. So wurden 340 000 KdF-Sparer um ihre Einlagen betrogen, insgesamt 275 Millionen Reichsmark. Der Traum vom Auto für jedermann endete im Aufbau der Rüstungsproduktion in Fallersleben. Zum Dank durften die KdF-Sparer später in den Krieg ziehen.

Nur wenig war notwendig, um die Friedens- auf Kriegsindustrie umzuschalten – und die lief im ganzen Reich auf Hochtouren. Porsche selbst hatte in seinem Exposé vom 17. Januar 1934 über eine militärische Nutzung seines Massenvehikels nachgedacht. »Ein Volkswagen darf kein Fahrzeug für einen begrenzten Verwendungszweck sein«, schrieb Porsche damals, »er muss vielmehr durch einfachen Wechsel seiner Karosserie allen praktisch vorkommenden Zwecken genügen, also nicht nur als Personenwagen, sondern auch als Lieferwagen und für bestimmte militärische Zwecke geeignet sein.« Die Wehrmacht forderte »Platz für drei Soldaten mit Maschinengewehr und Munition« und bekam genau das von Porsche geliefert. In der zweiten Hälfte der 1930er-Jahre entstanden auf dem Gelände der neuen Porsche-Werkstatt in Zuffenhausen mehrere militärische Prototypen. Das erste Modell mit drei Sitzen und einem Platz für ein Maschinengewehr baute Porsches Werkstattmeister Rudolf Ringel auf Basis eines verstärkten Volkswagen-Fahrgestells auf. Da die Sitze keine Lehne und ein flaches Untergestell hatten, sahen sie aus wie niedrige Kübel, was dem Gefährt seinen Spitznamen »Kübelwagen« verschaffte. Eine Karosserie hatte der Kübelwagen nicht, stattdessen deckten nur flache Stahlbleche vorn und hinten die Vorderachse und den Motor ab. Die Besatzung saß völlig im Freien, nur eine kleine Metallplatte vor dem Lenkrad sollte dem Fahrer Schutz vor feindlichem Feuer bieten.

Die treibende Kraft hinter dem Projekt war Albert Liese, ein SS-Offizier, der in Diensten Porsches stand und sich ursprünglich um die SS-Fahrbereitschaft gekümmert hatte. Als Liese im Januar 1938 den zuständigen Offizieren des Heereswaffenamtes den Prototypen vorführte, waren die nicht sonderlich begeistert. Sie hielten die Bodenfreiheit für zu gering und befürchteten, der Wagen sei auf dem Schlachtfeld nicht ausreichend geländegängig. Außerdem beurteilten sie ihn für zu schwer: Drei voll ausgerüstete Soldaten und ein Maschinengewehr wogen 400 Kilogramm, gleichzeitig aber wurde für Geländefahrzeuge ein zulässiges Gesamtgewicht von 950 Kilogramm festgelegt. Das bedeutete für den Kübelwagen, seine Karosserie durfte nicht schwerer als 150 Kilogramm sein, was ohne Einsatz von teurem Leichtmetall nicht zu schaffen war.

»Die Idee, einen solchen Wagen für die Armee und andere militärische Einheiten zu nutzen«, sagt Automobilhistoriker Chris Barber, »war weitaus revolutionärer als die zivile Version des Volkswagens.« Das Neue war die Reduzierung auf ein einziges Modell. Bis dahin hatte es bei der Wehrmacht noch eine ganze Palette von Fahrzeugen der unterschiedlichsten Fabrikate mit zwei, drei und vier Rädern gegeben, von BMW-Motorrädern mit und ohne Seitenwagen, über Hanomag, BMW Dixi, Adler, Wanderer, Horch bis hin zu Mercedes-Limousinen; hinzu kamen Kettenfahrzeuge aller Art. Ein Fuhrpark, der den entsprechend erhöhten Aufwand bei der Ausbildung der Soldaten, der Wartung und der Logistik nach sich zog – für den Kriegseinsatz eher unpraktisch. Einige Zeit zuvor hatte die deutsche Armee versucht, ein Standardmilitärauto einzuführen, das sogenannte Kfz. 15. Der von mehreren deutschen Autofirmen entwickelte Wagen war relativ groß, mit einem Preis von 8000 Reichsmark sehr teuer und setzte sich letztlich nicht durch.

Porsche sah in der Militärversion seines Volkswagens ein echtes Vielzweckfahrzeug, das Personen und Lasten über jegliches Gelände transportieren konnte und dabei äußerst preisgünstig war. Einen Wagen fürs fahrende Volk, wahlweise in Olivgrün oder Saharabeige, der das Kfz. 15 ergänzen, aber nur einen Bruchteil davon kosten sollte. Der mächtigste Fürsprecher des Projekts von Porsche innerhalb des NS-Apparats war der Kommandeur der Leibstandarte Adolf Hitler, SS-Obergruppenführer Josef »Sepp« Dietrich, ein enger Vertrauter Hitlers. Dietrich bot eine Truppenerprobung des Kübelwagens in seiner Einheit an und fasste dessen Vorteile in fünf Punkten zusammen:

1. Geringe Fahrzeughöhe
2. Geringes Gewicht
3. Hohe Produktionsstückzahlen möglich (dadurch niedrige Produktionskosten)
4. Geringe Kosten, die zivile Version in eine militärische umzurüsten
5. »Vernächlässigbare« Kosten im Vergleich zum Stoewer Kfz. 15

Im Januar 1938 bekam Porsche vom Heereswaffenamt den offiziellen Auftrag, den Wagen weiterzuentwickeln. Das Militär hatte entschieden, ihn als Basis für ein neues, leichtes, geländegängiges Fahrzeug einzusetzen. Im darauffolgenden Winter wurden mit den Typ 62 genannten Prototypen ausführliche Vergleichsfahrten unternommen, wobei nicht nur zivile Volkswagen, sondern auch andere Militärfahrzeuge parallel getestet wurden. Auffallend beim Typ 62 war die Ähnlichkeit mit dem KdF-Wagen, mit seinen gewölbten Karosserieblechen und den runden Kotflügeln. »Zu schön für die Wehrmacht«, erinnerte sich Porsches Neffe Herbert Kaes, der bei der Entwicklung eng mit den Militärs zusammenarbeitete. »Die Generäle waren noch nicht daran gewöhnt«, sagt Hans Mommsen, »solche kleinen Fahrzeuge zu benutzen. Da gab es nur die großen Kommandeurlimousinen. Aber so etwas wie den Volkswagen wollte niemand haben. Es musste erst eine Anweisung Hitlers geben, dass der Volkswagen in größeren Stückzahlen für die Armee gebaut werden sollte.« Tatsächlich waren nicht alle zuständigen Generäle im Heereswaffenamt begeistert. »Die zwei noch ungelösten Probleme waren die Bodenfreiheit und ob der zweiradgetriebene Wagen den strengen Anforderungen auf den Schlachtfeldern genügen würde«, berichtet Chris Barber. Das größte Manko jedoch: »Der Wagen konnte keine Kanone ziehen.«

Anfang 1940 wurden die ersten Kübelwagen des weiterentwickelten Typs 82 produziert, allerdings nicht in Fallersleben, sondern im Porsche-Werk in Stuttgart. Die ersten zwölf Exemplare wurden dem Wehrmacht-Beschaffungsamt zur Prüfung übergeben, woraufhin der ursprünglich erteilte Auftrag von 600 Exemplaren auf 1000 erhöht wurde. Allerdings dauerte es dann noch fast acht Monate, bis die ersten im neuen Volkswagen-Werk gebauten Kübelwagen fertig waren. Einer der Gründe für die Verzögerung waren die Engpässe in der Materialversorgung: Ölprodukte und besonders Stahl waren den als kriegswichtig eingestuften Betrieben vorbehalten, das KdF-Werk war seinerzeit nur dem zivilen Bedarf zugeordnet. Am 20. Dezember 1940 dann gab es eine kleine Feier, als der 1000. Kübelwagen die Produktionsbänder verließ.

Zu der Zeit wurden zahlreiche Langstreckentests mit Volkswagen-Vorserienmodellen und Kübelwagen unternommen. Die deutsche Wehrmacht hatte damals noch viel vor, offenbar wollte man wissen, wie strapazierfähig die Porsche-Konstruktionen waren. Die längste Reise führte 1941 von Berlin nach Kabul, der Hauptstadt Afghanistans. Die Porsche-Ingenieure Priborsky und Wenger fuhren die lange Distanz von über 8000 Kilometer mit zwei umgerüsteten Volkswagen. Sie wurden zeitweise von zwei weiteren Wagen begleitet, einem kleineren Lkw, den sie in Budapest trafen, und einem Kübelwagen, der sich der Kolonne in Bukarest anschloss. Für das große Abenteuer waren die Volkswagen mit einem Feldbett mit Moskitonetz, einem Erste-Hilfe-Set, einem kompletten Werkzeugsortiment, einer Fußpumpe und einem Kurzwellenradio umgerüstet worden, um die neuesten Lageberichte aus Deutschland empfangen zu können. Rollos an den Fenstern sollten für eine gewisse Privatsphäre sorgen, wenn die Fahrer in den Autos übernachten mussten.

Das Protokoll der Reise liest sich wie ein Abenteuerroman. Am Abend des 27. Mai 1941 verließen die beiden Volkswagen die Reichshauptstadt mit Ziel Budapest. Damals bereitete sich die Wehrmacht insgeheim auf den Überfall auf die Sowjetunion vor, auf das »Unternehmen Barbarossa«, das am 22. Juni 1941 begann. Der Volkswagen-Konvoi kam in Ungarn nur schleppend voran, auf einigen der »Schlammwege« im Südosten des Landes lag die Durchschnittsgeschwindigkeit bei nur 20 Stundenkilometern. Über die rumänische Hauptstadt Bukarest ging es schließlich weiter zum Schwarzmeerhafen Constanţa, nun in Begleitung des Kübelwagens. Von Constanţa aus nahm das deutsche Expeditionskommando ein Trampschiff nach Istanbul, um von dort aus durch den asiatischen Teil der Türkei zu fahren. Aus Angst vor möglichen antideutschen Protesten in der Zentraltürkei entschlossen sich die Fahrer aber, lieber das Schiff von Istanbul nach Trabzon im Nordosten der Türkei zu nehmen. Beim Verladen riss eines der Netze, in denen die Wagen hingen. Das Ergebnis: Blechschäden an den Kotflügeln. Am 8. Juni ging es von Trabzon weiter durch das Canik-Gebirge, wobei die Straßen durch starke Regenfälle so weit weggespült waren, dass die Autos ständig im Schlamm stecken blieben. Im Iran besserten sich die Straßenverhältnisse, allerdings machte die Hitze den Fahrern stark zu schaffen. Auf trockenen, sandigen Straßen fuhr man nun mit einer Durchschnittsgeschwindigkeit von 60 Stundenkilometern, wie das Protokoll der Reise ausweist. Das hohe Tempo brachte jedoch Gefahren mit sich: Schlaglöcher und große Erdspalten in ausgetrockneten Flussbetten sorgten für Schäden an den Achsen der drei Wagen.

Anschließend fuhren die beiden Volkswagen ohne Begleitung weiter, der Kübelwagen setzte sich nach Westen ab. Die Hitze stieg auf 52 Grad, weshalb man sich entschloss, vorwiegend nachts zu reisen, zum Wohl der Fahrer. Die luftgekühlten Volkswagen hatten im Gegensatz zu ihren Lenkern keine Überhitzungsprobleme, was ja im Hinblick auf Rommels Afrika-Feldzug zu beweisen war. Das Hauptproblem waren Reifenpannen, die erheblich auf das Durchschnittstempo drückten. Kurz vor Ende der Reise trat der einzige technische Fehler auf, als einer der Volkswagen einen Kurzschluss im Anlasser hatte, vermutlich verursacht durch Wassereintritt. Am 26. Juni kam der deutsche Konvoi in Kabul an, mit zwei unversehrten, aber total verdreckten Versuchswagen mit zerschlissenen Reifen. Auf den umliegenden bis zu 4000 Meter hohen Pässen wurden die Tests fortgesetzt, wobei die Volkswagen-Ehre auch am Hindukusch verteidigt wurde. Die von Afghanen gefahrenen Autos, meist aus amerikanischer Produktion, kochten auf den steilen Bergstrecken, während der Volkswagen an ihnen vorbeizog; ein Motiv, das die Werbung nach dem Krieg wieder aufnahm.

Kurz nach der Ankunft der Volkswagen-Truppe besetzten die Alliierten den Iran und schnitten Afghanistan komplett von den Achsenmächten ab. Alle deutschen Staatsbürger wurden aus Kabul zurückbeordert, auch die beiden Porsche-Ingenieure flogen in die Heimat, während sie die Volkswagen auf dem Gelände der Deutschen Botschaft in Kabul zurückließen, mit der Anweisung, sie nicht in Feindeshand fallen zu lassen; vermutlich wurden sie 1942 zerstört. So endete der letzte große Test für den zivilen Volkswagen, für den es jetzt ohnehin mehr Bedarf in seiner militärischen Version gab.

Mit dem Beginn des Russlandfeldzugs stiegen die Produktionszahlen für den Kübelwagen rasch an: 4603 Wagen im Jahr 1941, 8545 im Jahr 1942, 17029 im Jahr 1943 und noch 15005 im Jahr 1944. Insgesamt wurden rund 66000 Militärfahrzeuge, davon etwa 50000 Kübelwagen, in den Jahren des Zweiten Weltkriegs in verschiedenen Varianten hergestellt – und dennoch nur ein winziger Bruchteil der Jahresproduktion von 1,5 Millionen KdF-Wagen, die in den größenwahnsinnigen Planungen für das Werk einst herumgegeistert hatten. »Wenn man darüber nachdenkt«, urteilt Hans Mommsen, »dass es sich um das größte Automobilwerk Europas handelte, das auf Stückzahlen ausgelegt war, die heute noch nicht erreicht werden, dann ist das eher ein Scheitern gewesen.«

Die Planer des Heereswaffenamtes hatten die riesigen Hallen des Volkswagen-Werks für die Flugzeugproduktion vorgesehen. Sehr früh schon stellten die Junkers-Flugzeugwerke den Antrag auf Übernahme der gesamten Fabrik, was das Volkswagen-Management aber erfolgreich verhindern konnte. Dennoch wurde ein großer Teil des Werks zur Produktion von Tragflächen, Leitwerken und Motoren für die Ju 88 genutzt, das Standardflugzeug der deutschen Kampffliegerverbände. Porsche selbst hatte sich schon vor dem Krieg dafür eingesetzt, Flugzeugmotoren bauen zu können – vor allem weil er damals hoffte, die Luftwaffe werde den weiteren Ausbau des Werks finanzieren.

Porsches Schwiegersohn Anton Piëch wurde Mitte 1941 Leiter des Volkswagen-Werks, musste dafür aber seine florierende Anwaltspraxis in Wien aufgeben. »In der Tat besteht da ein interessantes Abhängigkeitsverhältnis zwischen Piëch und seinem Schwiegervater«, sagt Historiker Mommsen, »zwischen denen es so etwas wie eine Gefolgschaftstreue von Piëch gegenüber Porsche gab, weshalb er die letzten Endes aufopferungsvolle Tätigkeit im Volkswagen-Werk übernahm.« Piëch sei »der entscheidende Mann« gewesen, der die Organisation betrieben und sich auch darum gekümmert habe, Rüstungsaufträge hereinzuholen, so Mommsen, »denn das Management war Tag und Nacht damit beschäftigt, dieses riesige Werk in irgendeiner Weise auszulasten«. Es ging auch darum, den Stamm von Ingenieuren im Werk zu halten, die Porsche teilweise aus Amerika geholt hatte und die spezialisiert waren auf moderne Automobilproduktion. Für die gab es bei den Kleinserien der Kübelwagen nicht viel zu tun. »Natürlich lagen die Hoffnungen darauf«, so Mommsen, »in Friedenszeiten sofort wieder zu nennenswerten Stückzahlen überzugehen.«

Aber einstweilen musste man sich mit Rüstungsaufträgen über Wasser halten, wozu auch die Entwicklung eines schwimmfähigen Geländewagens diente. »Das geschah wiederum mit kräftiger Nachhilfe des SS-Imperiums«, berichtet Mommsen. SS-Chef Heinrich Himmler unterstützte das Projekt mit einem Zuschuss von 500000 Reichsmark und schickte technische Zeichner in das Konstruktionsbüro der Porsche KG nach Stuttgart.

Die ersten Prototypen wurden im Sommer 1940 auf dem Feuerlöschteich des Porsche-Werksgeländes in Zuffenhausen getestet, meist mit Ferry Porsche am Steuer. Kübelwagen, Schwimmwagen, Krad-Schützenwagen und der Kommandeurwagen, ein allradgetriebener Käfer – das war die Volkswagen-Modellpalette im Zweiten Weltkrieg.

Porsche geht baden: Schwimmwagen bei der Erprobung in den Vierzigerjahren

Es folgten Entwicklungsaufträge für Motoren, Getriebe, Panzerketten, Bombengehäuse und Minen. Im Winter 1941/42 wurden primitive Kanonenöfen für die Russlandfront gebaut, was die NS-Propaganda als großen Erfolg feierte. Aber auch das lastete die riesige Fabrik nicht annähernd aus. »Die technologische Kapazität dieses modernen Rüstungsbetriebs ist zu keinem Zeitpunkt des Zweiten Weltkrieges hinreichend genutzt worden«, sagt Hans Mommsen.

Ohnehin hatte das Volkswagen-Management erhebliche Schwierigkeiten, genügend qualifizierte Arbeitskräfte zu finden, verschärfte der Krieg den Mangel auf dem Arbeitsmarkt doch dramatisch. Im Geschäftsbericht für das Jahr 1942 etwa klagte die Werksleitung darüber, dass immer wieder eben erst umgeschulte Arbeitskräfte abgegeben oder wegen kurzfristig veränderter Produktionsprogramme anderweitig eingesetzt werden mussten. Von 10 867 eingestellten Lohnempfängern seien im Verlauf des Jahres 6163, das sind 56,7 Prozent, wieder abgegeben worden, hieß es. Die hohe Fluktuation hing auch damit zusammen, wie Mommsen und Grieger festellen, »dass nur ein kleiner Teil der Arbeiter eine angemessene Wohnung fand. Vor allem aber beruhte sie auf betriebsbedingten Versetzungen, dem Abzug von Arbeitskräften oder deren Einziehung zum Wehrdienst.« Die Folge: Der Anteil der Arbeiterinnen stieg ständig an, zudem verlegte sich die Werksleitung zunehmend darauf, qualifizierte Arbeitskräfte aus West- und Nordeuropa anzuwerben. Schon 1942 machten die deutschen Arbeitskräfte nur eine Minderheit in der Belegschaft aus. Anfangs kamen Freiwillige, nachdem man in Österreich, dem Sudetenland, dem Protektorat Böhmen und Mähren für das neue Werk geworben hatte. »Die Anwerbungskampagnen des Volkswagen-Werkes folgten dem Vormarsch der deutschen Truppen in Europa«, schreiben Mommsen und Grieger. »Nach der Besetzung Dänemarks und Norwegens richtete das Gefolgschaftsamt begehrliche Blicke auf den skandinavischen Arbeitsmarkt, und nach der Besetzung im Frühjahr 1940 folgten die Niederlande und Belgien. Nach der Niederlage Frankreichs stellten zunächst französische Kriegsgefangene, dann aber auch Zivilarbeiter eine allseits begehrte Arbeitskraftreserve dar.«

Zur Arbeit herangezogen wurden jetzt auch Zwangsarbeiter, die aus den besetzten Gebieten nach Wolfsburg verfrachtet wurden – ein düsteres Kapitel in der Werksgeschichte. Von 1940 bis 1945 mussten etwa 20000 Menschen Zwangsarbeit im Volkswagen-Werk leisten. Die ersten polnischen Zwangsarbeiterinnen wurden im Juni 1940 ins Volkswagen-Werk deportiert, die massenhafte Beschäftigung von Zwangsarbeitern setzte aber erst im Winter 1941/42 ein. »Den Umschlag zur Zwangsarbeit brachten der Einsatz sowjetischer Kriegsgefangener seit Mitte Oktober 1941 und die Beschäftigung von Ostarbeitern seit dem Frühjahr 1942«, berichten Mommsen und Grieger, die sich umfassend mit der Lage der Arbeitskräfte im Volkswagen-Werk beschäftigt haben. Die ersten 120 sowjetischen Kriegsgefangenen kamen im Oktober 1941, von ihnen starben in zwei Monaten allein 27, die meisten an Unterernährung und Tuberkulose. Dennoch sprach die Geschäftsleitung Anfang Januar 1942 von einem eindeutigen Erfolg und führte den angereisten Mitgliedern des Sonderausschusses Panzerwagen die Resultate des »Russeneinsatzes« vor. In der Stadt des KdF-Wagens, hieß es in einem Bericht über den zweitägigen Besuch, sei »der Beweis erbracht, dass der russische Kriegsgefangene auch in der Produktion eingesetzt werden kann und bei richtigem Einsatz und richtiger Behandlung auch eine gewisse Leistung erbringt«. Im Juni 1942 verschleppte man 1500 Polen und Polinnen aus dem Raum Lublin für den Zwangsarbeitereinsatz, dazu kam die Beschäftigung von 2800 französischen Kriegsgefangenen, 200 Gefangenen der serbischen Armee, 1200 italienischen Militärinternierten und etwa 600 dienstverpflichteten Belgiern und Holländern.

Parallel dazu wurden Häftlinge der Konzentrationslager Neuengamme, Natzweiler und Stutthof für den Ausbau der Leichtmetallgießerei eingesetzt. Porsche nutzte seinen Kontakt zu SS-Chef Himmler, um die Arbeitskräfte anzufordern, und bereitete sich schon für die Zeit nach dem Krieg vor, der seiner Meinung nach nicht mehr allzu lange dauern konnte; im Hinblick darauf wollte er das Volkswagen-Werk mit allen Mitteln für die zivile Massenproduktion aufrüsten. Zusammen mit seinem Mitgeschäftsführer Jakob Werlin, der inzwischen zum »Generalinspektor des Führers für das Kraftfahrzeugwesen« ernannt worden war, handelte er Anfang Januar 1942 im Führerhauptquartier mit Himmler einen Text aus, wonach »Fertigstellung, Ausbau und Betrieb der Gießerei dem Reichsführer-SS und Chef der deutschen Polizei zu übertragen« seien, »der dafür die Arbeitskräfte aus den Konzentrationslagern stellt«. Hitler unterzeichnete den Vorschlag am 11. Januar 1942, neun Tage später fand in Berlin die Wannsee-Konferenz über die sogenannte Endlösung der Judenfrage statt.

Am 16. Februar 1942 setzten Porsche und Piëch sowie die Leiter der Sozialverwaltung, der Finanz-, der Technischen und der Kaufmännischen Leitung ihre Unterschrift unter den Bewilligungsantrag 1a zur Errichtung eines »Häftlingslagers Gießerei«. Aufsichtsratsvorsitzender Heinrich Simon bewilligte 210000 Reichsmark für die Aufstellung von Barackenunterkünften für 1000 Häftlinge und 170 Wachleute. Noch im Februar wurde für die »Bauzwecke Volkswagenwerk« ein SS-Baubataillon aufgestellt, das aus einer Tief-, einer Ausbau- und zwei Hochbaukompanien mit insgesamt 800 Mann bestehen und aus KZ-Häftlingen, Juden und russischen Kriegsgefangenen rekrutiert werden sollte – Rüstungsminister Albert Speer gegenüber meinte Himmler, die Zwangsarbeiter sollten wie »ägyptische Sklaven« verpflegt werden. Porsches Gegenleistung für diesen Bautrupp bestand in der Zusage an die Waffen-SS zur bevorzugten Lieferung von 4000 Kübelwagen. Himmler seinerseits ernannte Porsche zum Oberführer der SS, und damit war der geniale Autokonstrukteur endgültig Teil des verbrecherischen NS-Systems. »Porsche gehörte zu den Technikern«, urteilt Historiker Mommsen, »die die ungeahnten produktiven Freiräume, die das Regime ihnen plötzlich eröffnete, um jeden Preis zu nutzen entschlossen waren, ohne sich an den politischen Rahmenbedingungen zu stoßen.« Wie »ein Schlafwandler«, so Mommsen, sei »Porsche durch das Verbrechen gelaufen. Er selbst hat sich nicht schuldig gefühlt. Dieses moralische Problem, das wir heute angesichts der Vebrechen empfinden, hat Porsche nicht wirklich wahrgenommen.«

So begann auch die Serienfertigung der Flugbombe Fi 103 im März 1944, besser bekannt als V1, die »Vergeltungswaffe«. Diese sogenannte Wunderwaffe konnte rund 850 Kilogramm Sprengstoff über eine Strecke von 250 Kilometern transportieren. Bis Kriegsende wurden über 19 000 Marschflugkörper dieses Typs produziert. Damit stieg das Volkswagen-Werk zum größten Serienproduzenten dieser »Vergeltungswaffe« auf.

Die Zusammenarbeit mit dem Regime zahlte sich aus: Im Jahr 1942 wurden mehr als 2,2 Millionen Reichsmark für Versuche und Entwicklungen an die Porsche KG bezahlt, im Jahr darauf waren es noch einmal etwa zwei Millionen Mark. Noch für den Januar 1944 berechnete die Porsche KG dem Volkswagen-Werk für diverse Instandsetzungs- und Konstruktionsarbeiten 312 000 RM, darunter allein 44 702 RM für die »Weiterentwicklung Typ KdF«. Im Jahr 1944 kamen Honorare in Höhe von 3,1 Millionen RM zusammen, im Zeitraum von 1937 bis 1945 stellte Porsche für Entwicklungs- und Versuchsarbeiten insgesamt 20,6 Millionen Reichsmark in Rechnung. »Diese Summe«, vermuten die Volkswagen-Forscher Mommsen und Grieger, »dürfte den finanziellen Grundstock für die erfolgreiche Nachkriegsentwicklung des Hauses Porsche gelegt haben.«

Hitler war auch von der Militärversion des Kraft-durch-Freude-Gefährts begeistert, vor allem war er nach den ersten Einsätzen des »Afrikakorps« von der Überlegenheit der Luftkühlung überzeugt. Bei einem seiner mittäglichen Tischgespräche, die in Wahrheit stundenlange Monologe waren, forderte der Feldherr laut Gesprächsprotokoll, wassergekühlte Motoren müssten »unter allen Umständen« verschwinden. Anlässlich einer Filmvorführung am 22. Februar versicherte Hitler seinen Zuhörern: »Die Erfahrungen, die wir in der Materialerprobung während des Krieges gemacht haben, werden unserem Volkswagen wunderbar zustatten kommen.« Seine Bewunderung für Porsche und dessen Konstruktion ging so weit, dass er Rüstungsminister Albert Speer anwies, die gesamte Pkw-Produktion des Reiches auf den »Volkskraftwagen« zu konzentrieren und sämtliche Motorräder durch Volks- beziehungsweise Kübelwagen zu ersetzen, was bei einem Wehrmachtsbestand von rund 250000 Motorrädern schlichtweg illusorisch war. Speer zog es vor, diese Idee Hitlers erst gar nicht weiterzuverfolgen.

In der Reichskanzlei ließ der Kriegsherr am 1. Mai 1942 seine Rüstungsmanager ehren. Die *Deutsche Wochenschau* Nr. 609 verkündete in bewährter Propagandasprache: »Am Nationalfeiertag des deutschen Volkes fand im Mosaiksaal der Neuen Reichskanzlei eine feierliche Tagung der Reichsarbeitskammer statt. Dr. Ley sprach. In seiner Rede wies er auf die übermenschliche Leistung unseres Ostheeres hin und rief die Heimat, das werktätige Volk, die Betriebe und alle deutschen Menschen auf, diesem Beispiel nachzueifern. Im Mittelpunkt stand die Ehrung verdienter Führer der deutschen Wirtschaft und Industrie. Zu Pionieren der Arbeit wurden ernannt: Reichswirtschaftsminister und Reichsbankpräsident Walther Funk, ferner der Schöpfer der in vielen Einsätzen hervorragend bewährten Heinkel-Flugzeuge, Prof. Dr. Ernst Heinkel, und Prof. Dr. Ferdinand Porsche, der Konstrukteur des in der Kälte des Ostens und in der Hitze Afrikas besonders bewährten Volkswagens.«

Im Mai 1942 war die Wehrmacht noch auf dem Vormarsch. Das »Afrikakorps« unter Rommel und italienische Einheiten griffen die britische Stellung El-Gazala vor Tobruk an. Nach erbitterten Kämpfen mussten die Briten und ihre Verbündeten den Rückzug antreten. An der Ostfront hatte Hitler mit seiner »Weisung Nr. 41« (»Fall Blau») für die Sommeroffensive festgelegt, dass zunächst Stalingrad an der

Wolga, dann der Kaukasusraum bis zur türkischen und iranischen Grenze erobert werden sollten, um die dortigen Erdölquellen in die Hand zu bekommen. Sein Ziel war Baku am Kaspischen Meer. Nach dem Einbruch im Winter weckte die NS-Propaganda jetzt wieder große Hoffnungen auf einen baldigen Gesamtsieg. In der *Wochenschau* zum 1. Mai 1942 wurden Durchhalteparolen für die Heimatfront ausgegeben: »Alles arbeitet für den Sieg. In den deutschen Waffenschmieden stehen die Räder nicht mehr still. Rüstungsarbeiter und -arbeiterinnen sichern unter Einsatz ihrer ganzen Kraft den riesigen Bedarf der Front an Waffen und Munition. Zum nationalen Feiertag des deutschen Volkes erklärte der Führer in seiner Botschaft an die Werktätigen: ›Die Heimat hat sich durch ihren Fleiß und Opfersinn sowie durch die vorbildliche Haltung, die sie auch in kritischen Lagen immer wieder bewiesen hat, des Heldentums unserer Soldaten würdig erwiesen. Der Krieg, den wir zu führen gezwungen worden sind, ist für unser Volk ein Kampf um Sein oder Nichtsein. Der Sieg, den wir erringen werden, soll deshalb auch ein Sieg des ganzen Volkes sein. Ich weiß, dass dabei die deutsche Heimat und insbesondere alle ihre arbeitenden Männer und Frauen den Soldaten an der Front niemals im Stich lassen werden.‹«

FLUCHTPUNKT ÖSTERREICH – KRIEGSENDE UND NEUANFANG

Am 21. Juni 1941, dem Tag vor dem Überfall auf Russland, wurde Porsche zum Chef der Panzerkommission ernannt. Schon lange hatte er sich mit der Konstruktion von Panzern beschäftigt. So hatte er 1939 im Auftrag des Heereswaffenamtes einen 30 Tonnen schweren Kampfpanzer namens Leopard entwickelt. Dieser besaß einen Hybridantrieb wie einst Porsches Semper Vivus von 1900. Der Leopard verband zwei luftgekühlte Ottomotoren von 210 PS mit je einem Dynamo, die insgesamt vier Elektromotoren antrieben. Wie viele andere Porsche-Kreationen erwies er sich als innovativ, aber letztlich zu aufwendig und störanfällig; er ging nie in Serie.

Hitlers Vertrauen in die Genialität Porsches war aber durch nichts zu erschüttern. Vor seinen Generälen pries er ihn »als das größte technische Genie, das Deutschland heute hat«. Hitler forderte seinen Lieblingskonstrukteur auf, sich an der Front selbst ein Bild vom Einsatz der Panzer zu machen. Porsche, der eine Abneigung gegen das Fliegen hatte, erbot sich, die Frontinspektion per Auto oder Zug oder mit beidem zu unternehmen. Hitler lehnte dies kategorisch ab und stellte ihm seine Privatmaschine zur Verfügung. Die *Deutsche Wochenschau* zeigte den Mann mit Hut im Sommer 1941 an Bord von Hitlers

Focke Wulf Condor. Hans Baur, persönlicher Pilot Hitlers, durfte den Konstrukteur an die Ostfront fliegen. »Generäle habe ich genug, da kann mal einer abstürzen. Porsche habe ich aber nur einen«, soll Hitler gesagt haben. Porsche inszipierte einen sowjetischen Panzer, Modell T34, erbeutet durch die Wehrmacht. Fasziniert wie er war, wollte er ihn nachbauen lassen, denn die deutsche »Panzerwaffe« war jener der Roten Armee unterlegen. »Er kam zu der Überzeugung«, berichtet Ferry Porsche in seinen Erinnerungen, »dass der beste Panzer die Waffe war, die das meiste im Krieg erreichen konnte. Der T34 erfüllte seiner Meinung nach diese Forderung, weil er der einfachste war.« Bei näherer Untersuchung des sowjetischen Beutepanzers entdeckte Porsche ein interessantes Detail. Er fand heraus, dass die Russen, wie Ferry Porsche später erzählt, »auch eine Drehstabaufhängung verwendeten – ein Porsche-Patent. Unnötig zu sagen, dass wir nie einen Rubel Lizenzgebühr dafür erhalten haben.«

Die deutsche Kriegspropaganda warb mit dem prominenten Konstrukteur. Originalkommentar der *Wochenschau*: »Der Führer bei der

Im Dienst der Propaganda: der »Führer« und sein Konstrukteur im *Wochenschau*-Bericht

Besichtigung neuer Waffen. Vorn Professor Porsche, der Entwickler des neuen Panzers. So überwacht der Führer Entwicklung und Fertigung aller Waffen der Deutschen Wehrmacht.«

Knapp vier Wochen nach dem Überfall auf die Sowjetunion ging Hitler von der Annahme aus, »die Niederwerfung Russlands« sei bereits erreicht – ein folgenschwerer Irrtum, wie sich später herausstellen sollte. Im Juli 1941 erließ der Diktator eine Weisung, die eine erhebliche Verringerung des Feldheeres, aber eine »starke Vermehrung« der Panzerwaffe vorsah. Die geforderte Vervierfachung des deutschen Panzerbestandes innerhalb eines Dreivierteljahres war, wie so vieles in der Rüstungsplanung der Nazis, völlig unrealistisch. Die Fachleute der Panzerkommission errechneten, dass dafür allein 20000 neue Werkzeugmaschinen nötig gewesen wären, wofür es weder annähernd genügend Rohstoffe noch Fertigungskapazitäten gab. Hitler verlangte auch eine neue Generation schwerer, relativ beweglicher Panzer, um die Offensivkraft des deutschen Heeres sicherzustellen. Porsche und die Kasseler Firma Henschel legten konkurrierende Entwürfe für

Werben um die Gunst des »Führers«: die Rivalen Speer und Porsche

den 60 Tonnen schweren Tiger vor. Hitler entschied, beide beteiligten Unternehmen sollten ihr Modell zur Serienreife bringen, wobei seine Sympathien eindeutig aufseiten seines Landsmanns lagen. Noch bevor die ersten Prototypen überhaupt vorgeführt worden waren, stellte Hitler in einer »Führer«-Besprechung am 19. März 1942 klar, dass der Porsche-Tiger auch vor einem Vergleich mit dem Henschel-Modell in Großserie gehen sollte. Eine »Vorentscheidung«, so Hitler, sei möglich, falls der Porsche-Tiger in der Erprobung außerordentlich befriedige. Auch bei einer Präsentation anlässlich seines Geburtstages am 20. April 1942 zeigte Hitler für das Porsche-Modell reges Interesse, während er der Henschel-Konstruktion, die in Zusammenarbeit mit dem Heereswaffenamt entstanden war, eher misstrauisch gegenüberstand. Bei dieser Gelegenheit zeichnete er Porsche mit dem Kriegsverdienstkreuz I. Klasse aus.

Einer indes hielt wenig von Porsche – Albert Speer. Die beiden galten als Rivalen. Vor den Augen Hitlers kam es dann zur Kraftprobe. Die *Deutsche Wochenschau* dokumentierte die erste Vorführung der

Schwarzfahrer: Speer bei der Erprobung des Henschel-Panzers. Porsche ist diesmal nur Passagier.

beiden Prototypen für den Tiger. Das Modell der Firma Henschel war Speers Favorit – eine solide Konstruktion, konventionell angetrieben. Der Rüstungsminister erprobte den Henschel-Tiger selbst und war zufrieden. Die Kamera der *Wochenschau* zeigte Speer im Kommandostand bei der Fahrt in schwerem Gelände. Am Rand des Fahrgestells saß ein Mann mit Regenmantel und heller Schiebermütze und versuchte krampfhaft, sich festzuhalten. Er musste achtgeben, nicht herunterzufallen – Porsche. Zum ersten Mal zieht er den Kürzeren. Speer habe sich ein »Vergnügen« daraus gemacht, mit dem Panzer herumzufahren, berichtet Ferry Porsche später, während er sich »nicht einmal die Mühe« gemacht habe, das Porsche-Modell persönlich zu testen. Außerdem habe man bei der Vorführung mit ungleichen Waffen kämpfen müssen. Während der Porsche-Panzer voll ausgerüstet war, wurde beim Henschel-Modell der schwere Geschützturm weggelassen. »Wir nannten dieses Fahrzeug boshafterweise ›Sportwagen‹«, so Porsche, »weil es, ohne das ganze Gewicht der Kanone und des Turms mitführen zu müssen, im Gelände natürlich sehr beweglich manövrieren konnte.«

Porsches Panzer steckte voller technischer Neuerungen, erwies sich aber als störanfällig. Der Hybridantrieb versagte schon während der Probefahrten, und dennoch wurde eine Kleinserie von 100 Exemplaren in den Nibelungenwerken des österreichischen Steyr-Daimler-Puch-Konzerns hergestellt. Dort unterhielt Porsche seit 1942 ein eigenes Verbindungsbüro. Als Hitler erfuhr, dass der Benzintank des Porsche-Tigers nur eine Reichweite von etwa 50 Kilometern zuließ, befahl er, 90 Exemplare zu Sturmgeschützen umzubauen. Als Fertigstellungstermin für den in Ferdinand umbenannten Tiger-Panzer legte er den 12. Mai 1943 fest, jenen Tag, an dem er die Frühjahrsoffensive gegen die Sowjetunion eröffnen wollte. Unerschütterlich glaubte der Feldherr an die Fähigkeiten seines Konstrukteurs. In einer Krisensitzung der Heeresgruppe Süd im ukrainischen Saporoshje verbreitete Hitler am 18. Februar 1943 Siegeszuversicht: »Wir werden Anfang

Mai 98 schwere Sturmgeschütze von der neuen Konstruktion Porsches haben (…) Die meisten dieser neuen Waffen sind unverletzbar. Ihre Waffenwirkung ist unerreicht.« Kurz zuvor, am 2. Februar, hatte Hitlers 6. Armee in Stalingrad kapituliert, 110 000 deutsche Soldaten waren in Gefangenschaft geraten und 700 000 Menschen auf deutscher und sowjetischer Seite in der rund sechsmonatigen Schlacht umgekommen.

»Operation Zitadelle« im Juni 1943: Hitlers letzte große Offensive im Krieg gegen die Sowjetunion. Der Diktator hatte sie wochenlang verschoben, bis Porsches Ferdinand endlich an der Front war, doch der Schützenpanzer floppte. Eindringendes Regenwasser löste Kurzschlüsse im Hybridantrieb aus, was zu Motorbränden und Totalausfällen führte. Die liegen gebliebenen Panzer mussten entweder gesprengt oder in den Rückraum zur Reparatur geschleppt werden. Für die Kriegsindustrie war der Autokonstrukteur offenbar doch nicht perfekt geeignet – Sportwagen konnte er besser bauen als Mordgeräte.

Aber der »Führer« wollte von Porsche doch noch eine Wunderwaffe auf Ketten: Tarnname Maus. Hitler kam es »in erster Linie auf schwerste Panzerung, verbunden mit einer Kanone von höchster Leistung« an, wie er selbst sagte. Ferry Porsche berichtet in seinen Erinnerungen von einer Unterredung mit Hitler, in der er die Einsatzmöglichkeiten des größten Panzers aller Zeiten beschrieb: »›Ich denke mir‹«, erklärte Hitler demnach, »›dass ein solcher Panzer wie ein Schlachtschiff im Verband operieren kann. Voraus- und Nebenpanzer können ihn gegen Minen und Angriffe aus der Luft absichern. Die Feuerkraft wird ausreichen, um jeden Widerstand des Feindes zu brechen. Was halten Sie davon, Herr Professor?‹« Porsche soll nicht begeistert gewesen sein. Es sei ihm sinnlos erschienen, berichtet sein Sohn, anderweitig dringend benötigtes Material und Arbeitskräfte abzuziehen. »Und dies für ein Projekt, das von sehr zweifelhaftem taktischen und strategischen Wert sei.«

Am 14. Mai 1943 konnte Hitler zusammen mit Porsche ein Holzmodell im Maßstab 1:10 besichtigen. Der Kriegsherr beanstandete dabei, dass die 12,8-cm-Kanone »wie ein Kinderspielzeug« aussehe – der Krieg als Sandkastenepisode. »Natürlich, mein Führer, können wir solche Panzer bauen«, erklärte Porsche. Und er wurde gebaut – 188 Tonnen schwer, mit dicken Stahlplatten armiert, eine »rollende Festung«. Porsche dachte an alle Details. Doch beim Bahntransport passte der größte Panzer aller Zeiten durch keinen Tunnel. Kein einziges Mal kam die Maus an der Front zum Einsatz. Ende 1943 wurde Porsche als Leiter der Panzerkommission abgesetzt. Er war jetzt fast 70. Sein Krieg war zu Ende, doch der Untergang des Dritten Reiches dauerte noch eineinhalb Jahre.

Die Alliierten beantworteten den deutschen Angriffskrieg mit massiven Luftschlägen. Die Anlagen des Volkswagen-Werks wurden zu großen Teilen unter Tage in einen riesigen Stollenkomplex in der Nähe von Eschershausen ausgelagert, nachdem das Presswerk bei einem amerikanischen Luftangriff am 5. August 1944 schwer beschädigt worden war. Am fast verlassenen Hauptstandort bei Fallersleben wurden noch Kübelwagen, Tellerminen und Panzerfäuste produziert. Im Januar 1945 verließen noch 2092 Kübelwagen das Werk, im Februar waren es noch 850, im März schließlich 994. Anfang April wurde die Arbeit im Volkswagen-Werk eingestellt. Die Wachmannschaften der SS trieben die letzten verbliebenen Arbeitskräfte, weibliche KZ-Häftlinge, aus dem Barackenlager und transportierten sie in geschlossenen Kühlwaggons nach Salzwedel, wo sie nach tagelanger Fahrt eintrafen und letzten Endes von vorrückenden amerikanischen Truppen befreit wurden. Das war alles, was von Hitlers Idee der Massenmotorisierung übrig blieb – vorerst.

Das Konstruktionsbüro Porsche in Stuttgart plante, konstruierte und entwickelte noch bis zuletzt – und darüber hinaus. Porsches Werk galt als Rüstungsbetrieb, die Stadt und ihre Industrie waren in den letzten Jahren des Krieges immer wieder Ziele alliierter Bombenangriffe. Und als im April 1944 die erste Bombe auf das KdF-Werk bei Fallersleben gefallen war, ließ Porsche alle Konstruktionszeichnungen kopieren und im Keller seiner Villa sowie in der Wohnung seines Neffen und Privatsekretärs Ghislaine Kaes lagern. Das regionale Rüstungskommando der Wehrmacht in Stuttgart befahl schließlich, den gesamten Betrieb wegen der Bombardierungen in die Tschechoslowakei zu verlegen, einschließlich aller wichtigen Mitarbeiter. Familie Porsche indes hatte andere Pläne. »Man musste kein Prophet sein, um vorauszusagen, wie das Kriegsende aussehen würde«, schreibt Ferry Porsche. »In der Tschechoslowakei wären wir von zutiefst gegen alles Deutsche aufgebrachten Gegnern umgeben gewesen, die sich für die Zeit der Besatzung rächen wollten.« Dann schon lieber in die alte Heimat Österreich, weshalb Ferry Porsche sich mit dem militärischen Oberkommando in Salzburg in Verbindung setzte und sich nach einem geeigneten Standort erkundigte. Die Antwort war positiv.

In der Gemeinde Gmünd, im romantischen Alpenvorland von Kärnten, richtete Porsche sein neues Konstruktionsbüro ein. Hinter dem Großglockner sollten Ferdinand Porsche, sein Sohn Ferry, Tochter Louise und die Enkel vor den Bombardements geschützt sein. Gleichzeitig suchte er ein sicheres Ausweichquartier für seine kriegswichtige Denkfabrik. Die Fliegerschule im nahe gelegenen Zell am See, wo sich die Familie niederließ, wurde als Teilelager genutzt. Dort wurde auch ein Berlin-Rom-Coupé versteckt, der wichtigste Versuchsträger für eine künftige Sportwagenproduktion.

So konnte der Porsche-Clan das Ende des Krieges in Ruhe abwarten. Und auch für die Nachkriegszeit war schon alles vorbereitet. Tochter Louise Piëch hatte für wirtschaftliche Absicherung gesorgt, denn schon 1943 hatte sie darauf gedrängt, ihren Anteil und den ihres Ehemannes Anton aus der Porsche KG in Stuttgart auszugliedern. Die nach Kärnten, Salzburg und Wien ausgelagerten Unternehmensteile wollte sie in eine eigene Firma einbringen. Am 15. Oktober

»Vereinigte Hüttenwerke«: Porsche-Fluchtpunkt Gmünd in den Vierzigerjahren, in der Einfahrt Ferry Porsches Cabrio

1943 schlossen Ferdinand und Ferry Porsche einerseits und Anton und Louise Piëch andererseits einen Vertrag, der die Vermögensanteile in Österreich an die Piëchs übertrug und für die zahlreichen Patente ein »unbeschränktes« Mitbenutzungs- und Vorkaufsrecht vorsah. »In irgendeiner Weise hat sie genial antizipiert«, erklärt Hans Mommsen, »dass sie durch die Zurückziehung ihres Vermögens nicht unter die Bestimmung der Enteignung deutschen Vermögens nach dem Zweiten Weltkrieg fallen wird. Dadurch hat sie diesen Teil des Vermögens, das inzwischen durch die Zahlungen des Volkswagen-Werks angewachsen war, gerettet.« Louise Piëch, sagt Mommsen, habe ohnehin immer deutlich gemacht, sie habe keine Lust, nach

Fallersleben oder in die »Stadt des KdF-Wagens« zu ziehen. Mommsen weiter: »Insofern hat sie als sehr tüchtige Unternehmerin diese Konstellation optimal genutzt.«

Louise Piëchs Weitblick sollte nach Kriegsende den Bestand des Familienvermögens wahren. Schon immer wusste sie mit Geld umzugehen – mit dem eigenen und dem anderer Leute, wie ihr Sohn Ferdinand Piëch in seiner *Auto.Biographie* berichtet: »Eine der typischen Geschichten erzählt, dass mein Onkel sein Taschengeld bekam und meine Mutter dann mit ihm in die Stadt ging, um sich von ihm Schuhe kaufen zu lassen. Und Ferry Porsche war wirklich keiner, dem so etwas von allein eingefallen wäre.« Piëchs älterer Bruder Ernst bestätigt: »Sie hatte einen ganz gesunden Hausverstand fürs Geschäft. Ich muss sagen, sie war sehr, sehr fleißig – und sehr aggressiv, wenn es ums Geschäft ging.« So begann in den unscheinbaren Baracken eines ehemaligen Sägewerks in Gmünd ein neues Kapitel der Porsche-Saga – noch während des Krieges.

Die Holzhallen des Sägewerks sind heute ein Museum – für den einen Teil der Neuentwicklungen, die Ferdinand Porsche und sein Sohn Ferry hier entwarfen. Die schönsten Exemplare aus der Werkstatt Porsche hat Helmut Pfeifhofer, Gründer des Museums, zusammen mit seinem Sohn Christoph hier gesammelt – Nachkriegsmodelle, vorwiegend luftgekühlte Porsche 356 und 911, dazu viele seltene Rennwagen, die fleißig bewegt werden. Der Stolz der Sammlung, die inzwischen aus 48 Fahrzeugen besteht, ist ein Porsche aus der allerersten Gmündner Serie, mit handgehämmerter Aluminiumkarosserie. Fahrgestellnummer 3560020.

Doch während der letzten Kriegsjahre stand etwas anderes als Sportwagen auf dem Programm. »Reichsminister Speer hat 1944 angeordnet, die Leute – also das Konstruktionsbüro – müssen von Stuttgart weg«, erklärt Helmut Pfeifhofer, »Stuttgart wurde stark bombardiert, und es war einfach zu gefährlich, dieses geistige Potenzial aufs Spiel zu setzen. Deshalb entschloss sich die Familie Porsche dann, gemeinsam mit den Konstrukteuren hierher nach Gmünd zu gehen. Sie kannten die Firma von Willi Meineke, der ein Großwerk in Berlin und ein Zweitwerk hier in Gmünd hatte, und sie wussten, dass es ihm finanziell damals nicht besonders gut ging. In diese Hallen ist die Firma Porsche letztlich eingezogen.«

Auch 1000 Kilometer nördlich von Gmünd, in Hamburg, wirken die geheimnisumwitterten Gründerjahre der Automobilfirma Porsche bis heute nach. Der Pioniergeist der Gmünd-Ära übt auf Thomas König und Oliver Schmidt, die Porsche-Archäologen des »Prototyp«-Museums, eine unwiderstehliche Anziehungskraft aus. Dafür steht vor allem eines der ganz wenigen erhaltenen Coupés mit handgefertigter Aluminiumkarosserie aus Gmünd, das in der Hamburger Ausstellung zu sehen ist. »Für uns ist diese Zeit ganz wichtig«, sagt Oliver Schmidt, »um einen Bogen zu spannen. Erst wenn man diese Anfänge kennt, kann man ermessen, was heute aus Porsche geworden ist.« Gmünd war die Keimzelle, ohne die der eigenständige Sportwagenhersteller Porsche nie entstanden wäre. Gmünd gehört zu den Gründungsmythen des Hauses – ein Aufstieg, nahezu im Verborgenen vorbereitet, eine Erfolgsgeschichte, die der Marke bis heute anhaftet. Mehrere Faktoren kamen zusammen, die für das weitere Schicksal des Familienunternehmens entscheidend waren: Ferdinand Porsche stand für technische Genialität, Louise Piëch für unternehmerische Tatkraft, die Vision vom Sportwagen der Zukunft hatte Ferry Porsche, und nicht zuletzt konnte man dank Volkswagen über ein solides finanzielles Polster verfügen.

Aber noch herrschte Krieg in Europa. Im Kärntner Voralpenland konnte weitab von der Front in Ruhe geplant und entwickelt werden. Der »Professor« konzentrierte sich mit seinem Sohn Ferry und den Ingenieuren auf die Weiterentwicklung des VW Typ 82 »Kübelwagen« und der übrigen Volkswagen-Typen. Daneben befasste man sich mit der Weiterentwicklung des Volkstraktors, dem Entwurf von Dieselmotoren und diversen Anhängeraufbauten – alles schon in Vorbereitung auf künftige Friedenszeiten. So entstanden in Gmünd auch Pläne für eine Gasturbine mit 1000 PS, die allerdings über das Planungsstadium nicht hinauskam. Für die Monate Januar bis April 1945 stellte die Porsche KG dem Volkswagen-Werk noch Entwicklungsarbeiten für insgesamt 800000 Reichsmark in Rechnung.

»Das Werk wurde zunächst unter dem Tarnmantel der Holzproduktion weiterbetrieben«, erklärt Thomas König vom »Prototyp«-Museum, »und Porsche hat dort in der Kriegszeit kriegswichtige Erfindungen weiter vorangetrieben, hauptsächlich im Bereich der Panzerentwicklung. Irgendwann kam man während des Krieges zu dem Punkt, wo Ferdinand Porsche alles zugetraut wurde, und dann war er teilweise sogar mit Einzelteilen der V2-Rakete betraut. Und das passierte alles dort in Gmünd.«

Erfahrungen mit der V1, der »Vergeltungswaffe«, hatte man ja schon reichlich aus der Volkswagen-Zeit. Die Hauptentwicklung für die V2 fand in Peenemünde statt. Auch dort hatten sich fähige Techniker in den Dienst der hitlerschen Kriegsmaschinerie gestellt. So Wernher von Braun, technischer Direktor der Heeresversuchsanstalt und späterer Pionier der Raumfahrt in den USA. Hergestellt wurden die V2-Raketen von Häftlingen des Konzentrationslagers Mittelbau-Dora im unterirdischen Montagekomplex der Mittelwerk GmbH in der Nähe von Nordhausen. Unter den umenschlichen Arbeitsbedingungen kamen bei der Produktion dieser Waffen mehr Menschen ums Leben als durch deren Einsatz. Ab September 1944 wurden mit der V2 englische und belgische Städte bombardiert, vor allem London und Antwerpen. Insgesamt starteten mehr als 3200 Raketen, mehr als 1000 davon waren allein auf London gerichtet.

Porsche lieferte für die V2 »nur« zu, allerdings nicht mehr sehr lange: Am 17. Februar 1945 begannen die Nazis mit der Räumung des Geländes in Peenemünde, am 4. Mai wurde die Heeresversuchsanstalt von sowjetischen Truppen besetzt. Wernher von Braun kam als Gefangener der Alliierten zunächst in ein Vernehmungslager mit dem Codenamen »Dustbin« (deutsch: Mülleimer), das die Briten für Manager und Techniker der Rüstungsindustrie und andere hochrangige Helfer des Naziregimes im hessischen Schloss Kransberg eingerichtet hatten. Dort traf er unter anderem auch auf Albert Speer – und Ferdinand Porsche. Im Rahmen der »Operation Overcast«, die später in »Operation Paperclip« umbenannt wurde, kam von Braun dann in die USA, wo er sich fortan in den Dienst des amerikanischen Raumfahrtprogramms stellte. Mit Ferdinand Porsche, bei Kriegsende in seinem 70. Lebensjahr, hatten die Franzosen ähnliche Pläne. »Er war, vergleichbar mit der Situation des Wernher von Braun«, schreibt sein Enkel Ferdinand Piëch, »ein höchst begehrter Konstrukteur für Sieger wie Verlierer.«

Porsche war, zusammen mit Sohn Ferry und Schwiegersohn Anton Piëch, Ende Juli 1945 in Zell am See verhaftet worden. Anton Piëch hatte sich bis zuletzt noch als Geschäftsführer der Volkswagenwerk GmbH betrachtet, da die Alliierten nach ihrem Einmarsch keinen formellen Absetzungsbeschluss erlassen hatten, und er betrachtete Zell am See jetzt als Sitz der Volkswagen-Konzernleitung. Noch im Juni 1945 beantragte Piëch bei der britischen Militärregierung in Spittal die Überweisung der von der Porsche KG eingereichten Rechnungen, die für die Weiterentwicklung des Volkswagens und des Traktors, des Volksschleppers, aufgelaufen seien. Allerdings verhinderte die »Property Control« der Briten jegliche Zahlungen.

Am 3. August 1945 wurden Ferdinand und Ferry Porsche sowie Anton Piëch in das Lager »Dustbin« eingeliefert. Offensichtlich war Porsche wegen seiner Tätigkeit in der Panzerkommission ins Blickfeld der Alliierten geraten, dem einzig erhaltenen Vernehmungsprotokoll nach hatte man ihn allerdings nur nach seiner Tätigkeit für das Volkswagen-Werk befragt. Und der Befragungsbogen weist ihn als Leiter des VW-Konstruktionsbüros in Stuttgart und als Betriebsführer im Volkswagen-Werk Fallersleben aus, »until the end of war«. Gleichzeitig, so wird vermerkt, sei Porsche Mitglied der

Entwicklungskommisson für Panzer und gepanzerte Fahrzeuge gewesen – und Mitglied der NSDAP seit 1938, »honoris causa«, ehrenhalber.

Den 70-Jährigen drängte es ans heimische Zeichenbrett. »An alle, die es angeht!«, schrieb er in seiner Zelle auf Schloss Kransberg. »Meine Auskünfte und die meiner Herren erfolgten so ausführlich und gewissenhaft, dass ich erwarten kann, eine baldige Rückreise antreten zu können.« Porsche wollte »die während des Krieges begonnenen und weitergeführten Entwicklungsarbeiten« im Frieden zu Ende führen, darunter »ein leichter Kleinbauerntraktor mit Generatorgas, Holz und Braunkohle«, ein Zweitakt-Dieselmotor und die weitere Entwicklung von Generatorgasanlagen. »Diese Arbeiten möchte ich«, so Porsche weiter, »als Alt-Österreicher in Österreich fortführen.« Die Landesregierung in Kärnten werde seine Rückkehr begrüßen, »da diese Entwicklungsarbeiten für die Landwirtschaft von größter Wichtigkeit sind«. Und letztlich: »Da ich ein Gallenleiden habe (...), benötige ich dringend häusliche Pflege. Aus diesem Grunde möchte ich nochmals um Kürzung meines Aufenthaltes bitten.«

Der Bittsteller durfte am 13. September tatsächlich nach Österreich ausreisen, ebenso sein Sohn und sein Schwiegersohn. Die Freiheit währte aber nicht lange. Porsches Tochter Louise Piëch berichtet über diese Zeit in einem Interview aus dem Jahr 1969: »Das Kriegsende hielt für meinen Vater tiefe Demütigungen bereit. Während unser Chefingenieur Rabe in Gmünd den dorthin verlagerten Betrieb weiterführte, wurde mein Vater vom Schüttgut von Zell am See aus ins Internierungslager nach Frankfurt und später von der französischen Geheimpolizei in Baden-Baden ins Gefängnis gebracht. Als mein Vater, inzwischen über 70, in Paris ein ordentliches Gericht verlangt, kommt er ins Gefängnis nach Dijon. Bei einer Einvernahme wird er sogar gefesselt vorgeführt.«

Geschehen war Folgendes: Als die Renault-Werke in Frankreich nach dem Krieg verstaatlicht wurden, tauchte die alte Idee vom Volkswagen wieder auf, womit des »Führers« Konstrukteur auch dort ein gefragter Mann war. Er sollte den Franzosen beim Bau eines Heckmotorwagens helfen. Mitte November folgte Porsche, zusammen mit seinem engsten Team – Sohn Ferry und Schwiegersohn Anton Piëch –, der Einladung einer französischen Kommission unter Leitung des kommunistischen Industrieministers Marcel Paul, in die französische Besatzungszone nach Baden-Baden zu kommen. »Die Entscheidung erwies sich später als die vielleicht unglücklichste, die Vater je in seinem Leben voll Zuversicht traf«, schreibt Ferry Porsche. Zunächst wurden die Deutschen höchst zuvorkommend behandelt, und Ferdinand Porsche erhielt sogar das Angebot, die Leitung einer Automobilfabrik zu übernehmen und einen französischen Volkswagen herauszubringen. Einen Monat darauf reiste Porsche mit Sohn und Schwiegersohn wiederum nach Baden-Baden, um den Vertragsabschluss mit Minister Paul beim Diner zu besiegeln. Doch bevor es dazu kam, wurden die drei Österreicher vom französischen Geheimdienst verhaftet. Sie waren mitten in eine Kraftprobe zwischen Industrieminister Paul und dem neuen Justizminister Teitgen geraten, der Porsches Rolle während der Zeit der deutschen Besatzung in Frankreich untersuchen wollte. Im Zweiten Weltkrieg hatten französische Automobilfirmen unter dem Druck der Besatzer mit den Deutschen kooperiert, alles organisiert über das Volkswagen-Werk und damit auch über Porsche.

Ferry Porsche wurde im März 1946, nach vier Monaten, aus der Haft in Baden-Baden entlassen, allerdings in Bad Rippoldsau im Schwarzwald unter Hausarrest gestellt. Sein Vater und sein Schwager mussten vorerst in Baden-Baden bleiben, wurden dann im Mai nach Paris verlegt, wo man sie in der Bedienstetenwohnung einer der früheren Villen von Louis Renault einquartierte. Dort legten leitende Ingenieure von Renault ihnen die Pläne für den neuen Heckmotorwagen 4 CV vor. Porsche, nun als Gefangener, machte einige Verbesserungsvorschläge und gab Hinweise für die Großserienproduktion, später führte er auch Testfahrten mit Prototypen durch. »Vater entdeckte offenbar viele Fehler an dem Wagen«, berichtet Ferry Porsche. »In seinem Prüfungsbericht schlug er Änderungen an der Aufhängung, neue Gewichtsverteilung, andere Reifengröße und weitere Verbesserungen vor.« Eine Gruppe französischer Automobilfabrikanten, die vom Volkswagen-Plan des kommunistischen Ministers Paul erfahren hatte, lehnte dieses Projekt entschieden ab. Man fürchtete die Konkurrenz im eigenen Land. Auch deshalb sah man Porsche lieber hinter Gittern als in der Vorstandsetage einer französischen »Volkswagen-Fabrik«.

Zehn Monate wurden Porsche und Piëch in Paris festgehalten, bis sie am 18. Februar 1947 in ein Gefängnis nach Dijon verlegt wurden. Gegen Porsche wurde eine Untersuchung wegen möglicher Kriegsverbrechen eingeleitet. Unter erschwerten Haftbedingungen in einer unbeheizten Zelle verschlechterte sich der Gesundheitszustand des über 70-Jährigen derart, dass er sich davon nie wieder ganz erholte. Erst im Mai 1947 begannen die Vernehmungen zur Zusammenarbeit mit den französischen Automobilfirmen während der deutschen Besatzung. Die Aussagen zweier Peugeot-Direktoren entlasteten Porsche, womit sein Fall eine positive Wendung nahm. Laut Protokoll bezeugten sie, auf Porsches Intervention hin sei die Deportation von Peugeot-Arbeitern nach Deutschland rückgängig gemacht worden, und er habe die ständigen Besuche deutscher Untersuchungskommissionen im Peugeot-Werk unterbunden. Am 1. August 1947 schließlich wurden Porsche und sein Schwiegersohn auf freien Fuß gesetzt, allerdings nur gegen Zahlung einer »beträchtlichen Kaution«, wie Hans Mommsen weiß. Ferry Porsche und Ferdinand Piëch sprechen in ihren Erinnerungen von einer Million französischer Franc. Auch in dieser Frage half Louise Piëchs Geschäftssinn. »Onkel Ferry und meine Mutter«, sagt Ferdinand Piëch, »hatten mittlerweile in Österreich getan, was getan werden konnte, und durch einen absoluten Zufall war sogar jener Betrag verfügbar, den die Franzosen als

Kaution für die Freilassung Ferdinand Porsches und Anton Piëchs forderten.«

Während der Abwesenheit ihres Vaters, des Bruders und des Ehemanns hatte Louise Piëch die Firmenleitung übernommen, die sie auch nach deren Rückkehr nicht abgeben wollte. Louise Piëch erinnert sich 1969: »Während ich und mein Bruder inzwischen von Zell aus die Fäden des Unternehmens in der Hand zu behalten suchen, gelingt es schließlich, den Auftrag eines Grand-Prix-Wagens für Cisitalia in Turin zu bekommen. Das Honorar reicht aus, um die hohe Kaution für die Freilassung meines gesundheitlich gebrochenen Vaters zu erlegen. Ein technisches Juwel, einer der interessantesten Grand-Prix-Wagen der Welt, sah zwar am Ende niemals ein Rennen, rettete jedoch meines Vaters Leben.« Ferdinand Porsche war fast 72, als er aus der Haft nach Österreich zurückkehrte. Sein Sohn Ferry zeigte ihm die Entwürfe für den Cisitalia-Rennwagen. »Ich fragte ihn, was er von unseren Arbeiten halte«, schildert Ferry Porsche diese Szene. »›Ich hätte die Aufgabe genauso angepackt wie du‹, sagte Vater und klopfte mir auf die Schulter.« Der Ritterschlag.

Aus der Nachkriegszeit gibt es nahezu keine Äußerung von Ferdinand Porsche selbst über seine Rolle während des Dritten Reiches. »Wie weit sich Porsche über den verbrecherischen Charakter des Regimes, dem er diente und dem er entscheidende Förderung verdankte, im Klaren gewesen ist, muss offenbleiben«, resümieren Mommsen und Grieger in ihrer Untersuchung *Das Volkswagenwerk*. »Er stellte den Prototyp des ausschließlich an technologischen Fragen interessierten Fachmanns dar, der sich aber andererseits nicht scheute, die Herrschenden direkt anzugehen, wenn es um die Interessen des Volkswagen-Werkes ging. Unter den Industrieführern der NS-Zeit nahm Porsche ebenso eine Sonderstellung ein wie in der politischen Führungselite.«

In Gmünd erinnert heute eine schlichte Bronzebüste in der Ortsmitte an das Wirken des größten und zugleich umstrittensten Auto-

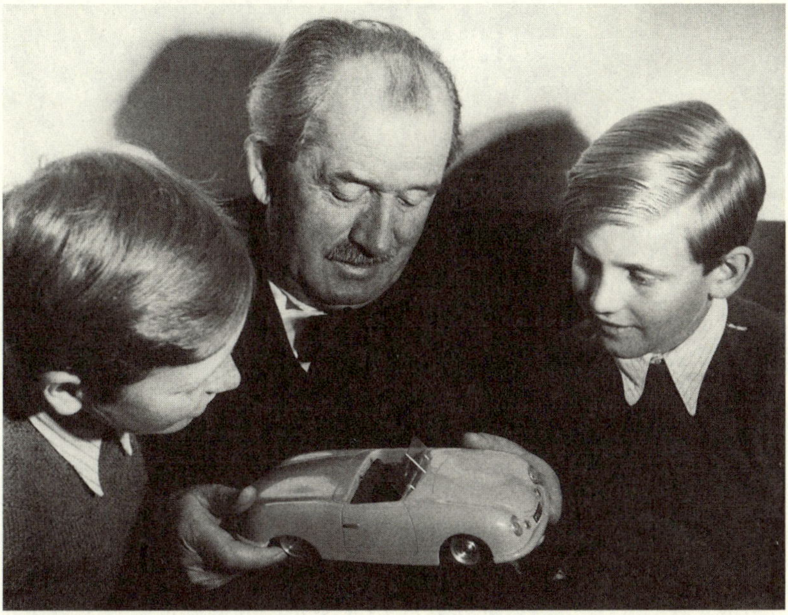

Benzin im Blut: Ferdinand Porsche, Enkel Ferdinand Alexander »Butzi« Porsche (links) und Ferdinand Piëch mit dem Modell der Nummer 1

mobilkonstrukteurs des 20. Jahrhunderts. »Ferdinand Porsche blieben nur noch wenige Jahre. Ich sah ihn auch da nicht allzu oft«, berichtet sein Enkel Ferdinand Piëch. Ein Foto aus den ersten Nachkriegsjahren zeigt Ferdinand Piëch im Alter von elf, zwölf Jahren zusammen mit seinem Lieblingsvetter Ferdinand Alexander »Butzi« Porsche und dem Großvater. Der Alte hält ein Modellauto in der Hand – den Porsche Nummer 1. Die Zeit der nächsten Generation war angebrochen.

LIZENZ ZUM ERFOLG – DAS WIRTSCHAFTS-WUNDER VON WOLFSBURG

Sommer 1945. Die Reste der letzten Schlacht lagen noch auf der Prachtstraße der alten Hauptstadt, Unter den Linden. Die Großmachtträume der Nazis endeten in einem riesigen Trümmerfeld, Berlin lag wie viele andere deutsche Städte in Schutt und Asche. Viele Millionen Männer waren gefallen oder in Gefangenschaft, aufräumen mussten die Frauen.

Auch das Volkswagen-Werk war schwer getroffen, doch inmitten der Trümmer wurden schon wieder Autos produziert. Mitte April 1945 hatten amerikanische Truppen die »Stadt des KdF-Wagens« und das Volkswagen-Werk besetzt – noch bevor Deutschland am 8. und 9. Mai endgültig kapitulierte, richtete die amerikanische Besatzung im Werk einen Reparaturbetrieb für Militärfahrzeuge ein. Dann folgte die Wiederauferstehung des Volkswagens: Weil man noch Einzelteile für die Fahrzeugproduktion im Werk fand, begann man, nun auch Kübelwagen für die US-Armee zu montieren. Am 6. Mai meldete das Hauptquartier der 9. US-Armee, das Volkswagen-Werk habe die Produktion für die amerikanischen Verbände aufgenommen. Zunächst waren 200 Menschen beschäftigt, im Lauf der Zeit sollten es mehr als 1000 werden. Der Plan war, in den alten Werkshallen etwa 500 Kübelwagen im Monat zu produzieren. Parallel zur Wiederaufnahme der Produktion leitete die US-Armee die Übertragung der Zuständigkeiten auf die britische Militärregierung ein.

Dass Porsches Schöpfung den Untergang des Nazireiches heil überstand, ist das erste Wunder in der Volkswagen-Historie. Das zweite Wunder ist, dass die Werksanlagen in der »Stadt des KdF-Wagens« den Systemwechsel überlebten und immer noch dort stehen, wo sie einst gebaut wurden. Nur der Name des Standorts änderte sich: Wolfsburg. Gemäß Kontrollratsgesetz Nr. 52 enteignete die britische Militärregierung im Juni 1945 das Werk und behandelte es als konfisziertes Vermögen der Deutschen Arbeitsfront. Den Befehl zur Demontage des Werks setzten die Briten allerdings immer wieder aus. Also wurden die Fabrikanlagen nicht wie viele andere in den Überresten des Deutschen Reiches auf die Insel verschifft. Stattdessen bestellten die Briten 20 000 VW-Limousinen, um den gewachsenen Transportbedarf der Besatzungstruppen zu decken. Die Leitung des Werks übernahm im August 1945 der britische Major Ivan Hirst von der Industry Division Hannover, ein Glücksfall für das Volkswagen-Werk. »Hirst war erst 30 Jahre alt«, berichtet Manfred Grieger, »und der wurde mit dem Auftrag versehen, sich um diese Fabrik zu kümmern. Und das hat er gemacht. Er hat nämlich festgestellt, wie schon die Amerikaner vor ihm, dass diese Fabrik den Motorisierungsbedürfnissen der Alliierten dienen konnte.«

Ende 1945 waren bereits rund 6000 Menschen im Volkswagen-Werk beschäftigt, und die Belegschaft wuchs weiter an. März 1946 hatte man das erste Produktionsjubiläum der Nachkriegszeit gefeiert: Der 1000. Volkswagen verließ die Werkshallen. Am Steuer: Major Ivan Hirst.

Schon im Oktober konnte man die Fertigstellung des 10 000. Exemplars vermelden. Es war ein Jubiläum im Mangel – den Arbeitern am

Wirtschaftswunder: Die Belegschaft feiert den 1000. nach dem Krieg gebauten Volkswagen.

Band war nicht nach Feiern zumute, sie litten Hunger. Vor dem offiziellen Festakt protestierten sie auf kreative Weise gegen die schlechte Versorgungslage. »10 000 Wagen, nichts im Magen, wer kann das vertragen?«, war auf einer der selbst gemalten Tafeln zu lesen, die sie an der Rohkarosserie des 10 000. Wagens aufgestellt hatten.

Dennoch – das Jubiläum war auch ein Hoffnungsschimmer. Unter dem Titel »Industrie im Aufbau« berichtete die Wochenschau *Welt im Film* 1946 stolz über die Wiederauferstehung des Werks: »Im früheren Volkswagen-Werk zu Fallersleben werden wieder Wagen am laufenden Band hergestellt. Rund 18 000 Arbeitskräfte sind in dem Werk und seinen Nebenbetrieben beschäftigt.« Das war zu der Zeit, als die größte Leistung der deutschen Industrie darin bestand, Stahlhelme zu Küchensieben oder Panzerfäuste zu Blechnäpfen zu verarbeiten. Viele deutsche Fabriken waren entweder zerstört oder demontiert worden. O-Ton *Welt im Film*: »Aufträge und Rohstoffe sind für lange Zeit gesichert. Die Wagen werden durch die Militärbehörden zunächst an Dienststellen der Besatzungsmacht und lebenswichtige deutsche Betriebe verteilt.«

So erlebte der Käfer sein erstes Wirtschaftswunder. Auf dem Schwarzmarkt gehörte er zu den begehrtesten Artikeln und wurde mit einem Preis von 20000 bis 30000 Reichsmark gehandelt oder besaß den Gegenwert von 100 bis 150 Tonnen Zement. Für ihren eigenen Markt wollten die Briten den Volkswagen nicht haben, dafür sei er nicht geeignet, befanden Experten. Aber für die Besatzungstruppen schien er gerade recht. »Sie hatten sogar im eigenen Interesse mögliche Demontagepläne unterbrochen und aus schierem Eigennutz diese Fabrik dann für eigene Zwecke benutzt, was allerdings den deutschen Belegschaften wiederum Zukunftschancen eröffnete«, sagt Manfred Grieger.

Die Produktion nahm schnell Fahrt auf, wenn auch, streng genommen, illegal – denn die Patente lagen noch immer bei Ferdinand Porsche, und schon 1934 hatte er sich Gedanken über deren Abgeltung gemacht: »Sollte dieser Wagen in den Serienbau übernommen werden«, hatte Porsche in seinem »Exposé betreffend den Bau eines Deutschen Volkswagens« geschrieben, »so begehre ich ferner eine noch zu vereinbarende Stücklizenz für die Benützung der zur Verwendung gelangenden eigenen Patente.«

Einen Weltkrieg später bildete diese Forderung des Käfer-Schöpfers die Basis für die künftige Zusammenarbeit der Unternehmen Porsche und Volkswagen. Im Oktober 1948 einigten sich Ferry Porsche und der von den Briten neu eingesetzte Geschäftsführer der Volkswagenwerk GmbH, Heinrich Nordhoff, in Bad Reichenhall auf das weitere Vorgehen. »Die finanzielle Situation des Volkswagen-Werks war aber nicht so, dass man mit großen Aufträgen rechnen konnte«, schreibt Ferry Porsche später über seine Einschätzung der Situation,

»daher ging ich bei den Verhandlungen davon aus, möglichst viele Vorteile für uns auszuhandeln, die dem Volkswagen-Werk aber keine Kosten verursachen würden. Dazu gehörte zum Beispiel der Importeurvertrag für den VW für Österreich; das Zugeständnis, dass wir über Vertragshändler und Importeure des Volkswagen-Werks unseren Sportwagen vertreiben durften; die Lieferung von VW-Teilen für unsere Sportwagenproduktion zu besseren Konditionen als beim Ersatzteilkauf üblich und letzten Endes noch eine Anerkennungslizenz pro ›Käfer‹, der ja zu 100 Prozent von uns entwickelt worden war.«

In dem Abkommen hieß es unter II.4: »Porsche erhält für die Einräumung der vorgenannten Rechte vom Volkswagen-Werk eine Lizenzgebühr in Höhe von 1 Promille des Bruttolistenpreises für Fahrzeuge oder Sonderaggregate [z. B. Geländewagen, Sportwagen, Lieferwagen, Stabilmotoren usw.] in Normalausführung. Die Lizenzgebühr ist für jedes ab 1. Januar 1948 hergestellte Fahrzeug zu entrichten. Abrechnung und Zahlung erfolgen vierteljährlich nachträglich innerhalb des auf das Quartalsende folgenden Monats. Die Verpflichtung zur Zahlung der Lizenzgebühr endet mit der Einstellung der Herstellung des Volkswagens in seiner jetzigen oder einer ähnlichen Form, spätestens jedoch mit dem 31. Dezember 1954.« Das lief rechnerisch auf eine Lizenzgebühr von 5,30 Reichsmark beziehungsweise 4,80 D-Mark hinaus. Das waren 1948 92 371 D-Mark, 1949 221 592 D-Mark, 1950 360 707 D-Mark für den Käfer und im selben Jahr 46 742 D-Mark für den Transporter. Die Alleinvertretung für Volkswagen in Österreich war das berühmte »Schnäppchen am Rande«, so Ferdinand Piëch, das Volkswagen im Jahr 2010 für 3,55 Milliarden Euro von den Familien Porsche und Piëch übernommen hat.

Das Reichenhaller Abkommen war die Starthilfe, die Porsche dringend benötigte, und die hatte weitreichende Folgen. Der letzte Heckmotor-Volkswagen lief am 30. Juli 2003 im mexikanischen Puebla vom Band. Es war ein Käfer aus der »ultima edition«-Reihe, das 21 529 464. Exemplar des »Käfers« überhaupt. Damit war der von Porsche entwickelte, von Hitler propagierte und von den Besatzern gerettete Volkswagen das erfolgreichste Modell der Automobilgeschichte; jedenfalls bis der Golf seinem Vorläufer den Rang ablief. Dass mit dem Abkommen von Reichenhall auch der Grundstein für den heutigen integrierten Weltkonzern Volkswagen-Porsche gelegt wurde, konnte damals niemand ahnen.

Das Porsche-Werk in Gmünd hatte am 8. August 1945 von der alliierten Militärregierung in Klagenfurt eine vorläufige Bewilligung zur Wiederaufnahme der Arbeit erhalten. Die rund 140 Mitarbeiter unter Leitung von Louise Piëch und Oberingenieur Karl Rabe durften »Entwürfe von Motor-Traktoren, Gaserzeugern und anderen zivilen Einrichtungen« ausführen und »Motorfahrzeuge und landwirtschaftliche Maschinen« reparieren. Ernst Piëch hat als 16-Jähriger die Anfänge in Gmünd miterlebt: »Ein englischer Offizier hat am Anfang zu meiner Mutter gesagt: ›Wissen Sie, wenn Ihr Großvater Schuhe machen würde, dann könnte er noch ein Geschäft aufbauen, aber Autos wird der in seinem Leben nie wieder bauen.‹ Das war so die Philosophie der damaligen Besatzungsmacht.«

Den Standort in Gmünd und die Residenz Schüttgut in Zell am See konnten die Familie in die Friedenszeit hinein retten. So nahm nach dem Krieg in Österreich der Wiederaufstieg der Porsche-Dynastie seinen Anfang. Man baute alles, was sich bewegte und was gebraucht wurde. Von Autos konnte man vorläufig nur träumen. »Wir haben natürlich alles Mögliche gemacht«, erinnert sich Ernst Piëch, »wir haben Wasserturbinen gebaut, wir haben Mähfinger produziert, wir haben uns mit der Landwirtschaft auseinandergesetzt, haben Seilwinden gebaut. Wir haben versucht, das Werk mit irgendetwas Produktivem zu füllen.«

Die Sehnsucht aber galt dem Automobil. Die Porsche-Mitarbeiter reparierten nach dem Krieg zunächst Kübelwagen und andere Militärfahrzeuge, die von den deutschen Truppen zurückgelassen worden waren und nun von österreichischen Bauern und Förstern genutzt wurden. Dabei halfen auch Werkzeug und ein Ersatzteillager, das man 1944 beim Umzug von Stuttgart nach Gmünd mitgebracht hatte – neue und gebrauchte Lenkungen, Brems- und Fahrwerksteile, Motor- und Antriebsteile sowie elektrische Komponenten. Der werkseigene Fuhrpark bestand aus einigen Volkswagen-Versuchsmodellen und vermutlich aus zwei Berlin-Rom-Coupés Typ 64.

Das einzig erhaltene Exemplar des Typ 64 durften die Porsches zur privaten Nutzung behalten. Mit Genehmigung der britischen Behörden wurde der Wagen am 26. April 1946 in Spittal mit dem Kennzeichen K45-240 zugelassen. Danach nahmen die Porsche-Mitarbeiter diverse Verbesserungen vor: hydraulische Bremsen statt der veralteten Seilzugbremsen, eine Leistungssteigerung für den Motor, geänderte Fahrwerksfedern – bei Porsche bestand das ganze Leben aus Entwicklung.

Bis zu 300 Mitarbeiter fanden hier über die Jahre Arbeit. Finanzielle Engpässe der Anfangszeit beendeten die Entwicklungsaufträge

Porsche-Belegschaft in den Anfangstagen in Gmünd: Ein »märchenhafter Zufall« half beim Aufstieg der Sportwagenschmiede.

des italienischen Industriellen Piero Dusio für die Firma Cisitalia vorerst; als einen »märchenhaften Zufall« bezeichnet Ferdinand Piëch den Umstand, durch den auch die geforderte Kaution für die Freilassung Ferdinand Porsches aus dem französischen Gefängnis beglichen werden konnte. Entwickelt werden sollten unter anderem ein kleiner Traktor, eine Wasserturbine, ein zweisitziger Sportwagen mit Mittelmotor und der Grand-Prix-Rennwagen Typ 360. Als Antrieb für den 360 war ein 1,5-Liter-Zwölfzylindermotor mit Kompressor vorgesehen, für die Kraftübertragung ein zuschaltbarer Allradantrieb. Weil dem italienischen Auftraggeber das Geld ausging, kam der Rennwagen nicht über das Versuchsstadium hinaus. Dennoch hatte das Cisitalia-Projekt nachhaltige Folgen, wie sich Ferry Porsche später erinnert: »Diese Firma baute damals einen kleinen Sportwagen mit Fiat-Motor. Da sagte ich mir: ›Warum sollten wir nicht das Gleiche mit VW-Teilen tun können?‹«

Noch während der Gefangenschaft seines Vaters zeichnete Ferry Porsche, damals knapp 40 Jahre alt, selbst einen Sportwagen. Zum ersten Mal stand er nicht im Schatten des Alten. »Ferry war nach seiner Haft wieder hierher nach Gmünd gekommen, um das Ganze weiterzuführen«, berichtet Helmut Pfeifhofer vom Gmündner Porsche-Museum, »und er hat dann die Gelegenheit genutzt und sich gesagt: ›Jetzt baue ich mir selbst ein Auto.‹ Und die 356. Konstruktion wurde dann der Typ 356.«

In Wahrheit war es erst die 349. Konstruktion. Porsche hatte bei der Gründung seines Konstruktionsbüros 1931 in Stuttgart ein bisschen gemogelt und seinem ersten Auftrag die Nummer 7 gegeben – ein Trick, um die Auftragslage nach außen hin besser aussehen zu lassen, als sie tatsächlich war. Mit dem 356 verband Ferry Porsche seine Vision vom kleinen, leichten Sportwagen – die moderne Interpretation des Austro Daimler Sascha seines Vaters aus den 1920er-Jahren. Der 356 sollte ein eigenständiges Fahrzeug werden, entwickelt, produziert und zum ersten Mal auch von der eigenen Firma verkauft.

»Wie wir auf die Idee kamen, diesen Wagen zu bauen? Ja, das war eigentlich ein Hobby von mir. Mir einen schnellen Reisewagen zu machen«, erklärt er in einem Porsche-Werbefilm aus den Fünfzigerjahren.

Start in eine neue Ära. Nach dem Kübel- und dem Schwimmwagen nun die offene Sportvariante des KdF-Mobils, von dem die wesentlichen Teile übernommen wurden. Das war naheliegend, weil die Porsche-Konstrukteure auf ihr reichhaltiges Lager mit KdF-Wagen- und Kübelwagenteilen zurückgreifen konnten – obendrein sparte es Zeit und Geld. Das Aussehen des Motors entsprach dem des Volkswagen-Motors, allerdings wurde die Leistung mit 40 PS gegenüber dem Käfer fast verdoppelt. Auch äußerliche Parallelen zum Typ 64, dem Berlin-Rom-Wagen, waren nicht zu übersehen. Beide Karosserien hatte Porsches Karosseriespezialist Erwin Komenda entworfen.

Originale unter sich: Konstrukteur Erwin Komenda, Ferry und Ferdinand Porsche (von links) mit dem Roadster Nummer 1 in Gmünd, 1948

Nur das Fahrgestell hatte mit dem Plattformrahmen des Käfers nichts gemein: Beim Ur-Modell des 356 saß der Motor in der Mitte und nicht im Heck, ähnlich wie beim Entwurf für den Supersportwagen Typ 114 von 1938. Der silberne Roadster Nummer 1 vereinte alles, was Porsche-Sportwagen bis dahin ausmachte, zu einem automobilen Gesamtkunstwerk. »Das gleiche Team, das während des Jahres 1938 so engagiert in der Stuttgarter Kronenstraße 24 und in Zuffenhausen gearbeitet hatte«, sagt »Käfer«-Forscher Chris Barber, »produzierte etwa zehn Jahre später eine Entwicklung mit sehr ähnlichen Basiselementen.« Heraus kam das erste Auto, das den Namen der Familie trug: Porsche. Angeblich zollte der Professor, als er das Werk des Sohnes sah, höchstes Lob: »Keine Schraube hätte ich anders gemacht«, soll er gesagt haben.

Im Gmündner Sägewerk wurden 1948 die ersten Prototypen zusammengebaut, die der Nummer 1 folgten. In Handarbeit. Ernst Piëch war damals 18 Jahre alt. »Es waren natürlich sehr harte Verhältnisse«, erzählt er. »Ich habe miterlebt, wie die Karosseriebauer die Holzmodelle für die Kotflügel und für die Haubendeckel dieses neuen Modells aufgebaut haben. Jedes Blech musste einzeln von Hand gehämmert werden. Das war ja schon eine ganz besondere Herausforderung.« Präzision war noch ein Fremdwort. Keine Chance für den Fugentest mit der Scheckkarte, wie ihn Volkswagen-Chef Martin Winterkorn und sein Aufsichtsratsvorsitzender Ferdinand Piëch, Ernst Piëchs Bruder, heute so gern praktizieren. »Da hat zum Beispiel keine andere Tür in ein Auto gepasst, nicht so wie heute. Das war eben alles Teil einer Einzelanfertigung.«

So lief die Produktion der Coupé- und Cabriolet-Versionen in der zweiten Jahreshälfte 1948 an, nun mit Heck- statt Mittelmotor. Wegen der strengen Einfuhrbestimmungen stellte die Teileversorgung die Mannschaft vor die größten Probleme. »Es konnte durchaus passieren«, erzählt Ferry Porsche in seinen Memoiren, »dass wir – um einen Motor in Gang zu bringen – die Zündkerzen in der Hosentasche aus

Der Käfer stand Pate: Die ersten Prototypen in Gmünd entstanden vorwiegend aus Volkswagen-Teilen in Handarbeit.

Deutschland nach Österreich schmuggeln mussten, weil wir sie in Österreich nicht erhalten konnten.«

Zwei automobilbegeisterte Schweizer bestellten die ersten Fahrzeuge. Der Unternehmer Rupprecht von Senger stellte das notwendige Kapital zur Verfügung und verpflichtete sich dem Produzenten gegenüber, fehlende Ersatzteile und Bleche zu besorgen sowie den Export in die Schweiz zu organisieren. Der Hotelier und Autohändler Bernhard Blank sollte in Zürich den Verkauf der Autos übernehmen. Das Coupé sollte 14 500, die offene Version 16 500 Schweizer Franken kosten. Die Weltpremiere der beiden Modelle fand im März 1949 auf dem Genfer Autosalon statt. Ferry Porsche und seine Schwester Louise waren mit dabei.

Bis 1950 entstanden in Gmünd 44 Coupés und acht Cabriolets. Der Käfer stand Pate bei der Entwicklung des Porsche, der Beginn einer historischen Zusammenarbeit. »Ohne Volkswagen hätte es keinen Porsche gegeben«, sagt »Prototyp«-Mitgründer Thomas König. »Das ist ganz sicher, denn man hatte die Technik des Volkswagens, von der man wusste, dass man sie in einen Sportwagen implementieren konnte. Man hatte das jahrelang vorbereitet, hatte noch restliche Fahrzeuge aus dem Zweiten Weltkrieg, die den ersten Exemplaren teilweise als ›Organspender‹ dienten. Es wäre sonst rein ingenieursmäßig nicht möglich gewesen, innerhalb dieser kurzen Zeit und unter den gegebenen Umständen ein solches Auto zu entwickeln.«

Und entwickelt wurde mit eigentümlichen Methoden, wie Ferdinand Piëch schildert: »Ein mit Fäden beklebter Prototyp fuhr möglichst rasch unter einer Brücke durch. Oben standen der Großvater und (der Aerodynamiker) Josef Mickl mit einem Fotoapparat. Aus – je nachdem – anschmiegsamem oder störrischem Verhalten der Fäden hoffte man Rückschlüsse auf die Strömungstalente des Sportwagens ziehen zu können.« Trotz dieser Behelfstechniken war die Stromlinienform der ersten Porsches allem überlegen, was bis dahin für den Straßenverkehr konstruiert worden war. Die Produktionsbedingungen erinnerten eher an eine Hinterhofwerkstatt als an eine Autofabrik. Lackiert wurde auf dem freien Feld, in der Hoffnung, dass nicht allzu viel Staub, Schmutz oder Insekten auf dem frischen Lack kleben blieben.

Die Firma stand im Lauf ihrer Geschichte mehrfach vor dem Aus, das erste Mal gleich zu Beginn. Ernst Piëch berichtet: »Es gab dieses berühmte Jahr 1947/48, als es plötzlich hieß: ›Uns geht das Geld aus.‹ Da hatten wir also ein Problem: ›Wir müssen doch irgendjemanden finden, der uns die zukünftige Finanzierung sicherstellt.‹ Und da kam glücklicherweise Allgaier, der einen modernen Traktor brauchte. Das war unsere Rettung, weil er uns einen Vertrag gegeben hat und wir mit dem Vertrag einen Kredit bekommen haben. Damit konnten wir auch unsere Idee des Porsche weiterentwickeln.«

So überlebte der Plan vom Sportwagen dank eines Ackerschleppers, weil die Porsches eben auch ein Faible für alternative Antriebe

Stromlinie: Mit den Fäden wurden während der Fahrt die Luftverwirbelungen sichtbar gemacht; von einem Windkanal konnte die Mannschaft nur träumen.

hatten. »Als wir damals in Gmünd die ersten Porschewagen bauten, haben wir uns natürlich auch Gedanken gemacht, wie die Zukunft des Volkswagens aussehen könnte«, erzählt Ferry Porsche 1981 in der TV-Dokumentation *Ferdinand Porsche – ein Mann und sein Werk*. »Wir haben unter anderem einen Volkswagenmotor auf Diesel umgebaut, der dann auch sehr gut gelaufen ist. Dann haben wir einen Volkswagen umgebaut als Elektrofahrzeug, aber diese Projekte waren damals einfach zu früh dran. Heute werden solche Entwicklungen ganz groß herausgestellt. Wir waren damals in unseren Gedanken eben um 30 Jahre zu früh.«

In finanzieller Hinsicht erwies sich der Volkswagen als ausgesprochen segensreich für das aufstrebende Unternehmen, auch wenn die Lizenzgebühr ab Januar 1953 im beiderseitigen Einvernehmen reduziert wurde. Sie betrug fortan laut Abkommen »½ Promille des Bruttolistenpreises für Fahrzeuge oder Sonderaggregate in Normalausführung. (...) Übersteigt die Jahresproduktion des VW 150000 Fahrzeuge, so ermäßigt sich die Lizenzgebühr für die Mehrproduktion an Fahrzeugen auf 1 DM je Wagen.« Damit war die Lizenzgebühr in ihrer wirtschaftlichen Bedeutung reduziert, während die Entwicklungsaufträge der Volkswagenwerk GmbH eine wachsende wirtschaftliche Rolle spielten. Rund 250000 D-Mark brachte die Käfer-Lizenz 1949, im ersten Jahr nach der Währungsreform in der Bundesrepublik, und die Aussichten waren rosig: Die Partner vereinbarten im Dezember 1949 eine Neufassung des Reichenhaller Abkommens, die eine »enge Arbeitsgemeinschaft« der Porsche KG mit der Volkswagen-Entwicklungsabteilung vorsah, wofür die monatliche Vergütung 40000 D-Mark betragen sollte. Bei den Lizenzgebühren verpflichtete sich Volkswagen, künftig fünf D-Mark pro gefertigten Käfer zu bezahlen.

In Salzburg gründete Louise Piëch den Volkswagen-Vertrieb für Österreich, ihr Bruder Ferry zog mit der kleinen Sportwagenmanufaktur zurück nach Stuttgart. Fortan wurde das Geschäft geschwisterlich geteilt. Ernst Piëch erzählt die Geschichte so: »Das war eigentlich eine recht einfache Angelegenheit. Mein Onkel und meine Mutter haben sich gut verstanden, und so war es ziemlich simpel: ›Du machst Stuttgart, und ich mache Salzburg‹, das war's. ›Ich rede dir nicht rein, und du redest mir nicht rein.‹ Ich würde sagen, beide waren erfolgreich.« Sein Bruder Ferdinand kommentiert: »Es kam jedenfalls zur 50:50-Aufteilung des Erbes, und im Testament fand sich nicht der leiseste Hinweis darauf, wem Ferdinand Porsche eher die Führerrolle im Clan zugetraut hätte.«

So endete das Porsche-Intermezzo in Gmünd. Die Fortsetzung folgte, wo vor dem Krieg alles begonnen hatte: in Stuttgart. Das ehemalige Porsche-Werk in Zuffenhausen war noch immer durch das amerikanische Militär besetzt. Porsche zog nebenan als Untermieter bei der Karosseriefirma Reutter ein, und ab Frühjahr 1950 wurden die ersten Autos in Stuttgart gebaut. Stückpreis damals: 10 200 D-Mark. Damit war klar, wo man sich positionieren wollte: ganz oben. Die teuerste Limousine bei Mercedes war für 11 200 zu haben, wohingegen ein VW Käfer 3790 D-Mark kostete.

AUF PORSCHES SPUREN

Der Volkswagen inspirierte nach dem Krieg eine ganze Generation von Motorsportpionieren, die heute längst vergessen sind. Außergewöhnliche Autos und ihre Tüftler – eine kleine Typenkunde von Thomas König, Museum »Prototyp«, Hamburg

Zeitgleich mit Ferry Porsche kamen weitere engagierte deutsche Vorkriegsrennfahrer, Karosseriebauer und Ingenieure auf die Idee, die Komponenten des Volkswagens für den Bau von Renn- und Sportwagen zu verwenden. In der unmittelbaren Nachkriegszeit waren viele Überreste von Volkswagen, Schwimm- und Kübelwagen vorhanden und warteten auf neue Verwendungszwecke. Augenzeugen berichten davon, dass Kübelwagen einfach herrenlos an der Straße geparkt waren und so, mehr oder weniger legal, als »Organspender« verfügbar waren. Teilweise fanden lediglich Motor- und Fahrwerksteile Verwendung, oft aber auch ganze Fahrgestelle. Aus diesen Überbleibseln entstanden – oftmals in Heimarbeit – einmalige Aluminiumstromlinienwagen und Monoposti. Selbst Porsche in Gmünd benutzte noch von 1948 bis 1950 Volkswagen-Gebrauchtteile zur Herstellung der ersten 52 Autos. Dies lässt sich leicht anhand der aufgezeichneten frühen Gmündner Motornummern verifizieren, die zumeist auf Kübel-, Schwimmwagen und Stationärmotoren zurückverweisen. Frühe Gmündner Porsche-Aufzeichnungen tragen daher auch den internen Arbeitstitel »KdF-Sportwagen«.

Auch Anbau- und Karosserieteile hatten ihren Ursprung teilweise im »Weltkriegsschrott«. So verwandte man für die Verglasungen der ersten 356er bei Porsche in Gmünd auch Plexiglas aus alten Kampffliegern.

Bereits 1946 gab es die ersten privaten Versuche, die Leistung des 24,5-PS-Aggregats zu steigern. Maßgeblich hieran beteiligt war der Volkswagen-Ingenieur Gustav Vogelsang, der anfangs unter Verwendung von VW-Sturmbootköpfen (Porsche-Konstruktionsnummer 170) und geänderten Kolben und Zylindern mit vier Solex-Einzelvergasern und Alkoholbetrieb Leistungen von knapp 40 bis zu 75 PS aus dem Käfer-Triebwerk zauberte. Zu den Kunden von Vogelsang gehörten der Weltrekordfahrer Petermax Müller, der Rennfahrer Kurt Kuhnke und der Harzburger Mineralölhändler Richard Trenkel. Bezahlt wurden derlei Leistungen oftmals mit Schwarzmarktwaren und Naturalien.

Nicht nur auf der antriebstechnischen Seite gab es viele neue Ideen, auch im Karosseriebau entstanden interessante und innovative Konzepte für Sport- und Rennwagen. Als Rezept lagen natürlich immer Leichtbauweise und eine Karosserie mit geringem Luftwiderstand zugrunde, als Vorbild diente hier augenscheinlich sehr oft das Design des Porsche Typ 64 Stromliniencoupés. Als gutes Beispiel kann hier die Karosserieform des Gemeinschaftsprojektes VLK (Vollstromlinien-Leichtbau-Konstruktion) des Wolfsburger Ingenieurs Walter Hampel und des Braunschweigers Kurt Kuhnke angeführt werden.

Vorbild Berlin-Rom-Coupé: Stromlinienwagen VLK

Auch die Form des V2 Sagitta von Ingenieur Kurt C. Volkhart lehnt sich sehr deutlich an die Konturen des Typ 64 an.

Das Team Petermax Müller, Helmut Polensky und Huschke von Hanstein wagte zwei Anläufe zu Weltrekordversuchen: 1949 wurde der erste Versuch auf dem Hockenheimring durch einen schweren, von einem Hund verursachten Unfall vorzeitig beendet. Im Folgejahr jedoch gelang dem Team in Montlhéry bei Paris die Einstellung mehrerer bestehender Weltrekorde in der 1100-ccm-Klasse, wobei der bedeutendste Erfolg der neue Weltrekord über 10 000 Kilometer mit einem Schnitt von 126 km/h war.

Auf dem Sportwagensektor sind als wesentliche weitere Pioniere die Firmen Denzel aus Wien, der Flugzeugbauer Gomolzig, der Düsseldorfer Bootskonstrukteur Curt Delfosse und die Firma Drews aus Wuppertal zu nennen. Diese Firmen experimentierten zeitgleich mit Porsche um 1948 mit Volkswagen-Komponenten und brachten sehr gelungene und innovative Ergebnisse auf den Markt. Man bediente sich immer an Gebrauchtteilen, da VW es ablehnte, Fremdhersteller mit Neuteilen zu beliefern – Porsche bildete später eine Ausnahme. Dies ist sicherlich ein wichtiger Teil der Erklärung, warum diese Fahrzeuge nur in sehr geringen Stückzahlen hergestellt werden konnten. Mit Sicherheit hatte Porsche aufgrund seines Know-hows und der bestehenden Verbindungen zu Volkswagen auch einen enormen Wettbewerbsvorteil. Schließlich waren die Ingenieure, die die VW-Technik entworfen hatten, zum größten Teil noch immer an Porsche-Konstruktionen beteiligt.

Auch nach 1950 gab es immer wieder Ambitionen, der Käfer-Konstruktion ein sportlicheres Kleid zu verleihen. Oft fanden hier zusätzlich auch Porsche-Serienteile Verwendung. Die bekanntesten Hersteller waren Rometsch in Berlin, Dannenhauer und Stauss in Stuttgart und die Firmen Enzmann und Beutler in der Schweiz. Bis zum Ende der Fünfzigerjahre waren aber auch diese komplett vom Automobilmarkt verschwunden.

PORSCHE UND DER RENNSPORT – HELDEN, TRAGÖDIEN UND MYTHEN

Stuttgart-Zuffenhausen ist der Firmensitz geblieben. Auf dem Höhepunkt des Erfolges in der Ära Wendelin Wiedeking hat sich die Firma mit einem spektakulären Museum selbst ein Denkmal gesetzt. Adresse: Porscheplatz 1. Im Januar 2009 wurde es eröffnet. Hier, in diesen 21000 Kubikmetern umbauten Raums voller Automobilträume, ist die Erfolgsgeschichte des Hauses Porsche sehr gut nachvollziehbar. »Mein Großvater und mein Vater waren Automobilpioniere, Ingenieure und Unternehmer aus Leidenschaft«, sagte Wolfgang Porsche, der Vorsitzende des Aufsichtsrats, bei der Eröffnung. »Ihr Lebenswerk und alles das, was ihre Nachfolger erfolgreich daraus gemacht und weiterentwickelt haben, ist hier dokumentiert.« Das Museum ist heute der zentrale Wallfahrtsort für Fans der Marke, jährlich kommen rund 500000 Besucher aus aller Welt. Gerechnet hatte man mit 200000.

»Vitesse oblige« – Geschwindigkeit verpflichtet: Das mächtige, ganz in Weiß gehaltene Gebäude ist ein Tempel der Fortbewegung, hier stehen die Träume ganzer Generationen. Ausgestellt sind 80 Fahrzeuge, darunter sämtliche Ikonen der Porsche-Historie: der Käfer, Ferry Porsches Nummer 1 aus Gmünd, die Modelle 356 und 911 in allen

Variationen, Prototypen wie der futuristische Panamericana, benannt nach dem südamerikanischen Langstreckenrennen Carrera Panamericana – Namensgeber des ersten Viersitzers aus dem Hause Porsche, des Panamera, dazu einer der erfolgreichsten Rennwagen aller Zeiten, der 917. In der gläsernen Museumswerkstatt können die Besucher verfolgen, wie man bei Porsche Traditionspflege versteht. Und über allem schwebt der Geist des Alten: Ferdinand Porsche.

Wenn Herbert Linge durch das Museum wandelt, ist das eine ganz persönliche Zeitreise. Linge, Jahrgang 1928, verkörpert das, was man Porsche-Urgestein nennt, ein Mann der ersten Stunde. Er hatte im April 1943 als Lehrling bei Porsche angefangen, hielt nach dem Krieg die Stellung in Stuttgart-Zuffenhausen, war nach der Rückkehr der Firma einer der ersten Mechaniker im Werk, ging als Rennmechaniker in die USA und war später auch als Rennfahrer erfolgreich. Sein

Familienverhältnisse: Zu Beginn war das Porsche-Konstruktionsbüro noch provisorisch in einer Baracke untergebracht.

letztes Rennen fuhr Linge 1969 in Le Mans, als sein Kopilot John Woolfe in der ersten Runde mit dem 917 tödlich verunglückte, danach wirkte er noch als Fahrerdouble für Steve McQueen im Spielfilm *Le Mans* mit. Nach der aktiven Rennkarriere wurde er Betriebsleiter im neu gegründeten Porsche-Entwicklungszentrum Weissach. Porsche war und ist sein Leben. »Am Anfang waren wir nur eine Handvoll Leute«, erzählt Linge über die Nachkriegszeit in Stuttgart. »Es war wirklich familiär. Sowohl der alte Professor Porsche, wie wir ihn intern nannten, als auch Ferry waren jeden Tag in der Werkstatt. Später hat man ja immer wieder von der Familie Porsche gesprochen, gemeint war aber eigentlich die Firma Porsche.«

Die Zeichen standen auf Wachstum – mit der Währungsreform im Juni 1948 in den drei westlichen Besatzungszonen kam der Konsum. Nach Jahren der Entbehrung und des Lebens auf Bezugsschein hatten die Neu-Bundesbürger plötzlich etwas Geld in den Taschen. Manche hatten davon so viel, dass sie in Luxusprodukte wie Sportwagen investieren konnten. So blühte die Marke Porsche im Wirtschaftswunderland auf.

In den ersten Jahren nach dem Krieg kehrte Adolf Rosenberger, der sich jetzt Alan Arthur Robert nannte, wieder nach Stuttgart zurück. Der frühere Rennfahrer und Mitgesellschafter Ferdinand Porsches im Konstruktionsbüro hatte seiner jüdischen Abstammung wegen vor den Nazis in die USA fliehen müssen. Durch seine Kontakte zur Auto Union hatte das Büro Anfang der 1930er-Jahre den ersten Großauftrag von den Wanderer-Werken erhalten. Jetzt forderte er eine Entschädigung. Ferry Porsche berichtet, Rosenberger habe gefordert, dass »wir ihn mit 200000 D-Mark abfinden sollten; er wollte uns die Hälfte dieser Summe ›unter der Hand‹ zurückzahlen. Er argumentierte, dass die 200000 D-Mark steuerlich absetzbar seien, da es sich um Entschädigung handle. Dieser Vorschlag war jedoch für uns unannehmbar, da sich dadurch unsere Firma der Steuerhinterziehung schuldig gemacht hätte.«

Rosenberger zog vor Gericht und strengte ein Wiedergutmachungsverfahren gegen Porsche an. Er verlangte 15 Prozent der Firmenanteile – so viel, wie ihm vor der Machtergreifung der Nazis gehört hatten. Ferry Porsche kommentiert diese Forderung in seinem Buch *Porsche. Ein Traum wird Wirklichkeit* folgendermaßen: »Nun zu den Tatsachen: 1932, also noch bevor Hitler an die Macht kam, hatte Rosenberger erklärt, dass er sich aus unserer Firma zurückziehen möchte. Wir waren damit einverstanden. 1933 hatte Hans von Veyder-Malberg Rosenbergers Anteil übernommen. Er zahlte Rosenberger nicht in Mark aus, sondern in österreichischen Schillingen, die noch frei konvertierbar waren.«

Vor der Wiedergutmachungskammer des Landgerichts Stuttgart einigten sich die Parteien am 29. September 1950 auf einen Vergleich. Rosenberger bekam von Porsche 50000 D-Mark und einen Pkw, wahlweise einen Käfer in Luxusausführung zum Preis von 5450 D-Mark

sofort oder bis spätestens 1. Juli 1951 einen Porsche-Sportwagen für 9850 D-Mark. Damit wurden alle Ansprüche Alan Arthur Roberts, alias Adolf Rosenberger, gegenüber dem Unternehmen Porsche abgegolten. Er starb am 6. Dezember 1967 mit 67 Jahren in Los Angeles.

Anfang der Fünfzigerjahre waren rund 200 Menschen mit der Produktion des Modells 356 beschäftigt. »Die Karosserie wurde von Reutter erzeugt, nach unseren Zeichnungen, und da fing's eben an«, beschreibt Ferry Porsche diese Pionierzeit. Ostern 1950 war der erste in Stuttgart gebaute 356 fahrbereit. Die Porsche-Mannschaft präsentierte das neue Modell im Wolfsburger Volkswagen-Werk vor VW-Großhändlern und -Importeuren und kehrte mit 37 Bestellungen zurück. Anzahlungen in Höhe von 200 000 D-Mark sicherten den Produktions-

Exklusiver Zirkel: Ferry Porsche (2. von links) im Kreise adeliger Rallyeteilnehmer, 1950

Rückkehr nach Zuffenhausen: Die ersten 356er-Modelle aus Stuttgarter Produktion

anlauf. Schon am 21. März 1951 wurde der 500. Sportwagen produziert, am 28. August dann feierte man den 1000. Porsche, womit alle Erwartungen übertroffen waren. »Wir haben uns damals gedacht, legen wir mal 500 Autos auf«, berichtet Ferry Porsche. »Gebaut wurden aber von diesem Typ etwa 80000.«

Plötzlich war der Porsche das richtige Auto zur richtigen Zeit, die Vision des am 30. Januar 1951 verstorbenen Gründervaters Wirklichkeit geworden: ein kleiner, leichter Sportwagen. Zwar nicht für jeden erschwinglich, eine wachsende Käuferschicht in Zeiten des Wirtschaftswunders konnte sich ihn dennoch leisten. Der Porsche wurde zum modischen Accessoire für die Konsumelite – und zum bevorzugten Spaßmobil für Hobbyrennfahrer. Porsche nutzte vor allem

Automessen, um Kunden, Händler und Importeure direkt anzusprechen. Auf dem Pariser Automobilsalon 1950 präsentierte man sich unter dem Werbebanner »Porsche 1900–1950« mit einem eigenen Stand – ein Hinweis auf die Premiere des allerersten Porsche, des elektrogetriebenen Lohner-Modells, auf der Pariser Weltausstellung zur Jahrhundertwende. Ein auf der Messe ausgelegter Faltprospekt verwies auf die jüngeren Vorfahren des Modells 356: »Auf der Höhe fünfzigjähriger Konstruktionserfahrungen gibt Professor Porsche nun der neuesten Schöpfung seinen Namen. Aus den Gestaltungsideen des Auto-Union-Rennwagens und der Fertigungserfahrung des Volkswagens entstanden, ist dieser schnelle Reisewagen ein vollendeter Ausdruck unserer Zeit.«

Das Gefühl der Zusammengehörigkeit innerhalb der »Porsche-Familie« wurde bewusst gepflegt. Der erste Porsche-Klub in Deutschland trat 1952 auf der Hohensyburg zusammen, weitere Klubs in Wiesbaden, Berlin, Köln und anderen Großstädten folgten. Sie alle einte das Bewusstsein, einem exklusiven Zirkel automobiler Kenner anzugehören. Sie verstanden sich als Autofahrerelite. Das fiel damals sogar dem Nachrichtenmagazin *Der Spiegel* auf, das die Porsche-Fahrer so charakterisierte: »Kennzeichnend für ihren Gemeinschaftsgeist ist eine Grußzeremonie, die selbst bei höchstem Tempo selten unterbleibt. Auf offener Straße grüßen sie einander durch Anblinzeln mit der Lichthupe oder durch Armwinken.«

Am PR-Aufstieg der Marke hatte ein Mann wesentlichen Anteil: Fritz Sittig Enno Werner Freiherr von Hanstein, besser bekannt unter seinem Rufnamen Huschke von Hanstein. Er galt als Erfinder der Public Relations in Deutschland, als brillanter Chef der Porsche-Presseabteilung und als einer der besten Rennfahrer seiner Generation. Ohne ihn hätte die Marke nicht das Image, von dem sie bis heute lebt. Er prägte das Bild des Porsche-Fahrers – schnell, selbstbewusst und souverän –, und nur wenige verkörperten dieses Bild so wie der stets korrekt gekleidete Adelsmann selbst; der Mann, der Porsche machte.

Die braunen Flecken auf der weißen Weste des Freiherrn schienen in den Nachkriegsjahren niemanden zu stören.

Von Hanstein hatte 1933 als Rennfahrer bei Hanomag angefangen, sollte dann ins Werksteam der Auto-Union-»Silberpfeile« wechseln und dort mit Rosemeyer und anderen fahren. Dazu kam es dann aber nicht, weil von Hanstein durch einen Autounfall eine schwere Armverletzung erlitt. Stattdessen nahm er mit seinem eigenen BMW 328 an europäischen Sportwagenrennen teil und profilierte sich als echter »Herrenfahrer«. Von Hanstein war Mitglied der SS, was er während der NS-Zeit auch mit der Kriegsbemalung seines Rennwagens demonstrierte: Das Kennzeichen lautete SS-333, auf den Kotflügeln prangten die Runen des mörderischen Naziordens. So gerüstet, gewann er 1940 die Italienrundfahrt Mille Miglia, allerdings durften außer BMW nur italienische Hersteller teilnehmen.

Im Verlauf des Krieges wurde er als Offizier an die Ostfront geschickt. Er überlebte, betätigte sich nach dem Krieg als Saatguthändler im elterlichen Betrieb und fuhr wieder Rennen – mangels anderer Möglichkeiten zunächst auf Vespa-Rollern, für die er dann auch den Verkauf in Deutschland organisierte. Dann half ihm eine Verbindung aus früheren Tagen: Der neue Volkswagen-Verkaufsleiter Karl Feuereissen, früherer Rennleiter der Auto Union im Dritten Reich, bot ihm eine Stelle als Assistent in Wolfsburg an. Zuvor aber sollte von Hanstein ein Praktikum bei Porsche in Zuffenhausen absolvieren. Er kam, sah und blieb die nächsten 20 Jahre dort, wurde Pressechef und in Personalunion auch Rennleiter bei Porsche. Damit trug der »adelige Privatrennfahrer« nachhaltig dazu bei, wie Dieter Landenberger, Leiter des Porsche-Archivs, feststellt, »den Porsche 356 gleichermaßen als exklusives Statussymbol und siegfähiges Sportgerät zu etablieren«. Die organisatorische Verknüpfung der Rennabteilung mit der Öffentlichkeitsarbeit sei, so Landenberger, »ein gewolltes Signal des Unternehmens: Motorsport dient bei Porsche gleichermaßen dem technischen Erkenntnisgewinn wie auch der Werbung für das Serienprodukt.«

»Win on Sunday, sell on Monday« – Motorsporterfolge gehörten schon immer zu den wichtigsten Verkaufsargumenten der Automobilfirmen. Bei Porsche war das von Anfang an so. Von Hanstein brachte die aristokratische Eleganz und die weltmännische Attitüde nach Zuffenhausen, die dem biederen Familienunternehmen Porsche bis dahin zum großen Erfolg gefehlt hatten. Er machte aus der kleinen Sportwagenmanufaktur die glamouröse Weltfirma, deren Namen irgendwann jeder kannte. Dazu setzte er mit sicherem Instinkt auf Werbung (»Fahren in seiner schönsten Form«), Markenbindung durch die Porsche-Klubs, VIP-Betreuung und die Verbindungen zu international bekannten Rennfahrern wie den Formel-1-Piloten Dan Gurney, Phil Hill oder dem deutschen Rennsportidol der Sechzigerjahre, Wolfgang Graf Berghe von Trips.

Mit dem Bau straßentauglicher Rennwagen wie dem legendären Spyder 550 begann die Renntradition der Firma auf der internationalen Bühne. Diese machte Porsche zu einer weltweit bekannten Marke und ging letztlich, wie alles, auf den Gründervater zurück. »Die sportliche Betätigung mit den ersten Porsches hat ihre Grundlage darin«, erzählt Ferry Porsche 1981, »dass mein Vater während seiner Verhaftung in Frankreich von einem alten Freund betreut wurde, dem französischen Fachjournalisten Faroux, und nachdem mein Vater den Schlaganfall hatte, kam Faroux nach Stuttgart und nahm ihm als letztes Versprechen ab, dass wir nach Le Mans gehen werden.«

Als Mitbegründer des 24-Stunden-Rennens von Le Mans war Charles Faroux eine der bekanntesten Persönlichkeiten im europäischen Rennsport. Er hatte das erste Le-Mans-Rennen am 26. Mai 1923 gestartet, und bis ins hohe Alter winkte er die Sieger ab, wenn sie nach 24 Stunden Raserei durchs Ziel fuhren. Das Langsteckenrennen an der Sarthe hatte sich schnell zur härtesten Prüfung für Rennwagen und Piloten entwickelt, entsprechend prestigeträchtig war ein Sieg. Le Mans, das hieß 24 Stunden Vollgas, bei irrwitzigen Geschwindigkeiten; ein permanenter Überlebenskampf. Der Tod fuhr –

und fährt – immer mit. Mehr als 40 Fahrer bezahlten den schnellen Rausch im Lauf der Jahre in Le Mans mit ihrem Leben. »Was ganz, ganz gefährlich ist, sind die unterschiedlichen Geschwindigkeiten«, sagt Rennfahrer Hans Herrmann, der für Porsche oft in Le Mans am Start war, »wenn es dann Nacht wird oder bei Regen, wenn man nichts mehr genau erkennen kann, dann wird es in Le Mans wahnsinnig gefährlich.«

Vor allem in den Fünfzigerjahren war das Rennen eine permanente Mutprobe für die Piloten. Die Autos wurden immer schneller, aber die Sicherheitsvorkehrungen an der Strecke waren noch auf dem Stand der Vorkriegszeit. Gefahren wurde auf Teufel komm raus. »Man stand am Start und hat überlegt, wenn trifft's heute?«, erzählt Herrmann. »Wird es der neben mir? Der vor mir? Der hinter mir?« Herrmann überlebte – und gewann. Das erste Mal 1953 bei einem Porsche-Doppelsieg der Teams von Frankenberg/Frère und Glöckler/Herrmann mit dem Modell 550 in der 1,5-Liter-Hubraumklasse.

Wer damals Rennen fuhr, bewies Todesverachtung. In den USA trafen sich an jedem Wochenende fanatische Hobbyraser, von denen viele Porsche fuhren. Mechaniker Herbert Linge ging damals als Betreuer für Privatfahrer in die USA, Kinostar James Dean war sein prominentester Kunde; der 24-Jährige war süchtig nach Tempo, wie viele seiner Hollywoodkollegen. »Wenn die Porsche gefahren haben, das war für uns ein tolles Renommee«, erzählt Linge. »Ich war für den Kundendienst in Amerika zuständig und habe dann James Dean den Rolf Wütherich zugeteilt. Der war natürlich stolz, dass er mit so einem bekannten Mann arbeiten durfte. James Dean war ein richtiger Porsche-Freak, den musste man immer wieder einbremsen. Der wollte immer nur Rennen fahren. Seine Filmgesellschaft war nicht besonders begeistert, aber er ließ sich nicht aufhalten.«

James Dean spielte nicht nur im Film den Rebellen. In der Rolle des Jim Stark raste er in *Rebel Without a Cause (Denn sie wissen nicht, was sie tun)* im Wettstreit mit seinen Freunden auf einen Abgrund zu. Wer

Win-win-Situation: Huschke von Hanstein und Ferry Porsche beim 24-Stunden-Rennen von Le Mans, 1953

zuletzt bremste, hatte gewonnen. Er gehörte zu einer Generation, die das Spießertum ihrer Eltern nicht mehr ertragen wollte und konnte. Für diese Generation waren Autos mehr als nur Fortbewegungsmittel. Sie waren Freiraum, Rückzugsgebiet und Ausdruck des Protestes zugleich. Wer bremst, verliert, war die Devise. Wer nicht bremst, auch.

»Little Bastard« hatte James Dean seinen nagelneuen, silbernen Porsche 550 Spyder getauft, Deans Spitzname bei den Dreharbeiten zu *Giant (Giganten)*. Bezahlt hatte er den 5800 Dollar teuren Straßenrennwagen mit seinen ersten großen Filmgagen. Am Nachmittag des 30. September 1955 startete er gemeinsam mit dem Mechaniker Rolf Wütherich ins kalifornische Salinas, es sollte zum ersten Rennen mit dem neuen Wagen gehen.

Dean fuhr zügig, aber nicht zu schnell, wie eine nachträgliche Analyse ergab: etwa 90 Stundenkilometer. Was dann geschah, berichte-

Das letzte Foto: Rolf Wütherich (links) und James Dean am Tag des Unfalls in Deans »Little Bastard«

te Wütherich später in einem Radiointerview: »Gegen fünf Uhr (nachmittags) kam uns ein Wagen entgegen. Scheinbar hat er uns nicht gesehen, durch das niedere, silbern angestrichene Auto. Er wollte noch vor uns links abbiegen in eine Seitenstraße, obwohl unsere Straße Vorfahrt hatte, und dabei kam es zu diesem furchtbaren frontalen Zusammenstoß.« James Dean starb noch auf dem Weg ins Krankenhaus, Wütherich überlebte schwer verletzt, ging zurück nach Deutschland und versuchte mindestens zwei Mal, sich selbst das Leben zu nehmen. Im Jahr 1981 starb er wie sein Idol – bei einem Verkehrsunfall.

Dean wurde zur Legende, seine Lieblingsmarke auch. Heldenmythen mischen sich in die Historie eines Oldtimers wie der Geruch von Schmieröl und Benzin.

Ein Besuch bei Julio Palmaz im Napa Valley. Der 66-Jährige besitzt ein historisches Weingut im schönsten Teil Kaliforniens, stellt dort edle Weine her und nennt, als sei dies noch nicht genug, eine der wertvollsten Porsche-Sammlungen der Welt sein Eigen.

Den Erfolg hat sich der gebürtige Argentinier hart erarbeitet, und es war keineswegs ausgemacht, dass er einmal auf der Sonnenseite des Napa Valley landen würde. Mit 32 Jahren hatte sich Palmaz entschlossen, noch einmal ganz von vorn anzufangen und mit seiner Familie aus der Heimatstadt Buenos Aires in die USA überzusiedeln. Drei Jahre studierte er Medizin, ehe er im texanischen San Antonio mit der Arbeit als Herzchirurg begann. Dann kam der Durchbruch: Eine epochale Erfindung, die es ihm heute ermöglicht, sich allein seinen exklusiven Hobbys zu widmen.

Gemeinsam mit Kollegen entwickelte er 1985 den koronaren Stent, ein kleines medizinisches Implantat aus Edelstahl, das bei Gefäßverengungen eingesetzt wird und zum Beispiel hilft, Herzinfarkte zu vermeiden. Palmaz meldete seinen Herz-Stent zum Patent an, der Pharmariese Johnson & Johnson kaufte ihm die Rechte schließlich ab. Die Summe möchte er nicht nennen, doch seither verströmt der

Selfmademan die freundliche Gelassenheit, die ein auskömmlich angelegtes Vermögen vermittelt.

So führt er Besucher gern durch das kleine, aber sehr feine Privatmuseum in den Gewölben seines prachtvollen Weinguts, das im Herbst 2010 elf kostbare Porsche-Rennwagen beherbergt. Alle blitzblank poliert und jederzeit bereit für einen Rennstart. Es sind ausnahmslos Klassiker, deren Historie sich mit bekannten Namen und großen Siegen verbindet. Der Wert eines jeden einzelnen geht in die Millionen. So wie bei dem silbernen Porsche 718 RSK Spyder, der 1959 die Targa Florio gewann; dem eleganten 906 Carrera 6 Langheck-Coupé, einem von drei Prototypen, die 1966 in Le Mans erfolgreich waren; oder dem Ehrfurcht gebietenden 917, dem »Rennwagen des Jahrhunderts«, mit dem Hans Herrmann und Richard Attwood 1970 den lang ersehnten Gesamtsieg beim 24-Stunden-Rennen in Le Mans erkämpften. »Die Kreativität und die Intelligenz der Porsche-Rennwagen« nötigen Palmaz »Respekt« ab, wie er sagt.

Gegründet wurde sein Gut im 19. Jahrhundert von einem gewissen Henry Hagen, geboren im badischen Mannheim, der regelmäßig Preise für seine Erzeugnisse einheimste, wie zum Beispiel eine Silbermedaille auf der Pariser Weltausstellung 1889. Der Betrieb überlebte sogar eine Reblaus-Epidemie gegen Ende des 19. Jahrhunderts, einige Jahre später brachte die Prohibition in den USA erst das allgemeine Alkoholverbot, dann den Ruin. Fast 80 Jahre lagen die Anbauflächen brach, das einst stolze Gutshaus verfiel, bis Palmaz es erwarb, in mühevoller Arbeit restaurierte und den Produktionsbetrieb mithilfe von Experten aus dem Napa Valley wieder aufnahm.

Seine Leidenschaft für die Renner aus Zuffenhausen hatte er schon früh entdeckt. Im Jahr 1960 war er, gerade mal 15-jährig, Zaungast beim 1000-Kilometer-Rennen in Buenos Aires. »Wir sind auf das Dach eines Busses geklettert, weil wir kein Geld für den Eintritt hatten. Die kleinen Flitzer von Porsche habe ich bewundert. Sie sind so elegant durchs Feld geschossen. Das war einfach Wahnsinn«, schwärmt

Palmaz noch heute. In seinem Geburtstort La Plata in der Nähe von Buenos Aires gab es sogar ein Porsche Abarth Coupé. »Davon wurden weltweit nur 20 Stück gebaut, und einer davon fuhr ausgerechnet in meinem kleinen Ort herum.«

Prägende Erlebnisse. Und Ehrensache, dass Palmaz heute eines dieser äußerst seltenen Abarth Coupés besitzt. Wie bei jedem anderen seiner Sammelobjekte kennt er alle Details aus seiner Geschichte, kennt die Namen der Fahrer und die Platzierungen bei den wichtigsten Rennen. Mit Sohn Christian nimmt er regelmäßig an historischen Rennveranstaltungen teil.

Zwei Dinge unterscheiden Julio Palmaz jedoch von anderen Sammlern der gehobenen Kategorie: Zum einen teilt er seine Leidenschaft mit anderen Enthusiasten. Er freut sich, bei den regelmäßig angebotenen Touren durch das Weingut den Besuchern auch seine vierrädrigen Schätze zu zeigen. »Warum sollte ich sie verstecken?«, fragt Palmaz. »Ich bin doch stolz darauf.« Zum anderen legt er bei der Restaurierung

Herzensangelegenheit: Chirurg Julio Palmaz erklärt die Restaurierung seines historischen Porsche 550A Spyder.

seiner Klassiker gern selbst mit Hand an, und zwar in der eigenen Werkstatt. Dass diese eher nach Operationssaal aussieht als nach herkömmlicher Schrauberbude, verwundert nicht. Präzision geht dem gelernten Chirurgen über alles.

Derzeit haben Palmaz und seine beiden Mechaniker zwei absolute Raritäten in Arbeit: einen Porsche 550A Spyder, den Siegerwagen der Targa Florio von 1956 mit Maglioli, und ein 550 Coupé, eines der Modelle, das Glöckler und Herrmann 1953 in Le Mans gefahren haben. »Es gab nur vier Prototypen«, erklärt Palmaz nicht ohne Stolz, »zwei sind verschollen. Die anderen beiden stehen hier.«

Über den Gesamtwert seiner exquisiten Sammlung kann man nur spekulieren. Er selbst tut es nicht. »Für diese Autos gibt es keinen Markt«, sagt Julio Palmaz, »jeder, der einen solchen Wagen besitzt, liebt ihn über alles. Man macht ein Angebot – ein sehr großzügiges, alles andere macht keinen Sinn. Und dann muss man warten.« Manchmal jahrelang. Auch ein Mann wie Palmaz hat noch Träume. Geduldig ist er dabei, seinen Wunschzettel abzuarbeiten. Ganz oben steht die Coupéversion des RS 61 Spyder aus den Sechzigerjahren: »Zwei Stück wurden davon nur gebaut«, berichtet er, »keiner weiß, wo sie sind, und ob sie überhaupt noch existieren.« Julio Palmaz wird nicht eher ruhen, bis sie in seinen Gewölben stehen.

DIE DRITTE GENERATION – FERDINAND PORSCHES ENKEL STREITEN UM DIE MACHT

In der niedersächsischen Provinz hatte man Mitte der Fünfzigerjahre nur vage Vorstellungen vom *american way of life*. Aber auch der Volkswagen sollte sich, wie der Porsche, bald zum Exportschlager entwickeln. 1950 rollten 90000 Käfer vom Band, das bedeutete Vollbeschäftigung. 12000 Menschen arbeiteten jetzt in Wolfsburg, angefangen hatte man mit 450.

Volkswagen ließ einen Farbfilm mit dem Titel *Aus eigener Kraft* produzieren. Der zeigt den Aufstieg des Werks aus den Trümmern des Zweiten Weltkriegs in epischen Bildern, die in ihrer strengen Inszenierung an den expressionistischen Klassiker *Metropolis* von Fritz Lang erinnern. Man sieht die Arbeiterklasse auf dem Weg ins VW-Werk, das zumindest in Teilen eine Art volkseigener Betrieb geworden ist. Am 8. Oktober 1949 hatte sich die britische Militärverwaltung zu einem folgenschweren Schritt entschlossen: Sie übergaben Volkswagen in die Treuhänderschaft der Bundesregierung, die wiederum die Verwaltung auf das Land Niedersachsen übertrug.

Volkseigener Betrieb: Colonel Charles Radclyffe übergibt das Volkswagenwerk an die Bundesregierung, rechts der damalige Wirtschaftsminister Ludwig Erhard.

Volkswagen war von Anbeginn nicht nur ein ökonomisches, sondern auch ein politisches und soziales Projekt. Unter Kanzler Adenauer wurde die Volkswagen GmbH in eine Aktiengesellschaft umgewandelt. Insgesamt 60 Prozent des Gesellschaftskapitals gingen als Volksaktien an die Börse, einkommensschwächere Bevölkerungsgruppen und die Belegschaft erhielten ein Aktienkontingent zu Vorzugspreisen. 40 Prozent verblieben je zur Hälfte beim Bund und beim Land Niedersachsen, wodurch der staatliche Einfluss auf das Unternehmen gesichert werden sollte. »Mit der Übertragung des Volkswagen-Werks in deutsches Eigentum«, urteilen die Historiker Hans Mommsen und Manfred Grieger, »endete eine Phase seiner Geschichte, in der es als DAF-Unternehmen begründet, seiner ursprünglichen Zweckbestimmung entfremdet und in die NS-Gewaltherrschaft verstrickt wurde, bis es durch die Initiative der britischen Militärregierung zu seinen ursprünglichen Produktionsaufgaben zurückgelangte.«

Die Gewerkschaften erhielten in der Bundesrepublik keine Anteile, obwohl sie eigentlich einen Anspruch darauf gehabt hätten, denn der Aufbau des Volkswagen-Werks in den 1930er-Jahren war, wie bereits geschildert, vor allem mit dem Vermögen des Allgemeinen Deutschen Gewerkschaftsbunds (ADGB) der Weimarer Republik finanziert worden, das die Nazis zwangsweise enteignet und in die DAF überführt hatten. Als eine Art Wiedergutmachung hatte schon die britische Werksleitung 1947 mit dem Betriebsrat volle Mitbestimmungsrechte vereinbart. Dazu gehörten die Mitbestimmung bei Einstellungen und Entlassungen, bei Versetzungen, Lohn- und Gehaltsfragen und vielen weiteren Fragen, bis hin zur Mitwirkung bei der Festlegung des Produktionsprogramms.

Im Film *Aus eigener Kraft* beginnt die Arbeit der Frühschicht. Massen strömen in das immer noch größte Automobilwerk auf dem Kontinent. Die Arbeiter kommen mit der Bahn oder mit dem Bus, das eigene Auto bleibt für die meisten von ihnen noch ein Traum. Die Kamera begleitet sie auf der Brücke über den Mittellandkanal durch das Werkstor, schwenkt dann über die Halle des Presswerks mit ihren riesigen Maschinen. Der Kommentar schildert die Fabrik als lebenden Organismus – wie in *Metropolis*: »Ein Zauberstab berührt das Werk, und 20000 Hände rühren sich. (…) Wo ganze Staßenzüge aus singenden Maschinen und fließenden Teilen sich nach undurchsichtigen Gesetzen zu einem gewaltigen Organismus verbinden.«

Volkswagen war der Vorzeigebetrieb für die Versöhnung von Arbeit und Kapital. Mit den Worten von Vorstandschef Heinrich Nordhoff klang das 1955 so: »Meine Arbeitskameraden! Aus Trümmern und Schutt ist diese wunderbare Stadt entstanden. Aus dem Nichts haben wir angefangen, dieses Werk zu bauen, denn hier in diesem Werk, in Wolfsburg, war unsere Aufgabe und unser Schicksal. So wurden diese Fabrik und dieser Wagen Repräsentanten deutschen Fleißes und deutschen Könnens in aller Welt. Ein Symbol harter Arbeit und frohen Schaffens. Ein Werk, in dem man nach sauren Wochen auch fröhliche Feste zu feiern versteht, wenn die Tage dafür gekommen.«

Gefeiert wurde der millionste Volkswagen. Am 5. August 1955 lief er vom Band, golden lackiert. Der Wagen für das Volk wurde für die Nachkriegsdeutschen zum Symbol für Freiheit und Mobilität. Und mit seinem Erfolg wuchs auch die Stadt, die das Werk umgab. »Die Menschen fanden über die Arbeit bei Volkswagen in dieser jungen Stadt eine neue Heimat«, sagt Manfred Grieger, Leiter der Historischen Kommunikation bei Volkswagen. »Das war wiederum stellvertretend für die generelle Erfahrung, dass sich mit wachsendem Wohlstand der Begriff ›Automobilität‹ immer wieder mit dem Volkswagen verbunden hat.«

Er prägte das Lebensgefühl einer ganzen Generation, die vom Motorrad oder Kleinstwagen auf das erste vollwertige Auto umstieg. Millionen von Babyboomern erlebten im VW ihre erste Urlaubsfahrt mit den Eltern nach Italien, später absolvierten sie ihre erste Fahrstunde am Steuer jenes Automobils, das nicht zu Unrecht oft als »Familienmitglied« bezeichnet wurde. Eines, das nur zufällig in der Garage stand. Der Volkswagen war in den Fünfzigerjahren das meistverkaufte Auto in Deutschland, mit einem Marktanteil von 40 Prozent. Ein echter Volks-Wagen – sein Name war zum Programm geworden.

Die Modellpalette war damals absolut überschaubar. Es gab den Käfer, wahlweise als Standard oder Export, es gab den Transporter, dazu einige Sondermodelle auf Käfer-Basis wie das viersitzige Cabrio und den eleganten Karmann Ghia.

Der Käfer lief und lief und lief, wie in der Werbung, und das, obwohl er schon damals ein Anachronismus war. Die Konkurrenz hatte modernere, komfortablere und stärkere Modelle, denen meist allerdings der Nimbus, die Einzigartigkeit, das Sympathische fehlte. Der Käfer war den Deutschen ans Herz gewachsen – und nicht nur ihnen. Er entwickelte sich zum echten Renner für den Export. Die Hälfte aller ins Ausland verkauften Autos waren Volkswagen. »So wie das Wachstum des Wohlstands in Deutschland die Basis für das Wachstum des Unternehmens gewesen ist, war dann die frühe Internationalisierung des Unternehmens das zweite Standbein«, klärt Grieger auf. »Damals bekam man mehr als vier D-Mark für einen Dollar, der Export war also eine wirklich lukrative Angelegenheit. Und die Internationalisierung. Der Export war die Basis des wirtschaftlichen Erfolges. In gewisser Weise nahm Volkswagen damit vorweg, was das Signum der Bundesrepublik Deutschland werden sollte: Exportweltmeister zu werden.«

Im filmischen Volkswagen-Werk klingt das so: »Die Erde hat ihn und er hat die Erde, die ganze weite Erde für sich.« Und das auch dank des luftgekühlten Motors aus dem Konstruktionsbüro Porsche. Der Film greift die Erfahrungen der Volkswagen-Expedition wieder auf, die 1941 mit dem Käfer bis nach Afghanistan vorgedrungen ist: Diesmal nicht am Hindukusch, sondern in den Alpen bleiben wassergekühlte Straßenkreuzer mit kochenden Motoren liegen, während der Volkswagen locker vorbeizieht. »Es ist, als ob zwei Prinzipien um den Gipfel kämpfen«, kommentiert der Film, und weiter: »Ein Wagen, für die ganze Welt bestimmt. Er läuft über die Hochpässe der Anden, unter der Sonne Ägyptens, zu den Urwäldern Javas, zwischen den Hochhäusern der Neuen Welt, an den Gestaden des Stillen Ozeans. So sind Werk und Wagen in die Welt hinausgewachsen.«

Eine zivile Version des »Heute Deutschland und morgen die ganze Welt«, doch stieß der Expansionsdrang langsam an Grenzen. Porsches geniale, weil einfache Konstruktion kam in die Jahre, sie drohte in Produktion und Technik hoffnungslos zu veralten. VW-Chef Nordhoff hielt starr an der Käfer-Monokultur fest, vor allem aus Rentabilitätsgründen. »Das Unternehmen blieb auf den luftgekühlten Boxermotoren und dem Heckantrieb stehen«, sagt Manfred Grieger. »Obgleich die Firma Porsche damals auch schon etliche Versuche im Auftrag von VW unternommen hat, Alternativen vorzubereiten, gab es keinen ökonomischen Grund, vom Käfer Abstand zu nehmen. Er wurde immer erfolgreicher.«

Dabei suchten Porsche-Entwickler schon seit Anfang der Fünfzigerjahre im Auftrag von Volkswagen nach einem möglichen Käfer-Nachfolger. Die ersten Projekte waren Varianten, die als Ablösung oder als Ergänzung des Wolfsburger Dauerläufers gedacht waren. Vom Typ 728 entstanden 1959 drei Prototypen, die dem späteren Volkswagen 1500, Typ 3, stark ähnelten. Darunter auch einer mit dem markanten Fließheck, das später in Serie ging. Das Projekt kam aber zunächst nicht über das Erprobungsstadium hinaus und wurde bei Volkswagen erst später weiter verfolgt. Allen Entwicklungen war überraschenderweise eines gemeinsam: Sie verfügten allesamt über Heckmotor und Luftkühlung – zu stark war noch die Fixierung auf den Urahnen.

Die Kehrseite dieses Langzeiterfolgs zeigte sich auch in Stuttgart-Zuffenhausen. Zwar betrug der Umsatz bei Porsche im Jahr 1960 mit exakt 7499 hergestellten Fahrzeugen erstmals mehr als 100 Millionen D-Mark, aber auch im Familienbetrieb Porsche stieß das Wachstum an seine Grenzen. Noch berief man sich in der Werbung auf die ruhmreiche Tradition. Und das beste Verkaufsargument für Porsche hieß – Porsche. O-Ton Werbefilm: »Sie werden kaum wissen, wer dieser Herr ist, der da früh morgens aus seinem Haus kommt, aber vielleicht kennen Sie diesen Wagen, dann wissen Sie schon fast alles. Denn eben dieser Wagen brachte im wahrsten Sinne des Wortes auch seinen Herren, es ist sozusagen der Porsche für Herrn Porsche. Herr Ferdinand Porsche junior, man nennt ihn ›Ferry‹, gehört zum Jahrgang 1909 und ist der Erbe eines Namens, der buchstäblich wie ein Motor in der technischen Entwicklung der letzten 50 Jahre steht.«

Aber mit dem 356 war man »am Ende der Entwicklung«, wie Porsche-Techniker Herbert Linge sagt. Die kleine Firma musste darum kämpfen, nicht den Anschluss zu verlieren. Das alte Käfer-Konzept war irgendwann ausgereizt. »Ferry Porsche hatte bei allen Konstruk-

Familienbande: die vier Söhne Ferry Porsches im 550 Spyder, 1954. Von links: Ferdinand Alexander (oben), Hans-Peter, Gerhard und Wolfgang Porsche

tionen immer auch den Rennsport im Hinterkopf. Die Fahrzeuge mussten so sein, dass auch die Kundschaft ohne große Änderungen bei Wettbewerben mitfahren kann. Der 356 konnte irgendwann nicht mehr mit der Konkurrenz mithalten.« Mit einer Höchstgeschwindigkeit von 185 Stundenkilometern gehörte selbst das Topmodell, der 356 SC, nicht mehr zu den Schnellsten auf der Autobahn.

Seit Ende der Fünfzigerjahre wurde bei Porsche an Nachfolgern für das Modell 356 gearbeitet. Konzepte für Viersitzer wurden erdacht und wieder verworfen (Typ 754 T7), man schwankte zwischen Vier- und Sechszylindern, nur eines stand immer fest: Der Heckmotor sollte beibehalten werden – auch aus Kostengründen. Ende 1959 genehmigte Ferry Porsche die Entwicklung eines Folgemodells für den 356. Der Neue sollte auf jeden Fall mehr Leistung und Laufruhe haben, eine verbesserte Straßenlage und mehr Platz im Innen- und Kofferraum; auch ein Porsche musste mit den Komfortansprüchen der Kundschaft mitwachsen. Die Entwicklungszeit war knapp bemessen. Auf der Internationalen Automobil-Ausstellung in Frankfurt am Main 1963 sollte das neue Modell präsentiert werden. Unmittelbar danach musste es in Serie gehen. Höchste Zeit also, denn seit den Anfängen 1948 hatte es bei Porsche keine neue Baureihe mehr gegeben. Bei der Entwicklung des neuen Modells gab es einen wesentlichen Unterschied zum 356: Man konnte die Teile nicht mehr einfach vom Volkswagen übernehmen. »Zum ersten Mal musste Porsche ein Auto komplett neu konstruieren«, sagt der Hamburger Automobilhistoriker Wolfgang Blaube, »ohne auf eine vorhandene technische Basis zurückgreifen zu können. Porsche hatte genau genommen nicht die Mittel, ein solch anspruchsvolles Projekt allein zu stemmen.«

Aber auch die Entwicklung des neuen Typs 901, später 911, war eine Familienangelegenheit, wie beim Vorgänger 356. Nur war jetzt die dritte Generation am Zug: Ferry Porsches ältester Sohn Ferdinand Alexander, genannt »Butzi«, sollte das Projekt vorantreiben. Er wurde Chef der Designabteilung. »F. A.« zeichnete verantwortlich für das Styling des neuen Coupés und setzte seinen Entwurf gegen die firmeninterne Konkurrenz durch. Er kreierte einen Klassiker der Automobilgeschichte, dessen unverwechselbare Linienführung bis heute Bestand hat. »Eine der Vorgaben war von Anfang an: Es sollte an der Silhouette des Autos für jeden erkennbar sein, dass es ein Porsche ist. Das hieß: ein Fließheck«, erklärte Ferdinand Alexander Porsche im Nachhinein.

Bei der Weltpremiere widerfuhr dem 911, was seither jedem neuen Modell aus Zuffenhausen geschieht: Puristen empfanden den Neuen zunächst nicht als würdigen Nachfolger des »echten« Porsche, des 356. Zu groß, zu modern und vielleicht auch zu teuer. Der 911 kostete mit 23 900 D-Mark anfangs 9000 D-Mark mehr als sein Vorgänger. Er setzte sich dennoch durch und wurde im Lauf seines langen Autolebens zum Inbegriff dessen, was einen Porsche ausmacht: »Qualität durch Erfahrung« lautete ein Porsche-Werbeslogan der Sechzigerjahre. Bei jeder neuen Evolutionsstufe – und es gab mindestens ein

Schöpfungsgeschichte: Ferdinand Alexander (»Butzi«) Porsche bei Vorentwürfen für das Modell 911

Dutzend in den vergangenen fünf Jahrzehnten – mussten die Porsche-Entwickler sorgsam darauf achten, mit der Zeit zu gehen, ohne die Traditionalisten unter den Kunden zu verschrecken. Denn im tiefsten Inneren fühlen sich Porsche-Fahrer als Hüter eines automobilen Schatzes. Für sie steckt in jedem 911 noch immer ein Stück vom Käfer oder vom Berlin-Rom-Wagen anno 1939.

Dann betrat ein Porsche namens Piëch die Bühne, Ferdinand Piëch, Jahrgang 1937. Der junge Ingenieur, Sohn der Porsche-Tochter Louise und ihres Mannes Anton Piëch, arbeitete mit an der Entwicklung des neuen Motors: Zweiliter-Boxer, sechs statt wie bisher vier Zylinder, luftgekühlt, versteht sich – nach alter Väter Sitte. Auch der Motor des 911 entwickelte sich zum Dauerläufer: Seine Grundform blieb bis 1998 praktisch unverändert, wenn sich auch der Hubraum im Lauf der Zeit auf bis zu 3,8 Liter fast verdoppelte, bis man mit dem Modell 996 von Luft- auf Wasserkühlung umstellte, was wiederum Zweifel hervorrief, ob der Neue noch ein echter Porsche sei. Inzwischen haben sich die Porsche-Fans sogar daran gewöhnt.

Kurz bevor er 1963 bei Porsche eintrat, hatte Piëch an der Eidgenössischen Technischen Hochschule in Zürich sein Maschinenbaustudium beendet, in der Rekordzeit von acht Semestern. Schnell war auch die Diplomarbeit: Piëch konstruierte einen Formel-1-Motor mit zwölf Zylindern und 1,5 Liter Hubraum. Ähnliches hatte Onkel Ferry schon einmal beim Cisitalia-Rennwagen in Gmünd bauen lassen. In der Familie seien sie froh gewesen, berichtete Piëch später in seiner *Auto.Biographie*, dass einer aus dem Porsche/Piëch-Clan endlich das Studium der Technik auch tatsächlich abgeschlossen habe. Bruder Ernst habe zwar ebenfalls Maschinenbau studiert, sich aber mit der »Maschinenbau-Matura« abgefunden. »Großvater war ja reiner Autodidakt gewesen, und sein Sohn Ferry war quasi zwangsläufig ins Berufsleben des Technikers hineingewachsen, sodass ihm gar keine Zeit mehr für ein properes Ingenieurstudium blieb. Beide Herren brachten es dann zu genügend akademischen Titeln ehrenhalber«, so

Piëch. Womit auch klar ist, in wessen Tradition er sich selbst sieht. Das vermutet auch der frühere Volkswagen-Manager Daniel Goeudevert, der seinen Vorstandskollegen Piëch in Wolfsburg näher kennengelernt hat: »Da ist in ihm eine Mischung von Blut, natürlich, aber Blut im Sinne des Enkelkinds von Ferdinand Porsche, dessen geistiges Erbe er vollständig trägt. Er glaubt mit Recht, vieles von den Fähigkeiten seines Großvaters – ich meide das Wort Genie – geerbt zu haben. Das hat er im Lauf seiner Berufsjahre bewiesen. Er liebt das Auto.«

Jedenfalls prägte das Familienerbe Piëchs Werdegang, später war es umgekehrt. »1963 war es noch selbstverständlich«, berichtet er selbst über seine Anfänge als Sachbearbeiter im Motorenversuch, »dass ein Jungingenieur, der aus der Familie kam, bei Porsche in Stuttgart anheuert, auch wenn er aus dem falschen Land kam. Die gewünschte Trennung der Einflusssphären Piëch/Österreich und Porsche/Deutschland war durchlässig. Dass dann letztlich zu viele Piëchs und Porsches allesamt in Stuttgart saßen, ist eine andere Geschichte.« Frage an Daniel Goeudevert: »Ist es ein Problem, dass er den falschen Namen hat?« – »Es ist nicht so, dass er nicht stolz wäre auf seinen Namen. Aber wenn er einen Wunsch hätte, könnte ich mir vorstellen – wenn das nicht ein bisschen deplatziert und dumm wirkt –, würde er sich sagen: ›Ja, ich trage im wahrsten Sinne des Wortes die Gene meines Großvaters und heiße eigentlich Porsche.‹«

Dieser Porsche namens Piëch zog aus, die Autowelt noch einmal zu erobern. Es war der Beginn einer Karriere, die schon allein deshalb einzigartig ist, weil es nur einen Ferdinand Porsche gibt. Sein Enkel wird eines Tages jenen Konzern an die Weltspitze führen, den der Großvater einst mit der Konstruktion eines einzigen Automodells initiierte. Viele in Zuffenhausen sahen in Piëch schon Anfang der Sechzigerjahre den legitimen Nachfolger des alten Professors. Herbert Linge erlebte den raschen Aufstieg des jungen Ingenieurs in der Versuchsabteilung mit: »Ferdinand Piëch hat, nachdem er bei uns war, sofort einen riesigen Einfluss auf die technischen Abläufe genommen. Er war – und ist es bis heute – ein Spitzentechniker. Sein Problem war, dass er mit seinen Ideen und Gedanken immer so weit voraus war, dass viele der Mitarbeiter nicht immer mitkamen. Die haben dann immer gedacht: ›Was spinnt er sich jetzt wieder zurecht?‹ Aber das waren dann die Ideen, die ein, zwei Jahre später verwirklicht wurden.«

Seine erste große Schlacht führte Piëch, rasch zum Leiter der Entwicklungsabteilung aufgestiegen, beim legendären 24-Stunden-Rennen von Le Mans. Es gehörte schon damals zum Selbstverständnis Piëchs, dass er sich mit zweiten Plätzen nicht abfand. Die Rennpiste war der Ort, an dem sich technische Überlegenheit demonstrieren ließ. Das tat dem Porsche-Enkel gut – und der Firma Porsche auch. O-Ton Ferry Porsche aus dem Jahr 1970: »Wir fahren Rennen, weil es erstens zur Tradition des Hauses gehört; schon von meines Vaters Zeiten her, der ja selber sogar Rennen fuhr. Zum zweiten bin ich der Meinung, dass wir in den Rennen sehr viel Erfahrung sammeln können, und dass die Ingenieure und ihre Leistungen durch den Rennsport angespornt werden, weil sie dabei kurzfristige Ziele und Erfolge haben.«

Dabei hatte Porsche mit der Champions League des Rennsports nie mithalten können. Mit den Budgets von Ford, Jaguar oder Ferrari konnten die Schwaben nicht konkurrieren. Manfred Jantke, Ende der Sechzigerjahre Journalist bei *auto, motor und sport*, später Rennleiter bei Porsche, hat die Rennszene damals beobachtet: »Die Porsches waren immer die kleinen Vierzylinder-Leute mit ihrem 356. Sie waren immer ganz stolz, wenn sie Klassensiege errungen haben. Es war dann Ferdinand Piëch, der gesagt hat: ›Wir müssen in Le Mans Gesamtsieger werden. Nur das ist es.‹« Es habe nur ein Problem gegeben, erzählt Jantke: »Dafür war Porsche ja viel zu arm. Man musste sicherlich Gesellschafter sein und das Durchsetzungsvermögen eines Ferdinand Piëch haben, um den 917 zu entwickeln.«

Piëch, der Huschke von Hanstein 1965 als Rennleiter abgelöst hatte, verfolgte ein klares Ziel: Er wollte mit Porsche die Markenweltmeisterschaft für Sportwagen gewinnen, gegen die übermächtige Konkurrenz der großen Automobilkonzerne. Nur damit ließ sich das internationale Renommee gewinnen, mit dem man auf dem Weltmarkt bestehen konnte. »Allen war klar«, sagt Herbert Linge, der damals als Rennfahrer für Porsche aktiv war, »wir brauchen ein großvolumiges und schnelles Rennauto. Das war der 917.« Der Über-Rennwagen mit zwölf Zylindern und anfangs 500, später 1000 PS sprengte alle Dimensionen: Leistung, Hubraum, Geschwindigkeit, Leichtbau und natürlich Luftkühlung – einen solchen Porsche hatte es noch nie gegeben. »Wir hatten unheimlichen Zeitdruck bei der Entwicklung, natürlich war es Piëchs Wunsch, dass wir mit diesem Auto sofort in Le Mans einsteigen«, erinnert sich Herbert Linge. »Insofern war der 917 beim ersten Auftritt 1969 in Le Mans eigentlich unfahrbar. Diese aerodynamisch entwickelten Autos neigten dazu, bei hohen Geschwindigkeiten das Fliegen anzufangen.« Ein Auto, das also nicht nur der Konkurrenz, sondern auch erfahrenen Piloten wie Linge oder Hans Herrmann das Fürchten beibrachte: »Das Auto war anfänglich ein so fürchterliches Biest, man kann sagen, es ist mit uns gefahren. Wir waren auf der Geraden in Le Mans immerhin 384 Stundenkilometer schnell. Man musste es bändigen, oder es machte mit einem, was es wollte. Es war wirklich schlimm.«

Damals war im Rennsport alles möglich. Piëch trieb die Ingenieure im Entwicklungszentrum Weissach zu Höchstleistungen in Sachen Leistung und Leichtbau. Mit Begeisterung lotete man die Grenzen der Technik aus – koste es, was es wolle. »Das Reglement schrieb damals vor«, so Herbert Linge, »dass 25 solcher Autos gebaut werden müssen, um für die WM zugelassen zu werden. Das war natürlich absoluter Schwachsinn, weil niemand sagen konnte, wie gut diese Autos wirklich waren, wenn sie dann einmal gebaut wurden, und ob es genügend Kunden für diese Autos gab. Denn es war ja ein hohes finanzielles Risiko. Insofern gab es viele Stimmen, die gesagt haben, das ist für Porsche finanziell nicht machbar.« Der spätere Rennleiter Manfred Jantke ergänzt: »Die Entstehung des 917 mit den 25 identi-

»Nützlicher Irrwitz«: Ferdinand Piëch mit technischen Kommissaren bei der Abnahme des Porsche 917

schen Autos war fast der Ruin. Die anderen Firmen, Ferrari etwa, und auch andere, die solche Autos bauten, haben den Kommissaren vielleicht acht oder elf Exemplare präsentiert und sich dann herausgeredet: ›Die anderen sind gerade auf dem Schiff nach Amerika‹ – doch dort kamen die nie an. Nur Porsche – das war auch wieder Ferdinand Piëch, ein unglaublicher Mann, ein Grenzgänger – hat 25 dieser Autos in Reih und Glied auf den Hof gestellt. Keine andere Firma hat das geschafft. Dieses Bild vergesse ich nie. Da standen die 25 Autos nun, zwar hatten nur zwei Drittel einen Motor und das Getriebe fehlte noch, aber sie wurden gebaut.«

Mit dem Projekt 917 setzte Piëch die Existenz der ganzen Firma aufs Spiel. 40 Jahre später, im Jahr 2010, bekennt sich der Firmenpatriarch auf dem Volkswagen-Konzernabend in Paris zu seinem Mut zum Risiko.

Aust: »Was war für Sie persönlich das größte Wagnis, das Sie jemals eingegangen sind?«

Piëch: »Das Waghalsigste überhaupt war das Projekt Porsche 917, als wir 25 Exemplare vom Zeichenbrett …«

Aust: »… direkt auf den Hof gestellt haben. Aber bei einigen dieser Rennwagen fehlten Motor und Getriebe.«

Piëch: »Nein, nein.«

Aust: »Doch, doch.«

Piëch: »Die fuhren alle, die fuhren alle. Nicht jeder hatte fünf Gänge, aber einen ersten Gang haben alle gehabt. Einen Rückwärtsgang auch.«

Aust: »War es finanziell riskant, weil die Entwicklung des 917 so kostspielig war?«

Piëch: »Das Riskanteste war, dass wir vorher nicht testen konnten. Wir mussten die 25 Exemplare für die technische Abnahme durch die Rennbehörde bauen, die sogenannte Homologation. Ich bin niemals mehr im Leben ein so hohes Risiko eingegangen, weil das Auto vom Zeichenbrett sofort in die Fertigstellung gegangen ist. Damals hat man schon überlegt: Haut das hin? Oder geht irgendetwas grundsätzlich nicht, wie das bei Rennautos öfter mal vorkommt.«

In diesem Fall ging es grundsätzlich. Die Markenweltmeisterschaft 1970 wurde für Porsche zu einem Triumphzug. In Le Mans war der Chefentwickler persönlich anwesend, um das Rennen zu verfolgen. Er erlebte mit, wie der einst als unfahrbar geltende Wagen von Richard Attwood und Hans Herrmann nach 24 Stunden Vollgas als Erster über die Ziellinie raste. Es war der erste Le-Mans-Gesamtsieg für die Stuttgarter. 4607 Kilometer hatten die Sieger in ihrem 917-Renner zurückgelegt – an einem einzigen Tag. Die Durchschnittsgeschwindigkeit betrug knapp 192 Stundenkilometer. Interessanterweise war der Wagen nicht von den beiden offiziellen Porsche-Werksteams Wyer

Racing und Martini Racing gemeldet worden, sondern er kam von einem dritten Team, das die Porsche Salzburg KG angemeldet hatte, und dessen Inhaberin war: Louise Piëch. »Die Mutter hatte entscheidenden Anteil an dem Projekt«, verrät Herbert Linge, »weil sie bei großen finanziellen Entscheidungen ein gewichtiges Wort mitzureden hatte. Ohne ihre Unterstützung wäre das Auto nicht gebaut worden«.

In seiner *Auto.Biographie* bezeichnet der Urheber selbst das Projekt 917 als »durchaus nützlichen Irrwitz«. Dieses Muskelspiel der kleinen Sportwagenfirma habe den Grundstein zu dem Image gelegt, »dass man Porsche eigentlich alles zutraut, wenn die nur wollen«. Piëchs Rechnung war aufgegangen. »Er wollte ein Auto, das so stark ist, dass wir gewinnen«, erklärt Hans Herrmann. »So kam es dann ja auch. Er wollte in allem das Stärkste, das Leichteste. Piëch wollte immer Extremes.« Der Extremismus wirkte lange nach, weitere Le-Mans-Siege folgten.

In der Rückschau gibt Piëch selbst zu, der 917 sei in jeder Beziehung im Grenzbereich gelaufen: »Leistungsmäßig, in seiner aerodynamischen Machbarkeit, in seiner Beherrschbarkeit durch die Piloten, im Handling der Firma und in der Familienverträglichkeit der Piëchs und Porsches untereinander.« Seinem Onkel Ferry gegenüber habe er sich unter vier Augen noch durchsetzen können. Hinterher im Familienkreis habe der aber fürchterlich geschimpft, was für ein Blödsinn das sei. Piëch: »Das regte wieder die Seinigen auf: ›Wie kannst du das dem Ferdinand wieder durchgehen lassen, diesen Größenwahnsinn und überhaupt?‹«

Und überhaupt: Streit kommt in den besten Familien vor. In Zuffenhausen herrschte Anfang der Siebzigerjahre Vetternwirtschaft und damit reichlich Zoff. Firmenchef Ferry Porsche ging langsam auf das Rentenalter zu, wenn er selbst sich für einen Rückzug auch noch für zu jung hielt. Aber die ehrgeizigen Erben der dritten Generation – an der Spitze Ferdinand Alexander »Butzi« Porsche, Produktionschef Hans-Peter Porsche und Ferdinand Piëch – waren auf dem Sprung, die Macht zu übernehmen, und stritten sich über den künftigen Kurs. Auch Ferdinand Piëchs teure Rennleidenschaft wurde zum Konfliktfall, war aber selbst nicht entscheidend für die weiteren Ereignisse, wie er sagt.

Aust: »Nicht lange danach haben alle Familienangehörigen von Porsche und Piëch das Unternehmen verlassen und angestellte Manager eingesetzt.«

Piëch: »Das war etwas anderes.«

Aust: »Sie hatten nicht zu viel Geld für Rennwagen ausgegeben?«

Piëch: »Das hatte einen anderen Hintergrund.«

Als »Nicht-Namensträger« kam Piëch für die Nachfolge Ferry Porsches nicht infrage, es musste ein Porsche sein. Entweder Designchef »Butzi« oder Produktionschef Hans-Peter. Aber keiner der Kandidaten konnte sich wirklich durchsetzen, die Spannungen gingen quer durch die beiden Familienstämme hindurch. »Es gab Bündnisse und Neigungen, *good vibrations* und weniger *good vibrations* und jedenfalls ein großes Durcheinander«, beschreibt Ferdinand Piëch die damalige Situation. Zur Beendigung der Familienfehde engagierte Firmenpatriarch Ferry Porsche eine Firma für gruppentherapeutische Beratung aus Wien und lud die ganze Sippe im Herbst 1970 zur Klausur nach Zell am See. »Von der reinigenden Kraft gruppendynamischer Prozesse konnte keine Rede sein«, berichtet Ferdinand Piëch in seinen Erinnerungen. »Es war eher eine Satire auf gut gemeinte Bemühungen. Wir gerieten einander voll in die Wolle.«

Wer ist der Nachfolger des großen Ferdinand Porsche, wenn es denn überhaupt einen gibt? Die Frage entzweite schon damals die Familienstämme. Einer zumindest hatte das Talent geerbt, trug aber den falschen Namen. »Wissen Sie, das Problem in einer Familie ist eigentlich immer das: Ist einer gut, dann sind alle anderen eifersüchtig, dass der etwas darf und der andere nicht«, sagt Ferdinand Piëchs älterer Bruder Ernst. »Und dann wollen alle. Es war damals die richtige Entscheidung, zu sagen: Bevor wir es diejenigen machen lassen, die es nicht können, gehen wir lieber alle raus, auch wenn es einige gibt, die es können.«

Und so einigten sich die Porsches und die Piëchs darauf, künftig gar keine Führungspositionen mehr mit Familienmitgliedern zu besetzen. Man müsse sich schon fragen, schreibt Ferry Porsche, warum dieser Schritt notwendig gewesen sei, wenn die Mitglieder der jungen Generation »doch so nützliche Beiträge zur Weiterentwicklung und zum Ruhm der Firma Porsche geleistet haben«. Aber nach seiner Erkenntnis »war die Zusammenarbeit zwischen meinen Kindern und den Kindern meiner Schwester nicht so, wie wir sie uns erhofft hatten. Und Uneinigkeit im Führungskreis nützt niemandem. Sie wirkt wie Sand in einer gut geölten Maschine.«

Die dritte Generation verließ das Unternehmen; Ferdinand Alexander Porsche gründete ein eigenes Designstudio, das er später nach Zell am See verlegte, Hans-Peter Porsche zog sich aus der Produktion zurück, Ernst Piëch wurde Privatier, Ferdinand Piëch ging zu Audi ins bayerische Exil, nachdem er ein Angebot von Mercedes ausgeschlagen hatte.

Bei Porsche endete eine Ära.

MIT TURBO-POWER IN DIE KRISE – SPORTWAGEN KOMMEN AUS DER MODE

Die Dr. Ing. h. c. F. Porsche KG wurde 1972 in eine Aktiengesellschaft umgewandelt. Das Grundkapital von 50 Millionen D-Mark wurde zu gleichen Teilen von den Familienstämmen Porsche und Piëch gehalten. Damals verkaufte Porsche 14000 Autos übers Jahr gesehen und setzte mit 4000 Beschäftigten 425 Millionen D-Mark um. Ferry Porsche wechselte auf den Posten des Aufsichtsratschefs und machte den Weg für Ernst Fuhrmann als ersten Porsche-Vorstandschef frei. »Es war ja ein Familienbeschluss«, bemerkte Ferdinand Alexander Porsche zu dieser Entscheidung, »dass wir uns als Familie zurückziehen und fremden Managern die Möglichkeit geben. Und das hatten wir alle getragen, für richtig empfunden.« Fuhrmann war kein ganz Fremder. Der Ingenieur aus Wien hatte 1947 bei Porsche angefangen, ging dann 1956 zu einem Automobilzulieferer und kehrte 1971 als technischer Geschäftsführer zu Porsche zurück. Er hatte sich nicht unbedingt die beste Zeit für seinen neuen Job als Vorstandschef ausgesucht: Die Presse berichtete über eine angebliche Finanzklemme, aus der mal wieder Volkswagen helfen sollte.

Seinerzeit war man gerade wieder enger zusammengerückt. Ferry Porsche und Volkswagen-Chef Heinrich Nordhoff hatten im Frühjahr 1966 vereinbart, bei der Entwicklung eines preiswerten Mittelmotor-Sportwagens zusammenzuarbeiten – per Handschlag. Daraus sollte sich die klassische Win-win-Situation ergeben: Volkswagen suchte damals nach einem Nachfolger für das veraltete Karmann-Ghia-Coupé, und Porsche suchte nach Wegen, neben dem 911 eine preisgünstigere zweite Modellreihe auf den Markt zu bringen. Die Schwierigkeit bestand darin, dass der Neue erkennbar sowohl ein Volkswagen als auch ein Porsche sein musste. Da die beiden Versionen äußerlich vollkommen gleich waren, setzte das eine gewisse Schizophrenie beim Publikum voraus. Es entstand ein Modell, das sich radikal von allem unterschied, was von beiden Unternehmen bis dahin vorgestellt worden war: das Modell 914, ein Zweisitzer mit abnehmbarem Dach, Überrollbügel und einem Motor direkt im Rücken der Passagiere, einem Mittelmotor – wie beim alten Supersportwagen Typ 114 der 1930er-Jahre oder bei Ferry Porsches Roadster Nummer 1. Das Zwitterwesen 914 hatte als Volkswagen einen Vierzylinder-, als Porsche einen Sechszylindermotor. Der Preisaufschlag für die Porsche-Version war heftig: 19 980 D-Mark gegenüber 12 250 für die Volkswagen-Variante, offensichtlich wurde der Preis nach Zylindern berechnet – etwas über 3000 D-Mark pro Zylinder.

Als der erste Prototyp des 914 am 1. März 1968 vorgestellt wurde, war Volkswagen-Chef Heinrich Nordhoff bereits schwer erkrankt. Er starb fünf Wochen darauf. Sein Nachfolger Kurt Lotz erklärte alle zwischen Nordhoff und Ferry Porsche mündlich getroffenen Vereinbarungen für nichtig. Lotz beharrte auf den alleinigen Vertriebsrechten für Volkswagen, was für Porsche wiederum nicht akzeptabel war. Der neue Volkswagen 914 wäre auf dem Markt auch gegen die Porsche-Modelle angetreten, womit Porsche den direkten Konkurrenten im eigenen Haus großgezogen hätte. Das war nicht im Sinne des Erfinders.

Umstrittenes Gemeinschaftsprojekt: Ferry Porsche (2. von links) an seinem 60. Geburtstag mit einem Sondermodell des VW-Porsche 914 auf dem Familiensitz »Schüttgut«

Als Kompromiss gründete man 1969 gemeinsam die VW-Porsche-Vertriebsgesellschaft mbH in Ludwigsburg. Fortan wurde der 914 unter der Bezeichnung »VW-Porsche« verkauft, was sich unter Marketinggesichtspunkten als Katastrophe herausstellte. In den Medien machten Begriffe wie »Volks-Porsche« oder »Billig-Porsche« die Runde; Pressechef Huschke von Hanstein sah sich veranlasst, die Journalisten in einem Rundschreiben für die Presse zu mahnen: »Nennen Sie das Fahrzeug bitte nicht Volks-Porsche oder benützen Sie das fatale Synonym VOPO« – das Kürzel für die Volkspolizei der DDR. Dabei kam der preisgünstigen Vierzylinder-Variante die Porsche-Connection zugute, denn sie wurde 115 646-mal verkauft. Der 914/4 war damit der erfolgreichste Sportwagen seiner Zeit. Der teurere Sechszylinder dagegen kämpfte mit einem nachhaltigen Imageproblem. Der 914/6 wurde insgesamt nur 3318-mal gebaut und erwies sich, wie *Der Spiegel* schrieb, als »Ladenhüter«. Heute ist er ein gesuchter Klassiker.

Mit der Vertriebskooperation beider Unternehmen kamen Gerüchte auf, die gemeinsame Gesellschaft sei nur der erste Schritt für eine Übernahme von Porsche durch Volkswagen. Firmenchef Ferry Porsche dementierte umgehend. Unter dem Titel »Porsche bleibt Porsche« schrieb er in einer Pressemitteilung: »Die in unserem Unternehmen allein beteiligten Familien Porsche und Piëch haben keinerlei Absicht, fremde Kapitalbeteiligungen aufzunehmen oder gar die Firma in einem Konzern aufgehen zu lassen. Wir sind ein Familienbetrieb, wir wollen es bleiben und wir können es bleiben.«

Das wurde allerdings zunehmend schwieriger. Mit Sportwagen war Anfang der Siebzigerjahre nicht viel Staat zu machen – die Erdölförderländer der OPEC hatten das Öl als Waffe entdeckt. Die erste Ölkrise verdarb den Spaß am Gasgeben, die Benzinpreise explodierten, und Deutschland erlebte den ersten autofreien Sonntag. Leere Autobahnen – ein Schock für die Autofahrernation, der lange nachwirkte. Der Volkswagen Bus hatte plötzlich nur noch zwei PS – ein Pferdegespann zog ihn durch die leere Münchner Leopoldstraße. Das Ende des billigen Öls sorgte für Endzeitstimmung im Land. Zum Jahreswechsel 1972/73 rief Bundeskanzler Willy Brandt die Bundesbürger dazu auf, kräftig Weihnachtsgeschenke zu kaufen, um einer drohenden Rezession vorzubeugen. Mit dem Christkind gegen die Krise. Da half nur noch beten, auch bei Porsche. »Wir hatten eine wahnsinnige Angst«, erzählt Manfred Jantke, »dieser autofreie Sonntag! Wir dachten, möglicherweise ist das das Ende der schnellen Autos. Die ganze Stimmung in Bezug auf das Auto begann sich zu verändern.«

Und dann noch die ewige Debatte um den Heckmotor. Unter der Devise *Unsafe at Any Speed* – unsicher bei jeder Geschwindigkeit –, führte der US-Verbraucheranwalt Ralph Nader einen fanatischen Kampf gegen alles, was den Motor im Heck sitzen hatte. Das waren außer dem Chevrolet Corvair und dem französischen Alpine nur noch die Konstruktionen aus den Häusern Volkswagen und Porsche. »Nader meinte den Käfer, aber wir saßen im gleichen Boot«, erzählt Manfred Jantke, der in den Siebziger- und Achtzigerjahren auch die Porsche-Öffentlichkeitsarbeit veranwortete. »Wir hatten einen Marktanteil von 75 Prozent in Amerika, und das Land ist unberechenbar in politischer Hinsicht. Wenn sich das durchsetzt, dann sind wir einfach weg, dachten wir. Wir sollten versuchen, ein Auto zu entwickeln, das vom Konzept und von der Technik her in die Nähe des normalen Autos rückt.«

Zunächst einmal versuchte man es mit einer Provokation. Auf dem Höhepunkt der schwersten Rezession der Nachkriegszeit präsentierte Porsche auf dem Pariser Automobilsalon 1974 ein neues Spitzenmodell: Den 911 Turbo, den stärksten Serien-Porsche aller Zeiten, das weltweit erste Straßenfahrzeug mit einem Turbolader, ein starkes Stück mit 260 PS. Verkaufspreis: 65 800 D-Mark, der Gegenwert von acht neuen VW Golf. Und auch sonst war der Turbo nicht gerade genügsam, kein Ökomobil, sondern ein deutliches Bekenntnis zum hemmungslosen Verbrauch fossiler Ressourcen – und zum Heckmotor. Mit dem Carrera RS brachte man gleich die nächste Waffe für den Straßenkampf. Der Leichtbau-911 mit 2,7-Litermotor, 210 PS, einer abgespeckten Ausstattung zur Gewichtsersparnis und dem charakteristischen »Entenbürzel«-Spoiler auf der Motorhaube war ein verkappter Rennwagen für die Landstraße. Er wurde in limitierter Auflage gebaut, was die Begehrlichkeit nur steigerte. »Deutschlands schnellste Rarität«, lautete ein Werbeslogan, »Der Porsche Carrera RS: Nur 500 Männer werden ihn fahren« ein anderer. Klare Botschaft: Porsche ist Männersache. Ein deutlicher Seitenhieb auf die erwachende Frauenbewegung in den Siebzigerjahren.

Flankierend sollte eine Werbekampagne Argumente für die traditionelle Bauweise liefern. Unter dem Titel »Porsche packt heiße Eisen an« wurde die Frage gestellt: »War der Heckmotor ein Irrtum?« Die Antwort konnte nur lauten: Natürlich nicht, aber ... »Wäre der Heckmotor ein ›Irrtum‹«, hieß es in einer Anzeige, die ganzseitig in bundesdeutschen Magazinen erschien, »dann hätten sich 25 Millionen zufriedene Käfer-Käufer geirrt, 250000 leidenschaftliche Porsche-Fahrer und wirkliche Autokenner hätten sich irrtümlich fürs falsche Auto begeistert; ›aus Versehen‹ wären die Wagen aus Zuffenhausen auf allen Rennpisten der Welt nahezu unbesiegbare Gegner«. Dennoch müsse man selbst »Absurdes« einplanen: »Was wäre, wenn irgendein Land der Welt plötzlich auf die Idee käme, Heckmotorautos zu verbieten?« Selbst dafür sei man gerüstet, mit einem »zweiten Bein« neben dem »klassischen, porschetypischen Heck-Luft-Charakteristikum«.

Wieder sollte eine Kooperation mit Volkswagen helfen – wie schon zu Zeiten von Käfer, Porsche 356 und VW-Porsche 914. Die Zuffenhausener hatten für Volkswagen den Prototypen eines Sportwagens entwickelt, der den wassergekühlten Motor vorn, das Getriebe und den Antrieb hinten hatte. Die wichtigsten Bauteile stammten aus den Regalen der VW- und Audi-Ersatzteillager. Kurz vor dem Serienanlauf 1975 stoppten die Wolfsburger das Projekt plötzlich: Volkswagen hatte in der Krise mit Absatzeinbrüchen zu kämpfen und musste den Personalbestand um fast 30000 Mitarbeiter reduzieren. Der damalige VW-Chef Toni Schmücker soll gesagt haben, einen Sportwagen brauche er jetzt »so nötig wie ein Loch im Kopf«.

Porsche kaufte die eigene Konstruktion zurück und brachte sie Anfang 1976 als Typ 924 auf den Markt. Das Einsteigermodell für 23000 D-Mark sollte der Aufbruch in die Zukunft sein. Bis zum Produktionsende der Modellreihe wurden 150000 Exemplare des 924 verkauft. Als richtiger Porsche galt er dennoch nie, und zwar nicht nur, weil in ihm anfangs derselbe Motor arbeitete wie im wenig aufregenden Volkswagen LT-Transporter. Eher schon, weil der Motor an der falschen Stelle saß und mit Wasser gekühlt wurde. »Wir haben ganz schöne Höhen, aber auch ganz schöne Tiefen erlebt in dieser

Zeit«, erinnert sich Ernst Piëch. »Vergessen Sie nicht, was wir alles für Typen gebaut haben, weil wir versuchten, vom 911 loszukommen. Es gab den 928, den 944 ... das waren alles so Entwicklungen, die sich leider als etwas abwegig herausgestellt haben.«

Vorstandschef Ernst Fuhrmann glaubte nicht an die Zukunft des 911. Er setzte auf die neuen Modelle und war damit anfangs erfolgreich, steuerte das Unternehmen durch zwei Energiekrisen hindurch und konnte den Umsatz in seiner Zeit auf dem Chefsessel von 400 Millionen auf 1,35 Milliarden D-Mark steigern. Im Jahr 1980 schüttete die Porsche AG 14 Prozent Dividende an ihre zehn Aktionäre aus. Dass in einem Familienunternehmen mitunter eigene Gesetze gelten, bekam Fuhrmann bald zu spüren. Nachteilig wirkte es sich für ihn aus, dass er wenig diplomatisch vorging. Dreinreden ließ er sich ungern, auch nicht vom Aufsichtsratsvorsitzenden Ferry Porsche oder gar von dessen Neffen Ferdinand Piëch, damals in Audi-Diensten. »Denn das war und ist die Krux im Hause Porsche: Es gibt zu viele Chefs mit Familienstatus«, notierte *Der Spiegel* 1980 in einem Beitrag über den Führungsstreit. Hauptvorwurf der Eigentümer gegen Fuhrmann: Der Luxussportwagen 928 sei ein Flop. Fuhrmann hielt dagegen: »Ohne den 928 wären wir heute pleite.« Ferdinand Piëch beschuldigte Fuhrmann, er habe eine »Identitätskrise des 911ers« verursacht: »Es hat noch keinem Modell gutgetan, wenn man zu Lebzeiten allzu verzweifelt dessen Nachfolger sucht. Dieser unsichere Umgang mit einem langfristigen Programm führte zu Fuhrmanns Ausscheiden.«

In welche Richtung sich Porsche bewegen sollte, war in den Achtzigerjahren nicht ganz klar. Im Entwicklungszentrum in Weissach dachte man über allerlei neue Konzepte und Modelle für die Zukunft nach. Meistens kam dabei am Ende ein Auto heraus, das den Motor hinten hatte. Mögliche Nachfolger des 911 setzten sich nicht durch, und dann wandte sich auch noch der Zeitgeist gegen die Zuffenhausener. »Der Markt damals war nicht günstig für Porsche«, berichtet

Daniel Goeudevert, der frühere Automobilmanager. »In den Achtzigerjahren kamen wir gerade aus zwei Ölkrisen. Freie Autobahnen, Fahrrad am Wochenende – da passte ein Porsche einfach nicht.«

Mit Peter Werner Schutz übernahm 1980 kein Automann, sondern ein Außenseiter den Vorstandsposten bei Porsche. Der Deutsch-Amerikaner war vom Maschinenbaukonzern Klöckner-Humboldt-Deutz (KHD) gekommen, wo er den Vorstandsbereich »Antriebe« leitete. Schutz, damals 50, galt als Fachmann für Schwerstantriebe und Gasturbinen. Über Porsche wusste er nach eigenen Worten kaum mehr, als dass dort »schöne, schnelle Autos gebaut werden«.

Schutz konzentrierte sich auf den Export in die USA, weil dort noch immer die besten Gewinne gemacht wurden. Der Anteil des US-Geschäfts nahm wieder stetig zu, bis auf 54 Prozent. Diese Fokussierung ging auch eine Zeit lang gut. Amerika war traditionell der wichtigste Markt für Porsche, in den USA war das Benzin noch billig, Themen wie Umweltschutz und Nachhaltigkeit standen noch nicht auf der Agenda. Dafür gab es Geschwindigkeitsbegrenzungen auf allen Highways, doch schien das die ans Langsamfahren gewöhnten Amerikaner nicht daran zu hindern, rasend schnelle Autos zu kaufen. Immerhin waren die für hohe Geschwindigkeiten gebaut, auf Autobahnen erprobt, und die Illusion der theoretisch möglichen Geschwindigkeit fuhr immer mit.

Für das Geschäftsjahr 1984/85 konnte Schutz eine Rekordbilanz präsentieren. Produktionszahlen, Umsatz und Gewinn kletterten in nie zuvor erreichte Höhen. Der Überschuss betrug 120 Millionen D-Mark. Das lag vor allem am günstigen Umtauschkurs für den Dollar, der mit über 3,40 D-Mark gehandelt wurde. Dann aber brach der Dollarkurs auf die Hälfte ein, womit sich auch die Gewinne aus dem US-Geschäft halbierten. »Schutz hat den Fehler gemacht«, sagt Ernst Piëch heute, »dass er in den Boomzeiten in den USA viele Entscheidungen für fünf Jahre im Voraus getroffen hat, das Überleben der Firma Porsche aber nicht sichergestellt hat. Im Gegenteil. Damals wurden neue Lackierereien gebaut, auf fünf Jahre Zuwachs geplant, und dann ist der Wechselkurs eingebrochen. Die Firma hat es gerade noch überlebt.«

Die Lage war ernst: In den ersten acht Monaten des Jahres 1987 verringerten sich die Verkäufe in Deutschland um fast ein Viertel, in den USA um 13 Prozent. Im Jahr darauf ruhte an 47 Werktagen zwischen Januar und Juli die Produktion in Zuffenhausen, 4300 der 8500 Beschäftigten waren von Kurzarbeit betroffen. Auch bei Audi in Neckarsulm, wo der Porsche 924 gebaut wurde, drohte Kurzarbeit. Durch diese Maßnahmen sollten im Geschäftsjahr 1987/88 rund 10 000 Autos weniger gebaut werden als im Vorjahr – eine Reduzierung um 20 Prozent. Auf den Absatzeinbruch reagierte Schutz in eigenwilliger Weise, erhöhte die Preise zum Teil drastisch – in zweieinhalb Jahren um fast 30 Prozent – und wählte zur Begründung einen merk-

Die »Namensträger«: Ferry Porsche an seinem 70. Geburtstag mit Ehefrau Dorothea und den Söhnen Gerhard, Hans-Peter, Ferdinand Alexander und Wolfgang (von links nach rechts)

würdigen Vergleich: »Ein Porsche ist kein normales Fortbewegungsmittel, ebenso wie ein Nerzmantel kein normales Kleidungsstück ist. Ein Nerz hat nicht den Zweck, eine Frau warm zu halten, sondern ruhig.« Unruhig wurden die Eigentümerfamilien, als der Aktienkurs einen Sinkflug um fast 50 Prozent antrat. Als Ferry Porsche seinen Vorstandsvorsitzenden Schutz einmal fragte, was man wohl tun werde, wenn es noch weiter bergab ginge, soll der gesagt haben: »Dann müssen Sie Ihre Firma halt verkaufen.« So etwas kam nicht gut an, schon gar nicht bei den Erben der dritten Generation, hießen sie nun Porsche oder Piëch. Schutz musste bald seinen Hut nehmen, Heinz Branitzky, ein Finanzmann, trat die Nachfolge an.

Gesucht war ein Retter, doch der war gerade anderweitig unterwegs. Ferdinand Piëch hatte inzwischen bei Audi angefangen und sich nach dem Familienkrach bei Porsche auf die Ochsentour bei der Volkswagen-Tochter begeben. 1972 fing er als Hauptabteilungsleiter an, was er als »Demütigung« empfand, weil er gegenüber dem Job bei Porsche zwei Hierarchiestufen verlor. Andererseits, so Piëch: »Ich konnte mich damit trösten, dass dies nun das weitaus größere Unternehmen war, und ich war erst 35.« Außerdem gehörte Audi früher einmal zur Auto Union, und für die hatte schon Ferdinand Porsche die »Silberpfeile« und andere Autos konstruiert. Einmal mehr folgte Piëch im Windschatten seines Großvaters.

Auf dem Chefsessel in der Wolfsburger Konzernzentrale saß Anfang der Siebzigerjahre Rudolf Leiding, nicht unbedingt ein Freund des Ingenieurs Piëch – und umgekehrt. Leiding hatte im Oktober 1971 entschieden, eines der ehrgeizigsten Projekte des jungen Ingenieurs zu kippen: den Käfer-Nachfolger EA 266, einen Entwurf der Porsche-Entwicklungsabteilung, deren damaliger Chef Ferdinand Piëch war. Das endgültige Aus für den sportlichen Viersitzer kam kurz vor Produktionsanlauf der ersten Serienmodelle, ein absolutes Desaster für jede Autofirma. »Der Volkswagen-Vorstand hat in letzter Sekunde die Reißleine gezogen«, sagt der Hamburger Automobilhistoriker Wolfgang Blaube, der sich intensiv mit dem »Fall EA 266« auseinandergesetzt hat. Drei Jahre Arbeit der Porsche-Entwickler waren mit der Entscheidung hinfällig, die Kosten für das gescheiterte Projekt wurden offiziell mit 400 Millionen D-Mark angegeben. Wie hoch sie wirklich waren, weiß niemand.

Vorausgegangen war der nach Blaube »wahrscheinlich spannendste Krimi der Automobilgeschichte«, ein Ingenieurswettstreit um das beste Konzept für den Nachfolger des bis dato erfolgreichsten Automodells aller Zeiten. Bei Volkswagen tat man sich schwer, die Monokultur mit Heckantrieb und Heckmotor aufzubrechen. Größere, viel zu spät eingeführte Modelle wie der 1500 oder der unförmige 411, beide mit Heckantrieb, führten ein Schattendasein neben dem antiquierten Bestseller. Ein würdiger Erbe war nicht in Sicht. Dabei hätten die Prototypen, die im Lauf der Jahre entstanden waren, fast ein ganzes Parkdeck füllen können.

Im Jahr 1968 gab Volkswagen bei den Porsche-Konstrukteuren wieder einmal die Entwicklung eines serienreifen Nachfolgers in Auftrag. Piëchs Truppe erdachte ein Auto, das es bis dahin noch nicht gegeben hatte: einen viersitzigen Mittelklassewagen mit Heckklappe und tief liegendem, freilich luftgekühltem Mittelmotor unter dem Karosserieboden, der die Fahreigenschaften eines Sportwagens haben sollte. Hinter dieser Konzeption sieht Wolfgang Blaube »eindeutig Piëchs Handschrift. Es ist seine Tendenz, radikale technische Lösungen zu finden, die anders sind als alles, was bislang realisiert wurde.« Schon bei den ersten Tests zeigte sich, dass die Prototypen erhebliche Qualitäten hatten, aber auch beträchtliche Defizite. »Beim Volkswagen-Fahrversuch war man der Auffassung, dass der Normalfahrer mit dem sportlichen Handling des Wagens schnell überfordert sein würde«, sagt Blaube. Wer jahrelang den Käfer gewohnt war, hätte mit dem Fahrverhalten eines Sportwagens wenig anfangen können. Piëch hatte möglicherweise anderes im Sinn, als er den ungewöhnlichen Wagen entwickelte: Der EA 266 hätte eine sportliche Mittelmotor-Baureihe mit weiteren Ablegern begründen können. Doch bei Volkswagen regte sich starker Widerstand gegen das Projekt, Konzernchef Leiding galt ohnehin als Gegner des exotischen Konzepts.

Weil der EA 266 durch seine aufwendige Konstruktion auch in der Herstellung teurer zu werden drohte, musste nachkalkuliert werden. Um die stetig steigenden Herstellungskosten des neuen Modells wieder einzuspielen, wollte man zunächst nur das Spitzenmodell mit 105 PS präsentieren und die billigeren Versionen später nachfolgen lassen. Deshalb stufte man in der Planung für den Serienanlauf die möglichen Produktionszahlen immer weiter zurück, was die Rentabilität des ganzen Projekts ad absurdum führte. Schließlich zerschellte die Hoffnung auf einen modernen Käfer-Nachfolger in den Crashtests. Die Karosserie hätte amerikanischen Sicherheitsanforderungen offenbar niemals standgehalten. »Der EA 266 zerkrümelte immer mehr«, berichtet Blaube, »während sich der parallel entwickelte Entwurf der neu gegründeten Volkswagen-Entwicklungsabteilung durchsetzte.« Der in Wolfsburg konzipierte Protoyp EA 337 besaß einen quer eingebauten Frontmotor mit Wasserkühlung und wurde über die Vorderräder angetrieben – der technische Vorläufer des Golf. »Im direkten Vergleich der beiden Konzepte ist der EA 266 aus Zuffenhausen fast komplett durchgefallen.« Eine der wenigen Niederlagen für den Konstrukteur Ferdinand Piëch im Lauf seiner Karriere.

Das neue Konzept war auch in anderer Hinsicht ein Bruch mit der Tradition. Die Idee eines Kleinwagens mit wassergekühltem querliegendem Frontmotor und -antrieb kam zur Abwechslung nicht aus Deutschland und nicht von Porsche, sondern aus England. Diesmal war der Mini von Austin der Urahn aller künftigen Volkswagen, von Deutschland bis Japan, doch war es wohl auch die letzte grundlegende Innovation im Automobilbereich, die von der Insel kam. Kurz danach verabschiedeten sich die Engländer weitgehend aus der globalen Automobilindustrie und überließen sie den Deutschen und den Japanern.

Leiding setzte die Entwicklung gleich mehrerer neuer Baureihen nach dem Muster des VW-eigenen Entwurfs durch. In seiner Ära wurden erfolglose Modelle mit Heckmotor wie der Volkswagen 411 und der 1600 eingestellt, stattdessen setzte er auf jene Modelle, die in der Grundkonzeption bis heute unverändert gebaut werden. Auf den Markt kamen zunächst Passat und Polo (mit den Audi-Schwestermodellen A80 und A50), und schließlich, 1974, als wichtigstes und zugleich riskantestes Projekt der Nachfolger des Käfers, der Golf. Der Erfolg zeigte sich erst in den Jahren nach Leidings Ausscheiden im Jahr 1975. Um die Jahreswende 1974/75 hatte Volkswagen noch mit Verlusten in Höhe von 800 Millionen D-Mark zu kämpfen, zum einen begründet durch die horrenden Entwicklungskosten der neuen Modelle, zum anderen durch erhebliche Absatzeinbrüche nach der ersten Ölkrise. Dass beides zusammentraf, ließ sich nicht vermeiden. Volkswagen brauchte dringend neue Modelle, um zu überleben. In Wolfsburg liefen die letzten Käfer Mitte 1974 vom Band.

Auch bei Audi hinterließ die Krise Spuren. Piëch sah große Entwicklungschancen, musste in Ingolstadt anfangs aber vor allem gegen die Bevormundung aus Wolfsburg kämpfen. Seine Erinnerungen schildert er beim Gespräch auf dem Konzernabend in Paris:

Aust: »Audi steckte bei Ihrem Amtsantritt in Ingolstadt in großen Schwierigkeiten?«

Piëch: »Als ich bei Audi anfing, stand Audi in der Wahrnehmung der Menschen hinter Opel und Ford …«

Aust: »… auch in der Technik?«

Piëch: »… auch in der Technik. Und da hat sich doch einiges getan in den Jahren. Das war aber nicht unbedingt das, was sich die Konzernzentrale vorgestellt hatte – als ich noch nicht für den Konzern als Ganzes verantwortlich war. Wir hatten zwei Widersacher: die Wettbewerber im Markt und die Konzernmutter. Wir bei Audi wollten uns nicht damit abfinden, Zweiter hinter Volkswagen zu sein. Später haben wir das dann geregelt.«

Piëch diente sich in Ingolstadt hoch und brachte damit auch Audi nach ganz oben – so wie im bekannten Werbespot, in dem ein roter Audi die Skischanze in Innsbruck hochfährt. Unter Piëchs Regie wurde aus dem Biedermannauto ein Hightechprodukt, eine echte Konkurrenz für Mercedes und BMW. Das Rezept lautete dabei: Vorsprung durch Technik – mit vollverzinkten Karosserien, die nicht mehr rosteten, modernen Dieselmotoren, Aluminiumleichtbau, einem sportlichen Design und dem permanenten Allradantrieb »quattro«. Der war ursprünglich eine Audi-Geheimentwicklung, vollzog sich außerhalb des Radarschirms der Wolfsburger Konzernzentrale. Piëch wollte vermeiden, dass die Konzernmutter auch diese Innovation nach erfolgreicher Entwicklung für sich beanspruchte. »Ich meine, es war eine Zeit, in der wir Mutter VW wirklich nicht sehr liebten«, bekennt er in seiner *Auto.Biographie*, »und wenn es um einen Audi ging, strengten wir uns einfach mehr an als für eine VW-Übung.«

Schließlich gelang es ihm, den damaligen Volkswagen-Chef Toni Schmücker auf seine Seite zu ziehen, der nach einer Testfahrt die Entwicklung des Allradantriebs freigab. Nun galt es, nur noch eine Hürde zu nehmen. Nach der Freigabe zum Bau des Wagens mussten die Ingolstädter den Wolfsburger Gegenvorschlag zur Bezeichnung »quattro« abwehren: »CARAT« – die Abkürzung für Coupé Allradantrieb Turbo. »Man stelle sich nur den Leidensweg vor, den unser tolles Auto mit einem solchen Namen auf sich genommen hätte«, kommentiert Piëch.

Im Jahr 1988 stieg er auf zum Vorstandsvorsitzenden von Audi. Was den Automann antrieb, versuchten damals Fernsehreporter des Süddeutschen Rundfunks herauszufinden, die ihn einige Tage für das filmische Porträt *Ein Porsche namens Piëch* begleiten konnten. Es war eine der seltenen Gelegenheiten, bei denen Piëch persönliche Fragen zuließ – und sogar beantwortete. Auszug aus einem Interview während einer Testfahrt, bei der Piëch am Steuer sitzt:

Reporter: »Kann man sagen, dass es ein Lustgewinn für Sie ist, wenn Sie jetzt mit dem Auto fahren?«

Piëch: »Ja, etwas schneller macht mehr Spaß, aber zu fahren macht schon etwas Spaß.«

Reporter: »Wie bekommen Sie das denn zeitlich hin? Sie haben ja wohl einen vollen Terminkalender.«

Piëch: »Ich fahre von Ort zu Ort zu 90 Prozent selbst, sodass ich das Fortbewegen mit meinem Spaß am Autofahren verbinden kann.«

Reporter: »Gibt es ein Rezept, wie Sie Ihre Stresssymptome bekämpfen?«

Piëch: »Wenn ich Ärger habe, versuche ich anschließend, Sport zu treiben. Körperlichen Sport. Also nicht Segeln, sondern Skilanglauf, Joggen. Irgendetwas, womit ich mich austoben kann.«

Dann zeigt die Kamera den Audi-Chef nebst Ehefrau und Tochter mit großen Ausfallschritten in der Loipe. Durchhaltevemögen hat er immer wieder bewiesen. Manchen fiel es schwer, Schritt zu halten, denn auch bei Audi legte er ein hohes Tempo vor. Ferdinand Piëch ist ein Manager, der sich immer auch als Unternehmer verstand – und dabei langfristige Perspektiven im Blick hatte. Über seine Rolle als Porsche-Erbe gab Piëch 1988 in einer Runde mit Journalisten Auskunft. Rudolf Glismann, damals Autoexperte des *Spiegel*, stellte die Fragen.

Glismann: »Sie spielen ja in der deutschen Autoindustrie eine seltsame Doppelrolle: Einerseits Hauptaktionär bei Porsche als Familienmitglied …«

Piëch: »… Kleinaktionär …«

Glismann: »… andererseits sind Sie Werksherr in Ingolstadt bei Audi. Was bekümmert Sie denn nun mehr? Die grauenhaften Kursverluste der Porsche-Aktie, die Sie ja sicherlich bis ins Mark treffen müssen, oder die Tatsache, dass Sie wegen der Kurzarbeit bei Porsche nun in Ihrem Audi-Werk in Neckarsulm die Bänder stehen lassen müssen?«

Piëch: »Dass bei uns die Porsche-Bänder stehen, erfüllt mich mit mehr Gram. Zu meinen Anteilen an Porsche: Man wählt nicht, in welche Familie man hineingeboren ist, und ich empfinde es als einen Glücksfall, dass ich da Anteile ererbt habe. Aber ich empfinde es nicht als Grundaufgabe von mir, mir den Kopf darüber zu zerbrechen, ob der Kurs für mich nun schlecht war oder besser für mich ist. Da ich nicht vorhabe, meine Aktien je zu verkaufen, ist das eine untergeordnete Frage in meinem Leben.«

Dabei hatte er schon in jungen Jahren in die Persönlichkeitsentwicklung investiert. Ein hartes Training. Bekenntnisse in der Fernsehdokumentation von 1988: »Ich habe vor etwa 20 Jahren ein paar Gruppendynamikkurse mitgemacht, um zu erleben, an anderen und an mir selbst, wie man durchsetzungsfähiger wird, was man mit Teamarbeit leisten kann. Aber es war auch eine Form, die einerseits persönlich unangenehm war, weil sie einen hart trifft, und mir andererseits stark weitergeholfen hat.«

Er habe damals entdeckt, dass die wirklichen Macher in einem gewachsenen Unternehmen nur etwa 15 bis 20 Prozent des Managements abbilden. Ihnen wollte er den Rücken stärken, damit sie sich gegen die Mehrheit durchsetzen konnten. Da ließe sich »gruppendynamisch einiges bewegen«. »Zwei solcher Führungskräfte-Meetings in meinen ersten Monaten als Audi-Vorsitzender haben mir wahrscheinlich am nachhaltigsten den Ruf als knallharter Typ eingehandelt«, schreibt Piëch in der *Auto.Biographie*. Ihm habe auch die Scheu gefehlt, sich von den weniger Guten zu trennen. Den Beschwichtigungskurs seiner Vorgänger fortzusetzen hätte eine wesentlich größere Zahl von Arbeitsplätzen gefährdet.

Immerhin galt es, Audi nach vorn zu bringen und gleichzeitig einen gefährlichen Gegner abzuwehren, der in Fernost lauerte. Der japanische Gigant Toyota feierte gerade das zehnmillionste Auto – und plante den Angriff auf den deutschen und europäischen Markt: mit kleinen, preisgünstigen Modellen, die der westlichen Konkurrenz in puncto Qualität oft überlegen waren. Japan war dabei, die Deutschen auf eigenem Terrain zu attackieren. Piëch wusste, dass dies nur der Beginn einer Großoffensive war und er es mit einem Gegner zu tun hatte, der nicht einfach zu besiegen war.

In diesem Zusammenhang eine Frage an Piëch anno 1988: »Man sagt Ihnen gelegentlich nach, dass Sie nach Japan auswandern wollten oder sich das vorstellen können. Ist das ein Gerücht, oder hat diese Aussage einen wahren Kern?«

Piëch: »Sie hat einen wahren Kern. Japan imponiert mir sehr. Der Fleiß, die Disziplin dieser Menschen und die unwahrscheinliche Kraft, die in diesem Volk liegt, in der Zusammenarbeit. Ich bewundere dieses Land.«

Piëch blieb im Lande, um sich für größere Aufgaben zu rüsten, die fast unweigerlich auf ihn zukamen. Er war gewappnet. Zum ersten Mal hatte er in eigener Verantwortung zeigen können, wohin strategisches Denken und Ingenieursgeist ein Automobilunternehmen führen konnten. Motor für Innovationen: So hat er seine Rolle als Vorstandsvorsitzender bei Audi verstanden. Ein Erfolgsrezept. Und es erwies sich im Nachhinein als Glücksfall, dass Volkswagen schon 1965 die Daimler-Benz-Tochter Auto Union in Ingolstadt gekauft und später mit NSU aus Neckarsulm verschmolzen hatte. Mit den neuen Unternehmen kamen frischer Wind und neue Konzepte. Zum Beispiel der K70, den NSU noch in eigener Regie entwickelt hatte und der dann als VW auf den Markt kam. Piëch schrieb diese Entwicklung konsequent fort – mit neuen Ideen. Heute fährt Audi in der Oberklasse ganz vorn mit, und so mancher Automanager in Stuttgart mag sich angesichts der heutigen Konkurrenz fragen, ob Daimler seine Tochter Auto Union GmbH in den Sechzigerjahren nicht besser behalten hätte.

Die Audi-Geschichte hätte auch ganz anders enden können. Anfangs liefen die Geschäfte schlecht, die Konzernmutter Volkswagen verlangte Massenentlassungen. Für Piëch eine Lehre, wie er im Interview mit Stefan Aust berichtet.

Piëch: »Als ich Vorstandsvorsitzender von Audi war, sollte ich einmal 4000 Mitarbeiter entlassen. Das war eine Auflage der Konzern-

zentrale in Wolfsburg. Wir hatten damals das Glück, dass in München der neue Flughafen gebaut wurde. Wir haben die Mitarbeiter, die sich für den Bau des Flughafens geeignet haben, dorthin vermittelt. Die Mechaniker und Techniker haben wir bei Audi behalten. So konnten wir die Auflage aus Wolfsburg erfüllen und mussten trotzdem niemanden in die Arbeitslosigkeit schicken. Das war eine wichtige Lektion. Ich selbst habe mir danach gesagt: Eine solche Entlassungsaktion machst du im Leben nie wieder.«

MIT KAIZEN ZUM ERFOLG – WENDELIN WIEDEKING SANIERT PORSCHE AUF JAPANISCH

Während Ferdinand Piëch Audi sanierte, stand das Familienunternehmen Porsche vor der Pleite. Die verzweifelten Versuche, Porsche mit einer Flut neuer Modelle in die Gewinnzone zu führen, waren gescheitert. Ebenso der Versuch, den 911 so unattraktiv zu machen, dass die Kunden freiwillig auf die moderneren Modelle umstiegen. Bei einer Modellpflege für den 911 wurde sogar die Leistung der Motoren um 20 PS *reduziert*, ein Sakrileg in der Porsche-Welt. Aber auch das brachte nicht den Durchbruch für den bis zu 150 000 D-Mark teuren viersitzigen Luxussportwagen 928, eine schwere Flunder mit Heckantrieb und Achtzylinder-Frontmotor. Ein großer Erfolg wurde er zudem nicht, weil er sich schon durch seine Form und technische Grundkonstruktion geradezu vom Markenprinzip distanzierte. Stattdessen erreichten die auf den traditionellen Heckantrieb und den typischen »Hüftschwung« fixierten Kunden durch Proteste, dass der 911 wieder mit stärkeren Motoren weitergebaut wurde.

Der Tiefpunkt. Die feine Sportwagenschmiede war zum Bauchladen verkommen, in dem es alles gab. Das Angebot war vielfältiger als das mancher Großkonzerne: Sportwagen mit luftgekühlten oder wassergekühlten Motoren, vorn eingebaut oder hinten, mit vier, sechs und acht Zylindern. Die Baureihen 924/944, 928 und 911 hatten untereinander nicht viel gemeinsam, was zu hohen Entwicklungs- und Produktionskosten führte. Von rund 53000 Autos Mitte der Achtzigerjahre war der Absatz auf 29000 im Geschäftsjahr 1988/89 abgestürzt, wobei in den USA nur noch 7850 Wagen verkauft wurden. Zwei Jahre zuvor waren es dort noch 28000 gewesen.

Man zehrte weitgehend vom Nimbus vergangener Tage. »Porsche musste wieder seine klare Bestimmung und seinen Glanz finden, andernfalls war keine Erholung in Sicht«, notiert Ferdinand Piëch in der *Auto.Biographie* über diese Zeit. Branitzky ging im Streit, nachdem sich Ferry Porsche über ihn in einem Zeitungsinterview mokiert hatte. Auf ihn folgte Arno Bohn, ein Manager aus der Computerbranche – auch »nicht gerade der integrale Automensch für einen signalhaften Turnaround«, so Piëch. Der neue Entwicklungschef Ulrich Bez, heute bei Aston Martin erfolgreich, machte sich an die Planung eines viertürigen Sportcoupés, was die Verwirrung über die Modellpolitik eher noch steigerte. Außerdem musste die 4,79 Meter lange Karosserie von Grund auf neu konstruiert werden, weshalb Bez mit einem Entwicklungsbudget von knapp einer Milliarde D-Mark kalkulierte. Geld, das Porsche nicht mehr aufbringen konnte. Drei Motoren waren für den Viertürer vorgesehen, für den man einen Verkaufspreis von etwa 150000 D-Mark errechnete. Schließlich wurde das Projekt wegen mangelnder Marktchancen auf Eis gelegt. »Bez vergaloppierte sich heillos in den Entwicklungskosten, ohne Überzeugendes abzuliefern«, kommentiert Ferdinand Piëch. Auch ein kostspieliges Formel-1-Projekt mit dem Rennstall Footwork wurde erfolglos abgebrochen: Der Porsche-Motor erwies sich als zu schwach und zu schwer. Mitten in der Saison 1991 schied Porsche aus dem Projekt aus und kehrte mit 100 Millionen D-Mark Unkosten im Gepäck von seinem kurzen Formel-1-Ausflug zurück.

Um die Absatzkrise zu überbrücken und die Werksanlagen auszulasten, nahm Porsche sogar einen Produktionsauftrag von Daimler-Benz an. In Zuffenhausen wurde die 326 PS starke Sportlimousine Mercedes 500 E in einer Kleinserie von 10 000 Exemplaren aufgelegt. Im Werk 1 wurden die Karosserien zuerst zusammengebaut, dann zum Lackieren per Lkw ins Mercedes-Werk Sindelfingen transportiert, bevor sie von dort wieder zurückgingen zur Endmontage nach Zuffenhausen. Das einst stolze Werk war zu einem Montagebetrieb verkommen. »Wir standen nicht nur am Abgrund, wir waren eigentlich pleite«, sagt der langjährige Porsche-Pressechef Anton Hunger. »Pleite natürlich nicht im betriebswirtschaftlichen Sinne, weil wir ja schuldenfrei waren. Aber wenn Sie sich vorstellen, wir wären in dieser Zeit einmal von den Banken abhängig gewesen, dann wissen Sie genau, was passiert wäre – man hätte uns mit einem Federstrich zu irgendeinem anderen Autohersteller hingeschoben.«

Im Herbst 1991 wurde offen über eine mögliche Übernahme spekuliert. Die Retter sollten ausgerechnet aus Japan kommen. Honda bot angeblich bis zu vier Milliarden D-Mark, Toyota war mit 1,5 Milliarden D-Mark im Gespräch. Aber auch andere zeigten sich interessiert. Ferry Porsche hatte nach eigenem Bekunden »Angebote aus der ganzen Welt« erhalten. Fast alle, die damals groß waren, zeigten Interesse: Fiat, Ford und Daimler-Benz sowieso. Der damalige Mercedes-Chef Werner Niefer hatte in der Bilanz schon Rückstellungen für eine Übernahme gebildet. »Bevor andere zuschlagen, schlagen wir zu«, sagte Niefer. Immerhin wäre Porsche dann in schwäbischer Hand geblieben. Auch Volkswagen stand bereit. Markenvorstand Daniel Goeudevert bekundete mehrfach sein Interesse an Porsche. Aber Ferry Porsche, damals 72 Jahre alt, lehnte alle Angebote ab: »Ich habe dem Unternehmen nicht meinen Familiennamen gegeben, weil ich es einmal verkaufen will.«

So wurde 1992 wieder einmal ein neuer Porsche-Chef gesucht, und unter den Eigentümern waren sich alle einig: Man durfte sich dieses

Mal keinen Fehler mehr erlauben. Der erste Kandidat war Wolfgang Reitzle, der damalige Entwicklungsvorstand bei BMW und einer der Anwärter auf die Nachfolge Eberhard von Kuenheims als BMW-Vorstandsvorsitzender. Um ihm den Abschied aus München etwas leichter zu machen, erhielt Reitzle ein Angebot, das er eigentlich nicht ablehnen konnte: Neben dem Gehalt hätte er ein Paket von Vorzugsaktien bekommen, das heute einen ansehnlichen Millionenbetrag wert wäre – was man allerdings in der Lage, in der Porsche damals war, nicht unbedingt ahnen konnte. Reitzle wäre bereit gewesen zu wechseln, allerdings ließ sein Chef von Kuenheim ihn nicht gehen. BMW-Vorstandschef wurde dann ein anderer, und Reitzle wechselte erst zu Ford, dann zum Gas- und Technikkonzern Linde.

Der nächste Kandidat war ... Ferdinand Piëch, damals noch Vorstandschef bei Audi und schon als Nachfolger für Volkswagen-Konzernchef Carl H. Hahn im Gespräch. »Der Chef bei Porsche zu sein war durchaus ein Posten, der mich reizte«, verriet Piëch später, »allerdings sah ich deutlich alle Komplikationen eines Familienunternehmens vor mir, sobald die Firma wieder aus dem Gröbsten heraus sein würde.« Er selbst als Eigentümer wusste sehr wohl, wie schwer Eigentümer es einem Firmenchef machen können. Außerdem wäre das der Bruch der Verabredung gewesen, wonach Familienmitglieder keine Führungspositionen bei Porsche besetzen sollten – mit unabsehbaren Folgen. Der Familienclan war inzwischen auf gut 50 Mitglieder angewachsen, von denen sich sicher einige berufen gefühlt hätten, wieder bei Porsche mitzureden.

Somit blieben noch zwei hausinterne Aspiranten übrig: Finanzvorstand Walter Gnauert und Produktionsvorstand Wendelin Wiedeking. Wie schon früher bei Heinz Branitzky setzte die Familie fast reflexartig auf den Finanzmann. Von Gnauert wusste man, dass er sparen konnte. Piëch aber hatte andere Pläne, denn im Sparen, so meinte er, »konnte wirklich nicht die Perspektive für Porsche liegen«. Wiedeking hingegen hatte sich als Sanierer bereits einen Namen gemacht: Als Produktionsfachmann war er bis 1988 schon einmal bei Porsche gewesen, ging dann als Bereichsleiter zur Gleitlagerfirma Glyco nach Wiesbaden und stieg dort innerhalb von zwei Jahren zum Vorstandsvorsitzenden auf. Er brachte das Unternehmen mit einer nach eigenen Worten »harten Sanierung« in die schwarzen Zahlen und verkaufte es an einen US-Konzern, bevor er 1991 als Produktionsdirektor zu Porsche zurückkehrte. Damals war Wiedeking 39 Jahre alt. Ihm habe »dieses Zusammentreffen zweier Talente« imponiert, bekannte Ferdinand Piëch, »dass ein Produktionsfachmann auch als sanierender Topmanager erfolgreich sein kann«. Er sah in Wiedeking den geeigneten Mann, um den Familienschatz zu retten. Was die erste Generation aufgebaut und die zweite Generation erhalten hat, wollte Piëch in der dritten Generation nicht ruinieren. »Es gab immer Spannungen zwischen den Familien Porsche und Piëch«, erzählt der frühere Porsche-Rennleiter und PR-Chef Manfred Jantke, »die Porsches hatten aber eine Stimme mehr, wenn es zur letzten Entscheidung kam. Letztlich haben immer die Porsche-Mitglieder die Vorstandsmitglieder bestimmt, oder sie konnten ihren Kandidaten gegen die Piëch-Gruppe durchsetzen. Und als ihnen das Wasser bis zum Halse stand, genau in der Phase, kam Piëch mit Wendelin Wiedeking. Das war Piëchs Mann. Und die Porsches haben nicht mehr opponiert, weil es die letzte Chance war.«

Ein Kompromiss zwischen den Familien sah vor, Wiedeking nicht gleich zum Vorstandsvorsitzenden zu bestellen, sondern als Sprecher des Vorstands. Vom bisherigen Vorstandsvorsitzenden Arno Bohn trennte sich das Unternehmen »im gegenseitigen Einvernehmen«. Nur sieben Monate zuvor war Bohns Vertrag noch einmal um drei Jahre verlängert worden.

Wiedekings ersten Jahre im Amt waren seine besten. Er trieb die Manager und Mitarbeiter im Werk lautstark an. Wenn einer nicht mitzog, drohte er: »Entweder Sie haben das bis morgen erledigt, oder ich schmeiße Sie raus!« Die freundlichere Variante war: »Ich erwarte, dass

Sie Ihren Job machen; wenn nicht, haben Sie ein Personalproblem.« Und wenn das nichts fruchtete, wurde er noch etwas deutlicher: »Dem schneid' ich die Eier ab!« Für das Unternehmen verkündete er: »Wir haben eine klare Zielgröße ausgegeben im Unternehmen. Wir, die Porsche AG, wollen wieder die Nummer eins werden im Sportwagensegment mit einem weltweiten Marktanteil von 20 Prozent.«

Das bedeutete harte Arbeit – für alle Beteiligten. »Als Wiedeking übernahm, war Porsche eigentlich bankrott. Das ist so«, erzählt Manfred Jantke. »Das hing sehr stark zusammen mit einer völlig unrentablen Produktion. Die war so veraltet, nie hatte sich etwas an ihr geändert. Und Wiedeking war von seiner Ausbildung her ein Fabrikationsspezialist.« Deshalb griff der promovierte Maschinenbauer Wiedeking hier zuerst ein. Zunächst einmal senkte er die Kosten, und zwar drastisch. Er führte Grundzüge der industriellen Produktion in die Porsche-Fabrik ein. Dort wurde noch in etwa gearbeitet wie in einer Manufaktur für Pferdekutschen um die Jahrhundertwende. Wenn Monteure ihre Arbeit erledigt hatten, schoben sie die Karosserien auf kleinen Rollwagen zum nächsten Kollegen weiter. So dauerte die Montage eines Porsche Carrera 120 Stunden. Nachdem Wiedeking mehr als 80 Jahre nach Henry Ford auch bei Porsche das Fließband eingeführt hatte, reduzierte sich die Bauzeit auf 76 Stunden.

Innerhalb von nur zwei Jahren wurden so Hunderte von Millionen D-Mark an Produktionskosten eingespart. Dazu brauchte es einiges an Durchsetzungsvermögen – und manchmal handfeste Argumente. Dann ging der hemdsärmelige junge Vorstandschef schon mal mit der Flex in das Werk und schnitt Eisenregale, die nutzlos im Weg herumstanden, kurz und klein. So wollte er den misstrauischen Mitarbeitern zeigen, dass eine schlanke Produktion keine Vorratslager mehr benötigt. »Der ist täglich in die Produktion gegangen«, erzählt Manfred Jantke, »und wenn da Kisten herumlagen oder ein Stapel herumstand, dann hat er gesagt: ›Wehe, wenn die Kisten morgen noch da sind! Ich komme wieder!‹ Der hat richtig aufgeräumt, und durch eine rationellere Produktion haben sie dann im Wesentlichen begonnen, mehr zu verdienen.«

Das war auch bitter nötig. Auf den neuen Chef warteten allenthalben Hiobsbotschaften. Die Einsparungen in der Fertigung waren notwendig, aber sie reichten bei Weitem nicht aus. Was Porsche genauso dringend brauchte, waren neue Modelle. Die Neuausgabe des 911 war in Arbeit, ließ aber noch auf sich warten. Und selbst im Entwicklungszentrum in Weissach, das für Autofirmen aus aller Welt Auftragsarbeiten erledigte, halbierte sich der Umsatz von 200 auf 100 Millionen D-Mark. Massenentlassungen waren unvermeidlich. Rund 1800 der etwa 8000 Arbeitsplätze mussten gestrichen werden.

Auf dem Pariser Automobilsalon im Herbst 1992 verspürte der Reporter des *Spiegel* auf dem Messestand von Porsche »eine Atmosphäre wie auf einer Intensivstation«, und er schob eine interessante Beobachtung nach: »Auf der Wendeltreppe des Porsche-Standes hockte die 87-jährige Kommerzialrätin Louise Piëch aus Salzburg, Mutter des Audi-Chefs und stärkste Kraft im ganzen Porsche-Clan. Stumm betrachtete die alte Dame die Szene durch ihre Brillengläser, als der neue Vorstandssprecher Wendelin Wiedeking in seiner Ansprache die Wechselkurse und andere äußere Übel zur Erklärung der Porsche-Krise bemühte. Die alte Dame, so schien es, wusste es besser: Die Krise ist hausgemacht.«

Die Frontmotor-Modelle wie der 928 verkauften sich nur noch schleppend. Alle Hoffnungen des Unternehmens ruhten jetzt auf der Neuauflage des 911, dem Typ 993, der im Sommer 1993 präsentiert wurde. Die Verunsicherung war groß – bei der Geschäftsleitung und beim Publikum. »Wenn der Wagen sich nicht besser verkauft als der Vorgänger«, sagte ein Porsche-Manager bei der Weltpremiere, »dann wird es eng.« Das Blechkleid des neuen Alten war für Porsche-Verhältnisse geradezu revolutionär. Zum ersten Mal seit 30 Jahren hatten die Designer größere Veränderungen an der Linienführung vorgenommen: Kantige Linien waren weichen, runden Formen gewichen,

Die zweite Generation: Ferry Porsche und Schwester Louise Piëch in den Achtzigerjahren

die gesamte Front war flach und abgerundet, und die Scheinwerfer standen nicht mehr fast senkrecht wie bisher, sondern blickten jetzt flach in den Kotflügeln liegend in die Welt. Die orthodoxe Porsche-Gemeinde witterte Verrat. Sofort wurde wieder Kritik laut, der Neue sei gar kein echter Elfer mehr, und es war fraglich, ob sich konservative Porsche-Käufer mit ihm anfreunden würden. Dabei war das Prinzip unverändert: luftgekühlter Heckmotor, optisch noch mehr betont durch den verstärkten Hüftschwung am Hinterteil – weibliche Form für ein Männerauto. Porsche versuchte, die Kauflust auch dadurch zu stimulieren, dass die Preise auf dem Niveau des Vorgängers blieben, trotz vieler kostspieliger technischer Verbesserungen. Das Basismodell des 993 kostete 125 700 D-Mark.

Noch nie war es Porsche so schlecht gegangen wie in dieser Zeit, seit zwei Jahren fraßen die Verluste die Geldreserven auf. Eine Viertelmilliarde D-Mark wurde allein im Geschäftsjahr 1992/93 verbrannt. Der Verkauf sank innerhalb eines Jahres von über 22 000 auf rund 12 000 Exemplare, obendrein musste man sich auf eine mindestens zweijährige Durststrecke einstellen. Dann erst sollte das neue Einsteigermodell auf den Markt kommen, der Boxster, in dessen Entwicklung die letzten Reserven flossen. Von ihm erhoffte man sich den entscheidenden Schub, weil er mit einem Preis von etwa 70 000 D-Mark neue Käuferschichten erobern sollte. Ob Porsche bis dahin wirtschaftlich überleben konnte, hing ausschließlich vom Erfolg des umstrittenen 911-Nachfolgers ab. Und der wurde dann, trotz flach liegender Scheinwerfer, zu einem Verkaufserfolg.

Wiedeking kämpfte weiter, an allen Fronten. Besonders rigoros räumte er im Management auf. In der Produktion verschwanden zwei Hierarchieebenen völlig, in der Verwaltung wurde ein Sechstel der Führungspositionen gestrichen. In der Herstellung verminderte er systematisch den eigenen Anteil an der Fertigung. Wenn Zulieferer ein Teil billiger herstellen konnten, ließ er die hauseigene Abteilung schließen; mit den Zulieferern handelte er dann Preisabschläge von bis zu 60 Prozent bei einzelnen Bauteilen aus. Wer keine Zugeständnisse machte, flog raus. In fünf Monaten wurde jeder zweite Stammlieferant ausgewechselt. Weitere würden folgen, drohte Wiedeking.

Die harten Maßnahmen sollten sich lohnen, für Porsche und Wiedeking selbst. Am 1. August 1993 wurde er offizell zum Vorstandsvorsitzenden ernannt. Hinter sich hatte er bis dahin eine Karriere im Eiltempo: Abitur, Maschinenbaustudium, Vorstandsassistent bei Porsche, Geschäftsführer bei Glyco, Produktionschef bei Porsche und in derselben Firma schließlich mit 40 Jahren Vorstandsvorsitzender.

Wiedeking war in seinem Leben oft der Erste, und so holte er auch als erster deutscher Automanager japanische Berater ins Unternehmen. »Der hat die Produktion in Wochen umgekrempelt, und er war enorm mutig und entscheidungsfreudig«, sagt Manfred Jantke. »Dann holte er die Kaizen-Truppe aus Japan. Das muss man sich mal vorstellen – da kommen Japaner und sollen den altgedienten Porsche-Arbeitern sagen, wie man Autos baut. Das war eine sehr unpopuläre Geschichte. Aber so war er.«

Kaizen (japanisch *kai*: Veränderung, Wandel; *zen*: zum Besseren) – ausgerechnet einen früheren Produktionsexperten von Toyota heuerte Wiedeking an, um die Fertigungsabläufe zu untersuchen. An alle Mitarbeiter ließ er die Broschüre »Der Qualitätsturbo« verteilen, in der die Kaizen-Philosophie auf allgemein verständliche Schlagworte verkürzt wurde. Das Ganze nannte sich »Porsche Verbesserungs-Prozess« (PVP), Motto: »Jedes Problem lässt sich lösen: turbomäßig!«

Und die Lösungen waren teilweise tatsächlich so simpel, dass man sie sicher auch ohne Kaizen hätte finden können. So erkannten die fernöstlichen Berater, dass es zeitraubend und ermüdend war, wenn ein Monteur am Motorenfließband an zweieinhalb Meter hohen Regalen hochklettern musste, um an seine Montageteile zu kommen. Erst wurden die Regale verkleinert, dann ganz abgeschafft. Stattdessen wurde eine Art Einkaufswagen ins Fließband eingeklinkt, der den

Motor während der Herstellung begleitete. Jetzt kam das Material zu den Schraubern und nicht umgekehrt.

Den größten Motivationsschub brachte das PVP-Vorschlagswesen. Nach Kaizen-Art wurden auch die Arbeiter danach befragt, wie sie ihren eigenen Arbeitsplatz organisieren würden, wenn man sie nur ließe. Jeder Verbesserungsvorschlag, der umgesetzt wurde, brachte bis zu 100 D-Mark in bar und Punkte. Der Sonderpreis für den fleißigsten Punktesammler am Jahresende war eine Harley-Davidson für 18000 Mark. Nach Einführung des Systems nahm die Zahl der Verbesserungsvorschläge von zwölf auf über 2000 pro Monat zu.

Porsche machte langsam wieder Gewinn, und davon durfte Wiedeking laut Vertrag knapp 1 Prozent als Bonus behalten – später sollte diese Klausel für ihn noch Gold wert sein. »Wiedeking war am Anfang wirklich der Retter von Porsche«, sagt *Spiegel*-Redakteur Dietmar Hawranek, sicher einer der besten journalistischen Experten für die Automobilindustrie. »Porsche stand am Rande der Pleite, man wollte eine Kapitalerhöhung vornehmen, die Deutsche Bank wollte nicht mitziehen. Es war unheimlich schwierig, Geld aufzutreiben. Wiedeking hat Porsche durchrationalisiert, er hat neue Produkte auf den Markt bekommen. Er hat es geschafft, dass diese Firma zur profitabelsten Autofirma der Welt wurde.«

Noch ein Mal mussten die beiden Familienzweige zusammenstehen und für die Kapitalerhöhung 200 Millionen D-Mark aus ihren Privatschatullen zuschießen. Die Firma schien fast schon saniert, als sich die Probleme häuften.

Im Sommer 1994 endete die Mercedes-Montage in Zuffenhausen. Um diesen Verlust abzufangen, schaltete sich Ferdinand Piëch ein und schob den Stuttgartern einen Folgeauftrag zu. In den Jahren 1994 und 1995 sollten 2000 Audi-Sportkombis, Typ Avant RS2, in Zuffenhausen produziert werden. Stückpreis: 98900 D-Mark, Porsche-Bremsen inklusive. Der Produktionsauftrag konnte das fehlende Mercedes-Geschäft allerdings nicht ganz ersetzen. Und dann brach auch noch der Dollar ein. Der Kurssturz der US-Währung traf auch andere Exportunternehmen, aber bei Porsche wirkte er sich besonders heftig aus. Rund 60 Millionen D-Mark mussten die Stuttgarter in den Wind schreiben, die Finanzexperten von Porsche hatten die Währungseinnahmen offenbar nicht ausreichend abgesichert.

Und schließlich musste die Produktion der beiden Frontmotor-Modelle 968 und 928, die unter Wiedekings Vorgängern auf den Markt kamen, mangels Nachfrage eingestellt werden. Der eine galt als zu langweilig, der andere als zu teuer. So hing das Schicksal der Traditionsfirma wieder von einem einzigen Modell ab – dem seit über 30 Jahren gebauten 911. Wiedeking rechnete im Geschäftsjahr 1994/95 mit einer Gesamtproduktion von 18000 Wagen, einschließlich der Auftragsfertigungen für andere Autofirmen. Modellpolitisch war man etwa auf den Stand von 1965 zurückgeworfen.

Der Porsche-Lenker selbst hatte sich nach gut zwei Jahren harter Aufräumarbeit einen hervorragenden Ruf in der Branche erarbeitet. Immer wieder wurde über Wiedekings berufliche Zukunft spekuliert, manche sahen ihn schon auf dem Chefposten bei Audi. In Ingolstadt hatte sich nämlich einiges geändert, Ferdinand Piëch war in Richtung Wolfsburg aufgebrochen. Wiedeking dementierte die Audi-Gerüchte auf seine ganz eigene Art: »Da müsste ich ja ein Loch im Kopf haben.«

KAMPF UM DIE WOLFSBURG – FERDINAND PIËCH ÜBERNIMMT DAS VOLKSWAGEN-STEUER

Auch hoch oben auf der Wolfsburg hielt man sehnsüchtig Ausschau nach einem Retter. Anfang 1993 übernahm der Enkel von Ferdinand Porsche den Chefposten bei Volkswagen als Nachfolger von Carl H. Hahn. »Ich war der Meinung, an die Spitze eines solchen Unternehmens sollte in der Regel ein starker Ingenieur«, sagt Hahn im Interview. »Piëch war ein solch starker Ingenieur. Er war sehr schwierig für die Untergebenen, aber einen perfekten Menschen gibt es nicht. Wir legten in der heutigen Zeit die Priorität auf den Ingenieur.«

Das Konzernchef-Nachfolgespiel für den langjährigen Vorstandsvorsitzenden Hahn, Jahrgang 1926, war schon seit einigen Jahren im Gange, und Piëch befand sich nach eigener Einschätzung »mittendrin, ob ich wollte oder nicht«. Ihm war das wohl auch nicht besonders unangenehm, schon lange sah er es als seine Hauptaufgabe an, mit dem Tochterunternehmen Audi besser zu sein als die Konzernmutter – in der Technik, der Modellpolitik und der Rendite. »Je vernünftiger das Ergebnis, umso freier würde man uns handeln lassen«, so Piëchs Kalkül. Da war einer, der den Chefs in Wolfsburg zeigen wollte, dass er besser wusste, wie man die ganze Riesenfirma führte. Piëch ist nun mal nicht gern Zweiter.

Was die Lage des Konzerns betrifft, so hatte er für sich ein klares Bild gewonnen: Aus dem latenten Rentabilitätsproblem bei Volkswagen sei ein »brennendes« geworden. Zu Deutsch: Volkswagen verdiente schon lange nicht mehr genug Geld. Als ausgeprägter Vertriebsmann habe Hahn versucht, alle Probleme über Stückzahlen und den Verkauf zu lösen, wobei das Schlankheitsgebot in der Produktion aber sträflich vernachlässigt worden sei. Immerhin habe man seit 1990 mehr als drei Millionen Autos im Jahr verkauft. Dass man im reinen Autogeschäft aber praktisch nichts mehr verdient habe, »schien Hahn nicht genügend ernst zu nehmen«. So weit Piëchs Analyse. Als großes Verdienst rechnete er Hahn an, dass er den Konzern rechtzeitig in weltweite Strategien einbezogen habe, etwa durch die Aufnahme einer eigenen Produktion in China (1985), mit dem Einstieg bei Seat (1986) und Škoda (1991). Leider sei die Lage dann aber etwas unübersichtlich geworden. Der operative Verlust für 1991 betrug 770 Millionen D-Mark, für 1992 rechnete man sogar mit über einer Milliarde.

Schärfster Rivale im Kampf um die Hahn-Nachfolge war Daniel Goeudevert, damals Markenvorstand von Volkswagen und Stellvertreter Hahns im Konzern, Grünen-Freund und Mobilitäts-Vor- und Querdenker. Piëch sah in Goeudevert, wie er selbst bekannte, »einen hervorragenden Verkäufer« und hatte »somit allen Respekt vor seiner Professionalität«. Dass er sich als überzeugter Grüner darstellte, habe ihm weniger Sorgen gemacht als etlichen anderen Automenschen. »Im Endeffekt«, erläutert Piëch, »wollte auch Goeudevert so viele Autos wie möglich verkaufen, und wie er mit seinen Reden und Ansichten den Spagat schaffte, war nicht mein Problem.«

Auch Daniel Goeudevert spricht heute in höchster Achtung über seinen damaligen Konkurrenten: »Wir haben einige Dinge gemeinsam, aber viele mehr, die sich ergänzen. Ich bin eher ein Mensch der Empfindlichkeit für die Kontakte nach draußen, ein Mensch des Vertriebs, des Marketings und auch des Vorausdenkens. Das kann er genauso gut, er geht aber in eine andere Richtung. Ich gehe über das Produkt hinaus in gesellschaftliche Ereignisse. Das sind zwei Wege, die sich treffen könnten.«

Die Wege trafen sich aber nicht, man kam sich höchstens in die Quere. Und die entscheidende Frage dabei war, wer Vorfahrt hatte. Piëch wusste ganz klar, im Fall der Wahl Goeudeverts würde er sich einen neuen Job suchen. Goeudevert wiederum sagt heute, er hätte unheimlich gern ein Stück der Reise mit Piëch gemacht. Es konnte aber nur einer Chef sein. Schließlich entschieden sich die Vertreter der Arbeitnehmer und die Vertreter von Niedersachsen im Aufsichtsrat für Piëch als Vorsitzenden. Der Ministerpräsident des Landes hieß damals Gerhard Schröder. In der Sitzung vom 10. April 1992 beschloss der Aufsichtsrat, Piëch zum 1. Januar 1993 zu wählen und Goeudevert als Stellvertreter zu belassen. Ein »Duo fatale«, wie *Der Spiegel* unter der Überschrift »Die Ahnungslosen« kommentierte.

Als Piëch in die Wolfsburg eintrat, kam er nicht allein – er warb den spanischen Kostenkiller und Einkäufer José Ignacio López von General Motors ab. »Als Opel-Chefeinkäufer hatte der Baske den Ruf eines harten Managers mit erstaunlichen Erfolgen«, schreibt Piëch. Er sollte das Kardinalproblem bei Volkswagen anpacken: In teuren Fabriken wurde zu teuer produziert. Piëch wollte das Manko auf mehreren Ebenen angehen, der »rascheste, punktgenaue Zugang zu einer Ergebnisverbesserung« aber lag seiner Meinung nach im Konzerneinkauf.

Deshalb setzte er auf López. Sechs Wochen nach seinem Amtsantritt holte Piëch den Spanier als eine Art Super-Vorstandsmitglied nach Wolfsburg, verantwortlich für Einkauf und Produktion, was in der Branche für mächtig Wirbel sorgte. López hatte wegen seiner rüden Managementmethoden einen »verheerend guten Ruf«, wie *Der*

Spiegel berichtete. In seiner Zeit bei General Motors hatte der streng gläubige Katholik eine Anleitung für seine Einkäufer verfasst, »Feeding the Warrior Spirit«, in der er die Methoden des richtigen Umgangs mit den Zulieferern auflistete. Demnach sollte der Lieferant mit vielfältigen Aktivitäten, »viele Sitzungen, viele Anfragen, stets eilig«, »destabilisiert« werden. Außerdem sollten die Einkäufer »die Nervosität« erhöhen, indem sie »den Zulieferern Termine setzen, Entscheidungen jedoch verzögern«.

López empfahl seinen »Kriegern« in einer 44-seitigen Gesundheitsfibel sogar, was sie essen sollten, um im »Kampf gegen die Kosten« fit zu bleiben: »Dieser Planet besteht zu 70 Prozent aus Wasser. Ihr Körper besteht zu 70 Prozent aus Wasser. Sie müssen eine Diät einhalten, die auf Nahrungsmitteln mit einem Wassergehalt von 70 Prozent basiert.« Und im Übrigen sollten sie ihre Uhren am rechten Handgelenk tragen – als Zeichen für eine neue Ära bei General Motors. Auch als López zu Volkswagen kam, trug er die Uhr rechts, er war also auf dem Kriegspfad. Sieben seiner »Krieger« nahm er vom früheren Arbeitgeber gleich mit nach Wolfsburg.

Ehemalige Kollegen bei General Motors sprachen wechselweise mit Achtung oder Abscheu über ihn. Seine Mitarbeiter könne er durchaus begeistern, indem er ihnen das Geschäft wie einen Feldzug gegen die japanische Konkurrenz erklärte. Damit befand er sich mit dem neuen Volkswagen-Chef auf einer Linie. Andererseits konnte es kaum verborgen bleiben, dass er Opel mit seiner rigiden Einkaufspolitik fast kaputtgespart hatte. Weil López seinen Lieferanten brutal die Preise zusammenstrich, bekam er den Beinamen »Der Würger von Rüsselsheim«. Die deutsche General-Motors-Tochter hatte seinerzeit jedoch gravierende Qualitätsprobleme: Als zum Beispiel beim Mittelklassemodell Vectra die Schlösser für den Sicherheitsgurt brachen, wurde das als Zeichen für die Kostendrückerei bei den Zulieferern gedeutet. Es dauerte Jahre, bis Opel sich von dem Imageschaden erholt hatte.

Die Unterschrift von López bei Volkswagen war eine Ohrfeige für seinen früheren Arbeitgeber und sollte nicht ohne Folgen bleiben. Für den zweiten Mann im Konzern, Daniel Goeudevert, war nun kein Platz mehr im neuen Tableau, der für López ohnehin wenig Sympathien hegte. »Diese Art der Arbeit und des Vorgehens hat unheimlich viel Unruhe gebracht«, erinnert sich Goeudevert. »Zwei Gruppen haben sich gebildet: einerseits Ferdinand Piëch als oberster Chef, andererseits López als Staat im Staat, denn er kam nicht allein, sondern mit seinen ›Warriors‹, seinen ›Kriegern‹. Der Ausdruck sagt alles. Plötzlich hatten wir im Vorstand einen López-Kern. Man wusste überhaupt nicht mehr, wer berichtet an wen, wer berichtet was, und so weiter. Das ist nicht meine Welt.« Goeudevert musste gehen, ein halbes Jahr nachdem Piëch gekommen war. Er habe kein Vertrauen mehr in seinen Stellvertreter, teilte Piëch dem Aufsichtsrat mit, dem Geschassten folgten weitere Topmanager. »Der weitgehende Austausch sowohl des Konzern- als auch des Markenvorstands hat mir nicht gerade den Ruf der Harmoniesüchtigkeit eingetragen«, räumt Piëch ein. Es sei aber kein Wüten gegen die Mannschaft gewesen, sondern die nüchterne Überzeugung, dass ein grundsätzlicher Wechsel im Denken und Handeln nötig gewesen sei – schließlich habe das frühere Topmanagement die Misere verursacht.

Ignacio López, kurz vor dem Wechsel nach Wolfsburg noch als »Man of the Year« gefeiert, bekam bald den Zorn von General Motors zu spüren. Volkswagen, so der Vorwurf, profitiere von Unterlagen, die López bei seiner früheren Stelle habe mitgehen lassen. Nach einer Anzeige des US-Konzerns ermittelte die Staatsanwaltschaft Darmstadt. Ihr Verdacht: »Zweck der Beschaffung dieser Unterlagen war es, diese nach einem Wechsel zu VW dort zu verwenden und im Interesse von VW auszuwerten.« Damit standen der neue Volkswagen-Chef Ferdinand Piëch und sein Chefeinkäufer plötzlich im Mittelpunkt eines Eklats, wie es ihn in der deutschen Wirtschaft noch nicht gegeben hatte. Opel-Manager sprachen gar vom »größten Fall von

Industriespionage in der Geschichte der Automobilindustrie«. Piëch konterte, die Attacke habe für ihn »die Dimension eines Kleinkrieges unterhalb der Gürtellinie«, und er sehe darin nichts anderes als die Reaktion eines beleidigten Mitbewerbers, der seinen besten Mann gerade an die Konkurrenz verloren hatte.

Opel beschuldigte den abtrünnigen Spanier, er habe es gezielt darauf angelegt, seinem früheren Arbeitgeber zu schaden. So habe er wichtige Unterlagen über Einkaufsstrategien und Konzerndaten mit nach Wolfsburg genommen, seine Mitarbeiter hätten sich zudem Fotos neuer Modelle beschafft. Piëch wies den Verdacht gegen seinen neuen Mitstreiter vehement zurück: »Ich habe López nicht engagiert, um über ihn oder seine Mitarbeiter an Opel-Material heranzukommen.« Die Unternehmenskultur von Volkswagen und Opel sei so unterschiedlich, so Piëch, dass die einzelnen Leute lieber achteckige statt sechseckige Schrauben machen würden, »nur damit's anders ist«.

Die Indizien allerdings schienen zunächst gegen López zu sprechen: Wenige Tage bevor er zu Volkswagen gewechselt war, hatte er noch an einer Vorstellung geheimer Opel-Prototypen teilgenommen. Der Vorstand in Rüsselsheim weihte die Kollegen des US-Mutterkonzerns in die langfristige Modellplanung ein – mit Skizzen, Fotos, Tonmodellen und anderen streng gehüteten Details. Anschließend standen Testfahrten mit Prototypen auf dem Programm, die erst in einigen Jahren auf den Markt kommen sollten. Später stellte sich heraus, dass López schon einige Tage vor seinem Besuch in Rüsselsheim zu Gesprächen nach Wolfsburg gereist war. Er habe sich dort dem Präsidium des Aufsichtsrats vorgestellt, warfen ihm die Opel-Manager vor.

Noch kurz vor seiner Abreise am 9. März 1993 aus Rüsselsheim hatte der Baske vom guten Arbeitsklima im Konzern geschwärmt, General Motors sei für ihn wie eine Familie – zwei Tage später hatte er seine Meinung plötzlich geändert. López kündigte. Am 16. März schon ernannte ihn der Volkswagen-Aufsichtsrat zum neuen Super-Vorstand für Einkauf und Produktion, was bei Opel freilich den Verdacht schürte, López habe mit seiner Kündigung bewusst bis nach der Vorstellung der Prototypen gewartet, um die sorgsam gehüteten Firmengeheimnisse mit nach Wolfsburg zu nehmen.

Und dann war da noch die Sache mit den Kisten. »Natürlich ist die Irritation mit den Kartons nicht wegzudiskutieren«, räumt auch Piëch in seinen Erinnerungen ein. Die Staatsanwaltschaft Darmstadt hatte die Ermittlungen ausgeweitet, nachdem in der Privatwohnung von zwei López-Getreuen, die mit ihm nach Wolfsburg wechseln sollten, vier Umzugskartons mit Opel-Materialien gefunden wurden. Ein Zeuge wollte sogar noch einen Reißwolf im Flur gesehen haben, daneben zwei Koffer mit Schriftstücken und überall verstreut Papierfetzen. Spätestens jetzt trug die ganze Affäre den Charakter einer Agentenklamotte. In den sichergestellten Kisten fand die Staatsanwaltschaft angeblich Unterlagen über Einkaufskonditionen von Opel, Kosteneinsparungen und Pläne vom geheimsten Projekt des Rüsselsheimer Unternehmens, einem neuen Kleinwagen, internes Kürzel »O-Car«. In seiner *Auto.Biographie* pariert Piëch den Vorwurf der Industriespionage kühl: »Ich kannte solche Pläne nicht, kenne sie bis heute nicht, weiß auch gar nicht, welches vielleicht inzwischen gebaute Auto damit gemeint sein könnte.« Und außerdem, so Piëch, habe seine »Bewunderung für Opel in 40 Berufsjahren nie ein Maß erreicht, das mich neugierig auf dahinterliegende Geheimnisse hätte werden lassen«.

Doch dann schaltete sich auch noch die Politik ein. Das US-Justizministerium fürchtete Schaden für die amerikanische Volkswirtschaft, falls tatsächlich Unterlagen bei General Motors gestohlen worden sein sollten, und beauftragte das FBI mit Ermittlungen. Der damalige Bundeswirtschaftsminister Günter Rexrodt (FDP) fürchtete »Schaden für den Standort Deutschland«; Bundeskanzler Helmut Kohl (CDU) fand die Affäre um López »höchst unappetitlich«; für Niedersachsens Ministerpräsidenten und Volkswagen-Aufsichtsrat

Gerhard Schröder (SPD) war der Verdächtigte hingegen »ein Ehrenmann«.

Ferdinand Piëch hielt am Spanier fest und teilte mit, er werde ihn halten, »so lange er lebe«. General Motors schäumte. Piëch setzte auf Angriff. Er lud zur Pressekonferenz am 28. Juli 1993 nach Wolfsburg, die zu einer One-Man-Show geriet, wie man sie selten zuvor von einem Topmanager erlebt hatte.

»Guten Morgen, meine Damen und Herren«, eröffnete Piëch seine Rede, gleich gefolgt von dem Zitat, das ihn auf die Titelseite des *Spiegel* brachte: »›Das ist ein Krieg zweier Unternehmen: General Motors will, dass Volkswagen ein großes, nicht wettbewerbsfähiges bürokratisches Unternehmen bleibt. Es ist eine Kampagne mit genau dieser Zielrichtung.‹ Das sagt Daniel T. Jones, Professor des Fachs Motor Industry Management an der University of Cardiff in Wales. Gegenüber der *New York Times* erklärte Jones vorgestern weiter: ›Sie werden López verfolgen, bis sie ihn haben. Die Motivation dazu kommt zum Teil aus einer Verärgerung über seinen Abschied. Hauptsächlich aber sehen sie eine Gelegenheit, VW zu verletzen. Alles wird sich verdichten zu einem brutalen Positionskampf auf dem europäischen Automobilmarkt.‹ Sehr geehrte Damen und Herren, ich entnehme dieses Statement eines neutralen Wissenschaftlers der *New York Times* von vorgestern. Ich finde, es spricht für sich. Vielleicht wirkt das auch als ein Signal an Fiat oder Peugeot, die sich in der europäischen Autohitliste noch vor Opel – und hinter Volkswagen – auf dem zweiten und dritten Rang befinden. Wenn der General-Motors-Krieg gegen Volkswagen verloren geht, werden sich wohl auch Konkurrenten auf bisher unübliche Praktiken einrichten müssen. Es ist aus meiner Sicht unerträglich, in welcher Weise der amerikanische Konzern General-Motors-Opel einen persönlichen Rachefeldzug gegen Dr. López führt und zugleich versucht, in diesem Rahmen die Staatsanwaltschaft, die Medien, die Öffentlichkeit zu missbrauchen, um unser Unternehmen zu verunglimpfen. Ich appelliere also an die Verantwortlichen

»Das ist ein Krieg zweier Unternehmen (...)« – Ferdinand Piëch bei seiner legendären Pressekonferenz am 28. Juli 1993

von GM und Opel, unverzüglich dafür zu sorgen, dass die unlauteren Machenschaften unterbunden werden.«

Dann kam Piëch zur Sache. Es ging ihm um eine Mission: »Wir müssen eine unangenehme Arbeit tun, damit wir überleben. Wir müssen unseren Standort Europa sichern, vor allem unseren Standort Deutschland.«

Für die Rettung des schwankenden Riesen Volkswagen hatte der neue Vorstandschef Piëch den charismatischen Spanier mit dem Stahlbesen dringend gebraucht, denn tatsächlich verlor der Konzern zunehmend Marktanteile in der globalisierten Welt – und legte zeitweise auf jedes produzierte Auto bares Geld drauf. Je mehr Autos man produzierte, desto mehr Verluste fielen an. Die Herstellung in den überalterten Fabriken war hoffnungslos unmodern. Volkswagen fuhr damals pro Jahr fast zwei Miliarden D-Mark Verlust ein.

Piëch weiter: »Die Keller dieses Konzerns sind voll mit guten Ideen, wie man rationalisiert. Wissen Sie, was uns gefehlt hat? Jemand, der diese Ideen umgesetzt hat.«

Deshalb waren sie ausgezogen in den Kampf, der unerschrockene Held von der Wolfsburg mit López und seinen »Kriegern«. Allein gegen den Rest der Welt.

»Wie wird die Autoindustrie nach dieser Schlammschlacht aussehen?«, lautete die schriftlich eingereichte Frage eines Journalisten bei der Pressekonferenz.

Piëch: »Das kann ich nicht vorhersagen. Aber immer wenn es um Krieg geht, sind am Ende weniger vorhanden. Und es gibt immer Gewinner und Verlierer. Und ich habe die Absicht, der Sieger zu sein.«

Das war nicht mehr und nicht weniger als eine Kriegserklärung. Und auch sonst hatte er für den damals mit Abstand größten Autoproduzenten der Welt – General Motors – nur verächtliche Bemerkungen übrig: »Ich glaube, ich habe an dieser Stelle schon ausreichend erklärt, dass uns Opel nicht interessiert, falls Sie das noch nicht verstanden haben. Ich guck nicht nach dem Vierten in Europa, ich guck nach dem Ersten in der Welt. Und das ist nicht der Größte, sondern das ist der am schnellsten Wachsende. Das ist die Gefahr und die besteht aus Japan und nicht aus Amerika. Ich guck nicht nach Schrumpfenden. Ich guck nicht nach Dingen, die kleiner werden. Wir wollen doch überleben und kämpfen darum. Bitte gehen Sie mal davon aus: Ich orientiere mich am Wettbewerb, und der Wettbewerb, der uns die Benchmarks hier in Europa vorschreibt, den finde ich heute in Asien.«

Anfang der Neunzigerjahre hatten die Asiaten gefährlich aufgerüstet. Mit robusten und preisgünstigen Modellen und vor allem neuen, rationellen Produktionsmethoden hatten japanische und koreanische Unternehmen den Großangriff auf die deutsche Autobranche gestartet. Vor allem die Japaner statteten ihre Autos mit bewährter, funktionssicherer Technik aus und verzichteten auf anfällige Innovationen und technische Spielereien ihrer Ingenieure. Billig, funktionssicher und effizient, lautete ihre Devise. Und so eroberten sie den Weltmarkt.

»Das Wort Krieg hat die Gemüter natürlich ein bisschen erregt, aber de facto hatte er recht«, räumt auch Piëchs alter Gegenspieler Goeudevert ein. »Es war damals ein Kampf ums Überleben. Denn er sah, soweit ich mich an Gespräche mit ihm erinnere, Asien natürlich auch völlig anders kommen als die anderen. Aber er verstand darunter nicht nur Japan, sondern auch China.«

Der Krieg gegen General Motors endete erst 1998 mit einem Vergleich, also fünf Jahre später. Über all die Jahre hatte die Staatsanwaltschaft Darmstadt ermittelt – ohne nennenswertes Ergebnis. Letzten Endes schlug das Gericht die Einstellung des Verfahrens wegen Geringfügigkeit vor; López und drei seiner Mitarbeiter überwiesen Spenden an wohltätige Organisationen, womit der angeblich größte Fall von Industriespionage in der Geschichte der Automobilindustrie sein Ende nahm – ein gewaltiger Sturm im Wasserglas.

Weitaus bedrohlicher war da die Attacke aus Fernost, die der Enkel des Volkswagen-Konstrukteurs mit einer Gegenoffensive beantwortete, der zunächst ein sorgfältiges Studium der japanischen Produktionsmethoden zugrunde lag. Qualität, Standardisierung und Produktivität standen ganz oben auf seiner Agenda. Warum sollte der Konzern ein Dutzend verschiedene Scheibenwischer bauen? Wie sieht ein perfekter Handgriff im Innenraum aus? Was muss man tun, damit der Griff nicht wie in einem Billigauto nach oben klappt, wenn man ihn loslässt, und er sich stattdessen langsam nach oben bewegt wie in einem Luxusfahrzeug? Wie breit darf der Abstand zwischen Karosserieteilen sein? Die möglichst knappe Fuge wurde so erstmals zum Qualitätsmerkmal. Piëch selbst besichtigte weltweit die Werke und sah auf den ersten Blick, wenn in der Lackiererei Unordnung herrschte und der Lack durch Staubpartikel verunreinigt wurde.

Unter Piëchs Regie begann eine stürmische Entwicklung, mit der die Grundlagen für den heutigen Erfolg des Volkswagen-Konzerns geschaffen wurden: umfangreiche Umstrukturierung der Produktion, ein radikales Kostensenkungsprogramm, die Einführung der

Plattformstrategie, heute besser als Baukastenstrategie bekannt. Noch im Sommer 1993 stellten sich die Rationalisierungseffekte so schnell ein, dass selbst Piëch nach eigenem Bekunden davon überrascht war; wodurch der Konzern mit Vollgas auf ein neues Problem zuraste: Plötzlich zeigte sich, dass in den Jahren zuvor ungeheure Überkapazitäten aufgebaut worden waren. Viele der Volkswagen-Werke waren völlig überdimensioniert und beschäftigten zu viele Menschen, allen voran das Hauptwerk in Wolfsburg. Etwa 30000 von insgesamt 128000 Mitarbeitern in Deutschland waren nach Berechnungen von Piëch und seinem Rationalisierungsexperten López zu viel an Bord. Die Lohn- und Gehaltskosten lagen bei Volkswagen etwa 20 Prozent über denen der damaligen deutschen Hauptkonkurrenten Opel und Ford, Folge einer Politik, die in den Zeiten der Hochkonjunktur die Rationalisierung der Produktionsabläufe außer Acht gelassen hatte; und Ausdruck einer traditionell starken Machtstellung des Betriebsrats, der sich gegen Einschnitte bei der Stammbelegschaft stets gewehrt hatte – ganz besonders im Hauptwerk Wolfsburg.

Die personellen Überkapazitäten wurden damals auf unkonventionelle Weise abgebaut. Ferdinand Piëch im Gespräch mit Stefan Aust auf dem Pariser Automobilsalon: *»Wir standen bei Volkswagen einmal sieben Wochen vor der Zahlungsunfähigkeit. Das war Ende 1993, Anfang 1994. Damals drohte uns, dass wir 50000 Menschen entlassen mussten, davon allein 30000 in Niedersachsen. Damals haben wir gemeinsam mit der Arbeitnehmerseite ein Modell gefunden, mit dem wir diese Notlage überbrücken konnten. Das brachte uns den nötigen Spielraum, die dreistelligen Millionenbeträge freizubekommen, die wir für den Fall der Entlassungen zurückgestellt hatten. Damit waren wir wieder zahlungsfähig. Aber das war knapp.«*

Der damalige Personalvorstand Peter Hartz, VW-Betriebsratschef Klaus Volkert und die IG Metall einigten sich auf die – inzwischen wieder abgeschaffte – Viertagewoche ohne Lohnausgleich. Im Gegenzug verzichtete der Konzern auf Massenentlassungen, ein beispielhaftes Modell dafür, wie man Beschäftigungskrisen ohne das letzte aller Mittel überwinden kann – und der erste Erfolg des neuen Personalvorstands, der im Oktober 1993 zu Volkswagen gekommen war: Peter Hartz. Als Arbeitsdirektor in der saarländischen Stahlindustrie war es ihm gelungen, mehrere Tausend Arbeitsplätze abzubauen, ohne einen Mitarbeiter zu entlassen. Hartz war Mitglied der IG-Metall und der SPD, hatte eine Lehre, das Abendgymnasium und die Fachhochschule absolviert und als Personalchef stets eng mit Betriebsräten zusammengearbeitet. Seine Erfahrungen aus der kriselnden Stahlindustrie waren auch beim Sanierungsfall Volkswagen gefragt. Hartz hatte den Plan entwickelt, mit dem das Management in Verhandlungen mit dem Betriebsrat getreten war.

»Alle Tatsachen liegen auf dem Tisch:

- Der Konzern ist tief in den roten Zahlen.
- Die Umsatzrendite der deutschen Werke des Konzerns ist bei null oder darunter. Die Fertigungsprozesse verbrauchen mehr Geld, als sie erwirtschaften.
- Eine Beschäftigungsanalyse für die sechs deutschen Werke errechnete bis Ende 1995 einen Personalüberhang von 30 Prozent oder 31 000 Mitarbeitern.

Erkenntnisse daraus:

- Es gibt keinen Spielraum für Innovation, Investition und Krisenreaktion.
- Arbeitsplätze sind gefährdet. Nur wettbewerbsfähige Arbeitsplätze können auf Dauer gesichert werden.

Zielsetzungen:

- Keine Resignation vor der Aufgabe, mit klassischen Industrien an Hochkostenstandorten zu überleben, also keine Flucht aus Deutschland
- Daher Produktivitätssteigerung

- trotz Beschäftigungssicherung

Überbegriffe für ein radikales Umdenken, da diese Ziele mit kleinlichem Geplänkel nicht zu erreichen sind:

- Eine neue Zumutbarkeit, Verschieben von Grenzlinien und Tabuschranken
- Beschäftigungssicherung braucht eine neue Reihung der Interessen.

Maßnahmen:

- Einsparung von Personalkosten durch Umverteilung von Zeit
- Beschäftigungssicherung durch variable Arbeitszeitmodelle anstelle von Entlassungen (Man rettet Qualifikation und Motivation für das Unternehmen, unterstützt die Bereitschaft der Belegschaft zur Produktivität und ermöglicht schnellere Kostenanpassungen als alle Sozialpläne.)
- Den Rhythmus für das ›atmende Unternehmen‹ zu finden, ein Unternehmen, das auf glaubhafte Weise über lange Jahre hinweg mit seinen Menschen lebt«

Die »neue Zumutbarkeit« bedeutete für die Beschäftigten Lohn- und Gehaltseinbußen von 14 bis 16 Prozent, beim Vorstand waren es 20 Prozent. Über Nacht sparte das Unternehmen damit 1,4 Milliarden D-Mark an Ausgaben und konnte darüber hinaus 800 Millionen D-Mark aus den Sozialplan-Rückstellungen auflösen, die für den Fall von Massenentlassungen gebildet worden waren. Die Sicherung der Arbeitsplätze und die Rettung des Konzerns im Einvernehmen mit den Arbeitnehmern ließen Gewerkschaft, Betriebsrat und Management näher zusammenrücken. Auch der damalige Betriebsratsvorsitzende des Konzerns, Klaus Volkert, war voll auf Linie. »Ohne eine Veränderung der Arbeitsorganisation wird auch Volkswagen weltweit nicht in der

Lage sein, die wachsenden Ansprüche, vor allem an die Qualität, zu erfüllen«, verkündete er vor Betriebsratskollegen im Sommer 1993.

Piëch und sein Personalvorstand Hartz retteten nicht nur Volkswagen vor der Pleite, sondern auch Wolfsburg vor dem Untergang – denn hier war und ist Volkswagen alles.

Aust: »Würden Sie sagen, eine solche Erfahrung schweißt zusammen?«

Piëch: »Die Verbundenheit zu Volkswagen ist immer noch eng. Es hat enorm hohes Vertrauen geschaffen, dass wir die Mitarbeiter nicht entlassen und diese Notlage mit ihnen gemeinsam durchgestanden haben. Dies war auch der Wendepunkt, der eine engere Verbindung zu Volkswagen brachte als zu Porsche.«

16 Jahre später, beim Übernahmekampf zwischen Volkswagen und Porsche, sollte diese engere Verbindung zu Wolfsburg eine entscheidende Rolle spielen. Doch bis dahin war es noch ein weiter Weg. Und in der Zwischenzeit sollten die Begriffe »neue Zumutbarkeit, Verschieben von Grenzlinien und Tabuschranken« im Zusammenhang mit dem Betriebsrat noch eine völlig neue Bedeutung bekommen.

DAS SYSTEM VOLKSWAGEN – DIE INTIME VERSÖHNUNG ZWISCHEN KAPITAL UND ARBEIT

Volkswagen fuhr Mitte der Neunzigerjahre wieder auf die Überholspur, aber der Preis für den inneren Frieden war hoch: Der mächtige Betriebsrat wurde noch mächtiger. Klaus-Joachim Gebauer, früherer Volkswagen-Personalmanager und in der Bestechungsaffäre zu unfreiwilliger Berühmtheit gelangt, gibt im Interview zu Protokoll: »Die Verbindung Wolfsburg–Volkswagen war sehr eng. Das Überleben der Stadt war abhängig vom Überleben von Volkswagen. Das ist die erste Beziehung. Zweitens gab es einen sehr starken Einfluss der IG Metall. Das ist durch persönliche Verhältnisse gewachsen. Und daraus abgeleitet wuchs der Einfluss des Betriebsrates überproportional. Woraus sich wiederum ein Zwang ergibt, zum Betriebsrat ein gutes Verhältnis aufzubauen.«

Auch der neue Personalvorstand Peter Hartz suchte die Nähe zum Betriebsrat und seinem Vorsitzenden Klaus Volkert, die beiden verband eine ähnliche Biografie. Volkert hatte wie Hartz ganz unten angefangen, als gelernter Schmied, dann wurde er Vertrauensmann und schließlich Vorsitzender des weltweiten Konzernbetriebsrats – Dienstwagen, Chefbüro und ein Direktorengehalt inklusive. Volkert galt als kollegial, aber auch als ehrgeizig und durchsetzungsstark. Seine Macht bezog der Betriebsrat auch aus der besonderen Eigentümerstruktur des Volkswagen-Konzerns. Das Land Niedersachsen ist mit 20 Prozent Anteil der größte Aktionär und besetzt zwei Plätze im Aufsichtsrat. Volkert und die Vertreter der Arbeitnehmer hatten im Kontrollgremium die Mehrheit, wenn sie gemeinsam mit Niedersachsen stimmten. Zu Piëchs und Volkerts Zeiten hieß der Ministerpräsident in Niedersachsen Gerhard Schröder. Mit ihm verstanden sich beide, der Kapitalist und der Arbeiterführer, prächtig.

Wer etwas werden wollte im Konzern, achtete darauf, sich gut mit Volkert zu stellen. Das galt auch für Topmanager. »Sie können sich das so vorstellen«, berichtet Personalmanager Klaus-Joachim Gebauer, »dass einzelne Vorstände, wenn sie einen Termin mit Volkert haben wollten, manchmal ein Vierteljahr gebraucht haben, bis sie vorgelassen wurden. Es war nicht so, dass sie einfach hingehen konnten. Aber das ist in Wolfsburg so gewachsen. Das Ausmaß der Macht, die Volkert hatte, war ungeheuerlich. Ungeheuerlich.«

Konzernchef Piëch wollte sich mit den Arbeitnehmern nicht anlegen, er brauchte Ruhe im Konzern, um seine Visionen zu entwickeln. Aus Gründen, die erst Jahre später öffentlich wurden, war Klaus Volkert aber äußerst handzahm. Mit Zustimmung des Betriebsrats wurde die Produktion radikal umgestellt. Wesentliches Element der Rationalisierung war die von Piëch und seinen Mitstreitern – darunter auch Martin Winterkorn, damals Chef der Qualitätssicherung – erdachte Plattformstrategie: Viele Teile wurden identisch in verschiedenen Fahrzeugtypen verbaut. Das war der wichtigste Schritt zu einer Reduzierung der Bauteile, plötzlich brauchte man nicht mehr 30 verschiedene Hinterachsen, sondern nur noch ein paar wenige. Sitzgestelle waren mit kleinen Ausnahmen für alle Fahrzeugmodelle gleich. Ein Haltegriff aus dem Golf konnte sich so später auch im

Phaeton wiederfinden. Oder die Antriebswelle eines Polo im Golf. Gleichzeitig war dies die Initialzündung für eine regelrechte Modellexplosion im Konzern, durch die Volkswagen plötzlich große und kleine Autos bauen konnte, schnelle und besonders sparsame, aufregende und praktische, teure und preisgünstige. Auf einmal konnten die Konzernmarken viele verschiedene Modelle auf wenigen unterschiedlichen Plattformen weltweit anbieten – und diese wiederum in zahllosen Ausstattungs-, Leistungs- und Karosserievarianten.

Zu Beginn von Piëchs Amtszeit stellte der Volkswagen-Konzern 28 verschiedene Autotypen her. Als er 2002 in den Aufsichtsrat wechselte, waren es 65, und noch immer war Platz für neue Modelle. Daniel Goeudevert hat die Anfänge dieser Strategie bei Volkswagen noch miterlebt. »Durch die Plattformstrategie wurden erhebliche Kosten eingespart, weil einfach nicht mehr so viele unterschiedliche Bauteile entwickelt und produziert wurden. Zugleich hat er (Piëch) mit seiner Mannschaft die Qualität in einem Quantensprung verbessert, was auch ein Mitverdienst von Winterkorn war, der ein Qualitätsbesessener ist genau wie Ferdinand Piëch. Also einen Passat Modell Piëch/Winterkorn und einen Passat, sagen wir mal, Modell Goeudevert/Seiffert (Entwicklungsvorstand Ulrich Seiffert), die können Sie nicht vergleichen. Das sind zwei andere Autos. Piëch hat den Weltkonzern sehr gut strukturiert und für diese Phase die richtige Philosophie eingeführt. Das heißt, jede Marke ist eine Welt für sich und muss das Beste aus dieser Welt machen.«

Anfangs betrieb Piëch in Wolfsburg nach eigener Aussage »Management durch Fragenstellen, Bohren, Nachhaken, Verknüpfen, Probieren, dabei immer Zeitdruck erzeugend, nie unverbindlich bleibend«. Für ihn ging es vor allem darum, die richtige Truppe zu formieren. Seinen Weggefährten Martin Winterkorn hatte er von Audi mitgebracht, der Ulrich Seiffert als Entwicklungschef im Konzern ablöste, da dieser Piëchs Meinung nach zu sehr auf die Marke Volkswagen fixiert war. An Winterkorn schätze er die technische Souveränität, gesamtheitliches Autoverständns und eine Liebe zum Detail, die ihm selbst abgehe, bekannte Piëch einmal. »Wo ich ein bisschen schlampig war in der Großzügigkeit schöner technischer Items«, erklärte der Volkswagen-Chef, »hat mich Winterkorn auf den Tugendweg der Kostenrechnung gebracht.«

Zu den ersten Amtshandlungen Piëchs als Konzernchef gehörte die Abnahme des neuen Polo für den Serienanlauf 1994. Dabei stellte sich heraus, dass sich das Getriebe nicht ordentlich schalten ließ. Zur nachfolgenden Besprechung erschienen 60 Leute. Piëch: »Das war wie ein Schaulaufen, es waren ungefähr 57 zu viel.« In der ganzen Firma, so schätzte er, würde es vermutlich nicht mehr als drei Leute geben, die in der Lage wären, das spezielle Problem zu lösen. Seine Aufgabe sei es gewesen, diese drei herauszufinden und die anderen wieder an ihre Schreibtische zu schicken.

Auf die Pflicht sollte die Kür folgen. Piëch wusste: Wer an die Weltspitze will, muss in allen Fahrzeugklassen vertreten sein – und auf den wichtigsten Märkten wie zum Beispiel China. Dabei strebte er nach Höherem. So wie die Luxusmarken Mercedes und BMW ihr Angebot nach unten erweiterten, wollte er mit Volkswagen nach oben expandieren. Das, so Piëch, sei auch wichtig für das »Selbstverständnis der Marke«. Man wagte neue Wege. Mit dem Wahlsieg des Auto-Kanzlers Gerhard Schröder im Herbst 1998 rundete sich das Bild. Mehr Luxuswagen war die Devise. Ein neuer Super-Volkswagen wurde aufgelegt, der Phaeton, für dessen Endmontage man eigens ein spektakuläres Werk nahe der barocken Dresdner Innenstadt baute, die »Gläserne Manufaktur«. Am 11. Dezember 2001 weihten Piëch und Schröder die neue Fabrik ein.

Wenn sich auch der Verkaufserfolg bis heute in Grenzen hält, mit dem Spitzenmodell Phaeton forderte Volkswagen die Konkurrenz aus Untertürkheim, München und Japan (Lexus) bewusst heraus. Und es ging auch darum, mit Zwölfzylindermotor, Allradantrieb und einem Oberklasse-Finish den hausinternen Wettbewerb mit Audi anzustacheln. Die transparente Produktion in der sächsischen Landeshauptstadt war ein Signal und ein stolzes Bekenntnis zugleich: Dies ist Qualität made in Germany, der Begriff Manufaktur sollte signalisieren, hier entsteht ein Luxusprodukt in alter sächsischer Handwerkstradition. Die neue Fabrik aus Glas und Aluminium war ein Tempel der gehobenen Automobilkultur. Zur Einweihungsfeier reiste viel politische Prominenz aus Bund und Ländern an. »Die Marke Volkswagen«, sagte Piëch in seiner Eröffnungsrede, »erreicht damit eine neue Dimension der emotionalen Anbindung an ein völlig neues Produkt-Marktsegment der automobilen Spitzenklasse.« So wurden Phaeton-Käufer eingeladen, die Fertigungsstätte ihres neuen Luxusvehikels kennenzulernen und es dort auch gleich in Empfang zu nehmen. Doch auch Normalsterbliche haben Zutritt: Pro Jahr werden mehr als 100000 Besucher durch die klinisch sauberen Hallen geschleust, um sich die Herstellung des Phaeton anzuschauen.

Mit dem frisch gewählten Bundeskanzler auf der Höhe seiner Popularität fanden die Wolfsburger auch einen erstklassigen Werbepartner – zum ersten Mal seit 60 Jahren saß ein deutscher Kanzler wieder medienwirksam in einem Volkswagen. Diesmal allerdings am Steuer. Schröder ließ es sich nicht nehmen, bei einem Auftritt vor den Vereinten Nationen in New York mit der Volks-Staatskarosse Phaeton persönlich vorzufahren. Zur Begründung für die Demofahrt erklärte er den anwesenden Kameraleuten, es sei wichtig, »dass man auch ein bisschen Stolz auf die eigene Automobilproduktion in Deutschland vermittelt«.

Volkswagen war wieder Synonym für Erfolg. Die eigene Autostadt in Wolfsburg, die in den Himmel ragenden Autotürme, aus denen die Autos wie Juwelen an den Kunden geliefert wurden – all das waren Symbole für die Macht und die internationale Ausrichtung des Konzerns. Knapp eine Milliarde D-Mark wurde in der Wolfsburger Autostadt investiert. In einer rund 35 Hektar großen Parklandschaft sollte die Verbindung von Architektur, Design und Natur den gediegenen

Rahmen für vielfältige Attraktionen bieten: vom Fünf-Sterne-Luxushotel über Forschungsstationen für Kinder und Jugendliche bis zu einem Museum namens Zeithaus, in dem die Meilensteine der Automobilgeschichte ausgestellt wurden – darunter auch Ferdinand Porsches Käfer, mit dem alles begonnen hatte. Die Stadt des KdF-Wagens war endgültig in der Moderne angekommen. Jede der Konzernmarken erhielt einen eigenen Pavillon, und davon gab es bald etliche. Die Konzernkassen waren wieder prall gefüllt, und so war Ferdinand Piëch auf Einkaufstour gegangen.

Weltweit boomten die Märkte, angetrieben vor allem durch die schöne neue Welt des Internets. Der Hype hielt zwar nicht allzu lange vor, war aber ausreichend, um weltweit Fantasien von einem ungebremsten Wirtschaftswachstum freizusetzen. Die Nachfrage in den Schwellenländern begann zu erwachen, und gerade Luxuswagen sagte man eine rasante Entwicklung des globalen Marktpotenzials voraus. Vor allem die deutschen Autohersteller, die teure und technisch hochwertige Modelle im Programm hatten, gehörten zu den ersten Gewinnern der Globalisierung.

Der Volkswagen Phaeton und Audis Oberklassemodell A8 genügten nicht, um beim globalen Wettrennen mitzuhalten. Alles musste noch größer, noch teurer und noch glamouröser sein. Es fehlten Autos in der Klasse um 200 000 Euro und mehr im Volkswagen-Programm. Mit der Luxusmarke Bentley stand gerade der letzte unabhängige britische Autohersteller zum Verkauf, war aber nur zusammen mit der Schwestermarke Rolls-Royce zu haben. Die beiden Traditionsmarken zehrten vor allem vom Ruhm vergangener Tage, längst waren sie zu traurigen Symbolen für den Niedergang der angelsächsischen Autoindustrie geworden. Die Modellpalette war hoffnungslos veraltet, es fehlte an Kapital für Innovationen und wohl auch an Visionen für die Entwicklung neuer Modelle. Rolls-Royce war noch immer der Hoflieferant für die Royals, aber davon allein konnte man nicht leben. Bentley hatte einst Sport- und Rennwagen gebaut, die mit Alfa Romeo,

Bugatti und Mercedes um die Wette fuhren – auch hiervon war nicht mehr viel zu spüren. Es entwickelte sich ein Bieterwettkampf der großen deutschen Hersteller, auch Mercedes trat mit einigem »Schrempp-Getöse«, so Piëch, als Mitbieter auf. Am Ende kam es zu einem teuren Kompromiss zwischen Volkswagen und BMW: Die Wolfsburger übernahmen Bentley und den dazugehörigen Rennmotorenbauer Cosworth für knapp 1,8 Milliarden D-Mark. Die Münchner schnappten sich Rolls-Royce, deren Modelle sie ohnehin schon seit Jahren mit Motoren und anderer Antriebstechnik ausgestattet hatten. Seither haben sich die Wege der Marken getrennt, was zumindest für Bentley eine erfreuliche Entwicklung auslöste. Neben dem älteren Arnage ist das erste – und in Abwandlungen bislang einzige – unter Volkswagen-Regie entwickelte Modell der Continental. Zu Preisen ab 150000 Euro verkauft der sich prächtig. Er besitzt den nahezu identischen Zwölfzylindermotor und den Allradantrieb des Phaeton – und die Briten finden das nicht einmal *shocking*, weil das alles mit der nötigen Diskretion verpackt wird. Im letzten Rolls-Royce-Jahr verkaufte Bentley noch knapp 1000 Autos, im Jahr 2010 waren es rund 5000.

Auch die italienische Sportwagenmarke Lamborghini schien ihre besten Zeiten hinter sich zu haben, als sie 1998 von Audi übernommen und damit zur Volkswagen-Konzernmarke wurde. Der italienische Hersteller stand seit seiner Gründung Anfang der Sechzigerjahre mehrfach am Abgrund, wechselte öfter mal den Besitzer und lebte im Wesentlichen vom Glanz einer kurzen Blütezeit, die aber schon einige Jahre zurücklag. Die Legende besagte, dass Ferrucio Lamborghini, Traktorenfabrikant aus Sant'Agata Bolognese unweit von Modena, nach einem Streit mit Enzo Ferrari angefangen hatte, seine eigenen Sportwagen zu bauen. Der Miura, produziert von 1966 bis 1975 in einer Gesamtauflage von 763 Exemplaren, ist ein aufregender Supersportwagen und gehört heute zu den gesuchtesten Sportwagenklassikern: Bei Auktionen erzielt er Spitzenpreise jenseits der Millionengrenze. Sein Nachfolger, der Countach, war ungeheuer schnell und sah mit seiner scharfkantigen Karosserie aus, als hätten seine Designer ihn mit der Axt geformt. Auf der Düsseldorfer Kö und der Münchner Maximilianstraße konnte man damit Eindruck schinden, auch auf der Hamburger Reeperbahn wurde das Modell gelegentlich gesichtet, was zugleich das Problem darstellte: Neben dem großen Konkurrenten Ferrari galt der Countach immer als etwas zu schrill, zu laut, zu ordinär. Danach kam bei Lamborghini nicht mehr viel, womit man Aufsehen hätte erregen können. Unter dem Volkswagen-Dach wurden einige neue Modelle entwickelt, in denen Audi-Allradantrieb und andere Technikspezialitäten zum Einsatz kamen. Aber trotz des oberbayerischen Einflusses gelten Lamborghinis noch immer als Krawallmacher unter den Sportwagen; wie ein etwas zu bunter Anzug für Leute, die gern auffallen. Und noch immer hält sich die Nachfrage in engen Grenzen. So wurden im vergangenen Jahrzehnt nie mehr als 2500 Exemplare jährlich verkauft, meistens waren es erheblich weniger. Wie auch immer, der Konzernchef hat seine Freude an der exotischen Tochterfirma. »Wenn ich gefragt werde«, bekennt er in seiner *Auto.Biographie* zum Thema Autostadt, »welcher der Markenpavillons mir am besten gefällt: Ich denke, es ist Lamborghini mit diesem bösen minimalistischen Quader, in dem ganz plötzlich ein wunderbares Getöse losbricht, Gehörgeschädigte seien gewarnt.«

Immerhin kann Audi bei seiner italienischen Sportwagentochter technische Konzepte in der Kleinserie erproben, bevor man sie für die eigenen Modelle übernimmt. So basiert der Mittelmotor-Sportwagen Audi R8 auf dem Lamborghini Gallardo, allerdings ist die Ingolstädter Version erheblich ziviler verpackt als ihr italienisches Pendant.

Und dann übernahm Ferdinand Piëch noch Bugatti, eine Automobilikone mit mindestens so viel Stil wie Bentley, einer erheblich längeren Tradition als Lamborghini – aber noch weniger Zukunft. Piëch wollte das Unternehmen an jener Stelle wiederbeleben, wo es zu seiner Blütezeit in den 1920er- und 1930er-Jahren gestanden hatte: an der Weltspitze des Automobilbaus. Der Konstrukteur und

Unternehmer Ettore Bugatti (1881–1947) verkörperte die euphorische Aufbruchphase des Automobilzeitalters wie sonst nur noch sein größter Konkurrent – Ferdinand Porsche, Piëchs Großvater. Es gibt Parallelen im Werdegang der beiden Konstrukteure. Bugattis Vater Carlo, ein erfolgreicher Möbeldesigner und Architekt, wollte aus seinem Sohn einen Künstler machen. Doch Ettores Leidenschaft waren die Automobile. Mit 17 Jahren begann er eine Lehre in einer Fahrrad- und Dreiradfabrik, gegen den Willen des Vaters – wie einst Porsche. Bugattis erstes eigenes Automobil, der Type 2, gewann Preise bei der Mailänder Autoausstellung. Zu dieser Zeit feierte der junge Konstrukteur Ferdinand Porsche seine ersten Erfolge mit Elektroautos.

Bugatti kaufte eine alte Farbenfabrik im französischen Molsheim und begann, Rennwagen zu bauen. Er wollte selbst Rennen fahren und natürlich gewinnen – wie sein Widersacher Porsche. Fast zwei Jahrzehnte hindurch kreuzten sich die Wege von Porsche und Bugatti bei den wichtigsten europäischen Rennen. Der Name Bugatti stand für besonders leichte, schnelle und ästhetisch perfekte Automobile, deren besondere Markenzeichen das Bootsheck und der Hufeisenkühler waren. »Seine beste Idee war eigentlich«, sagt der renommierte dänische Bugatti-Experte Eric Koux, »dass er Rennwagen in Serie baute. Nicht so wie die anderen Firmen, die vielleicht fünf oder zehn Autos für ihre Werksfahrer bauten. Dadurch konnte er viel mehr Siege aufweisen als die anderen.« Bugattis Type 35 wurde zum erfolgreichsten Rennwagen der Motorsportgeschichte, mit über 2000 Siegen. Porsche ließ sich Anfang der 1920er-Jahre bei seinem leichten Sascha-Rennwagen auch durch Bugattis Rennerfolge inspirieren, später war er mit seinen mächtigen, geradezu teutonisch wirkenden Daimler- beziehungsweise Mercedes-Kompressorwagen auf den Rennstrecken des frühen 20. Jahrhunderts der Antipode zum Konkurrenten aus Frankreich. Bugattis Motoren mit ihren blank polierten Oberflächen und ausgewogenen Proportionen galten als Meisterwerke der Ingenieurskunst. Das Design der sündhaft teuren Renn- und Serienfahrzeuge war vom Futurismus und dem Art-déco-Stil beeinflusst und suchte in Form und Material Anlehnung an den Flugzeugbau. Der Bugatti Royale war das größte, luxuriöseste und teuerste Automobil seiner Zeit.

Nach dem Zweiten Weltkrieg lag auch Ettore Bugattis Fabrik in Trümmern. Er konnte nicht mehr an die Erfolge der 1930er-Jahre anknüpfen. Ihm fehlte ein modernes, zukunftsweisendes Konzept und – nach dem tragischen Unfalltod seines Sohnes Jean – auch die Motivation zum Weitermachen. Die Fabrik ging pleite, Bugatti starb 1947, sein Name aber hat an Glanz und Anziehungskraft nie verloren. Es gab mehrere Versuche zur Wiederbelebung der Marke, die letztlich alle an den Finanzen scheiterten. Der Name Bugatti überlebte als Label für teure Brillen, Herrenbekleidung und Silberbesteck – bis Ferdinand Porsches Enkel kam. Fortan gehörte der vormalige Renngegner des Großvaters zur Familie.

Ein Wink des Schicksals hatte Piëch auf die Idee gebracht, wie er berichtet. Anlässlich eines Osterurlaubs auf Mallorca besuchte er mit seinem jüngsten Sohn Gregor einen Laden, in dem es auch Spielzeugautos gab. Piëch zeigte dem Jungen einen Rolls-Royce, der aber deutete auf ein daneben stehendes Modell – einen Bugatti Atlantic. Für Piëch ein »drolliger Fingerzeig«, sich neben Rolls-Royce/Bentley auch für Bugatti zu interessieren: Sollte der eine Deal schiefgehen, wäre Bugatti die Alternative. Bekanntlich klappte dann beides, und Bugatti wurde neben Volkswagen, Audi, Škoda, Seat, Bentley und Lamborghini die siebte Personenwagenmarke des Konzerns. Bugatti war die glanzvollste und zugleich umstrittenste Neuerwerbung Piëchs.

Den alten Firmensitz kaufte er gleich mit, das verfallene Château St. Jean in Molsheim, ließ es prachtvoll restaurieren und gab dort ein Auto in Auftrag, das sämtliche Dimensionen sprengte. Der Veyron, benannt nach einem französischen Rennfahrer aus den 1920er-Jahren, hat 16 Zylinder, 1001 PS und fährt 406 Stundenkilometer Spitze; Preis: 1,6 Millionen Euro. Das war Weltrekord in allen Disziplinen.

Ein Auto, wie Piëch selbst einräumte, »jenseits von Gut und Böse«. Zur Eröffnungsfeier der inzwischen zum Atelier umbenannten Bugatti-Fabrik kam der Retter am 3. September 2005 nebst Gattin höchstpersönlich. »Ich war sicherlich eine der ersten Kundinnen«, erzählt Ursula Piëch, »die gesagt haben: ›Ich kaufe dieses Auto‹, obwohl ich nicht Probe fuhr, weil ich einfach ein Wahnsinnsvertrauen in das Können dieser Ingenieure hatte. Die sind einfach zu mehr fähig, als sie zeigen durften. Von der anschließenden Probefahrt war ich dann sehr angetan. Ich hatte nur am Anfang ein leichtes Problem: Wenn man so viel Geld unterm Popo hat, dann tut man sich ein bisschen schwer damit, die Bremse loszulassen.«

Doch wo bei Autos die Vernunft aufhört, beginnt der Spaß erst richtig. Und so zeigt sich bei derartigen Veranstaltungen, dass Autokonstrukteure auch im fortgeschrittenen Alter kleine Jungs bleiben. Zur Unterhaltung der geladenen Gäste darf Moderator Thomas Gottschalk mit dem Aufsichtsratschef des Konzerns vor dem Galadiner noch ein paar Minuten plaudern. Es geht um das Thema Geschwindigkeit.

»Meine letzte schnelle Fahrt war mit einem 917 in Le Mans, zu meiner Porsche-Zeit …«, berichtet Piëch.

»Aha, was ist denn das?«, fragt Gottschalk.

»Das ist, das ist … 30 Jahre her. Dort durfte man dann nach dem Rennen fahren – als Ingenieur hatte man ja Angst, solch ein Auto kaputt zu machen. Also ließ man erst das Rennen laufen, und dann fuhr man eine Runde. Da habe ich so 385 geschafft.«

Der Veyron – die moderne Interpretation des »Monsters« 917, das einst unter der Regie des damaligen Porsche-Entwicklungschefs Ferdinand Piëch entstand. Ein Auto, das alle Konventionen sprengte. Der Bugatti wird in Molsheim per Hand gefertigt, in einem Glasbau. Befehl von ganz oben. Ebenso wie die Extra-PS zu den 1000, in Anlehnung an das gleichnamige Märchenbuch. Vielleicht auch als kleiner Hinweis auf die Herkunft der angepeilten Zielgruppe? Je fünf Experten bauen eines dieser Geschosse in vier Wochen zusammen.

Superlative, wohin man blickt: 16 Zylinder, vier Turbolader und ein neuartiges Siebengang-Doppelkupplungsgetriebe, Beschleunigung von 0 auf 100 Stundenkilometer in 2,5 Sekunden, spezielle Hochgeschwindigkeitsreifen und ein elektronisches Fahrwerk, damit die Rakete bei Tempo 400 nicht abhebt. Eben ein automobiles Märchen. Der Traum vom perfekten Sportwagen – der Porsche-Enkel hat ihn wahr werden lassen. Sein Opa wäre sicher stolz darauf.

Pro Woche wird derzeit etwa ein Veyron in Molsheim im Elsass gebaut, bisher sind rund 300 Exemplare entstanden. Der Gesamtumsatz der Konzernmarke Bugatti hält sich also trotz des astronomischen Einzelpreises in engen Grenzen und ist noch weit davon entfernt, die Entwicklungskosten einzuspielen. Der Gewinn für den Konzern drückt sich nicht in Geld aus, sondern im Glanz des automobilen Hochadels: Er soll bis in die unteren Klassen abstrahlen, in denen das Massengeschäft stattfindet. Mit dem Veyron gingen Piëch und die Konstrukteure des Konzerns an die Grenzen des technisch Machbaren – und darüber hinaus. Wie einst Großvater Porsche mit den Mercedes-Kompressorwagen und den Auto-Union-»Silberpfeilen«. Bis zu 100 Liter Benzin auf 100 Kilometer braucht der Veyron. Einem Kritiker, der ihn fragte, ob ein solcher Spritfresser überhaupt noch in die Zeit passe, soll Piëch sinngemäß geantwortet haben: Der stehe doch sowieso nur in der Garage, die meisten dieser Wagen würden ohnehin von Sammlern gekauft, die sie nie auf der Straße bewegten. »Das ist die Idee vom Automobil als Kunstwerk«, sagt Daniel Goeudevert, »im Sinne von Ferry Porsche: ›Das letzte Auto wird ein Sportwagen sein.‹ Wenn das so sein sollte, wird es ein Sportwagen sein, der in einer Tiefgarage eines Multimillionärs steht, aber er wird nicht gefahren.«

Der Bugatti Veyron, der ultimative Supersportwagen, steht für die leidenschaftliche Liebe zum Automobil, er ist die Zeitmaschine für eine Reise durch das 20. Jahrhundert, das Zeitalter des Autos, in dem Konstrukteure wie Ferdinand Porsche und Ettore Bugatti ihre Träume ungehindert verwirklichen konnten. Ein Zeitalter, das mit dem futuristischen Ideal von der Geschwindigkeit und dem Aufbruch in die scheinbar grenzenlose Mobilität begann – und hundert Jahre später zu einer Massenbewegung wurde, die in kilometerlangen Staus ihren eigenen Stillstand produziert. Nie wieder wird es einen Wagen wie den Veyron geben. Heute hat der Traum vom perfekten Sportwagen nur noch im Museum Platz. Oder bei einer exklusiven Rallye im sonnigen Kalifornien.

Sommer 2010: Unterwegs in Monterey an der kalifornischen Pazifikküste. Aus 13 Ländern sind sie zur Bugatti-Rallye angereist, die Oldtimerfanatiker, zur Selbstdarstellung einer Marke, die es fast nicht mehr gegeben hätte. Einige der Teilnehmer haben ihre millionenschweren Liebhaberstücke sogar aus Europa einfliegen lassen. Rund 80 Bugattis aus der Vorkriegszeit sind bei der internationalen Rallye in Kalifornien am Start. Eingeladen hat der American Bugatti Club zu seinem 50-jährigen Bestehen. Das Wichtigste bei dieser Kalifornienrundfahrt ist: Das Auto muss fahren. Und das ist längst keine Selbstverständlichkeit bei über 80 Jahre alten Motoren. »Man muss alles vorbereiten«, erklärt der Holländer Lucas Slijpen, während er mit den Händen tief im Motorraum wühlt. »Wir wollen ja mit dem Wagen nicht liegen bleiben. Und nach dieser Rallye fahren wir nach Las Vegas zur nächsten Rallye, und danach geht es nach Denver. Dann ist erst mal Schluss. Ungefähr 5000 Kilometer werden wir fahren.« Die Leidenschaft fürs Schrauben ist Grundvoraussetzung. »Meistens bekomme ich schon dreckige Hände, wenn ich den Wagen nur anschaue. Aber das macht nichts. Das gehört zum Bugatti-Fahren«, sagt der Schweizer Jürg König, der mit einem Type 37 aus dem Jahr 1926 am Start ist.

Ausfahrt zur ersten Etappe über den Highway 1. Bugatti-Fahrer aller Länder, vereinigt in nie rostender Liebe zu ihren Autos. Rund 1200 Kilometer werden sie in knapp einer Woche zurücklegen. Viele der Teilnehmer kennen sich seit Jahren, und sie glänzen mit immer denselben alten Kisten, die kein Vergleich zum modernen Serienauto sind. Jeder dieser 80 Bugatti-Oldtimer ist um ein Vielfaches teurer als ein Neuwagen der Luxusklasse – vom neuen Bugatti Veyron einmal abgesehen. Die unterschiedliche Herkunft der Besitzer kann man am jeweiligen Auto ablesen: absoluter Hochglanz bei den Amerikanern, traditionsbewusster Originallack bei den Europäern.

Mehrmals im Jahr ist der Schweizer Jürg König mit seinem Grand-Prix-Rennwagen bei Rallyes dabei. Normalerweise in Europa. Doch dieses Mal hat er das alte Auto für die Tour entlang der Küste nach San Francisco fliegen lassen. Er kann es sich leisten. Mit dem Oldtimer fuhr er als Erstes über die Golden Gate Bridge. Ein echter Trip für den Besessenen. König ist von sich und seinen Erlebnissen höchst angetan: »Das ist das Wahrzeichen von Kalifornien, möchte ich fast sagen, das Tor zu Amerika, wenn man vom Pazifik her kommt – diese Brücke, diese wunderschöne Einfahrt vom Meer, und dann fährt man darüber mit dem eigenen Wagen. Das ist einmalig.«

Die Spanierin Julia Baldanza besitzt gleich ein ganzes Sortiment von Bugattis. Nach Kalifornien hat sie ihren schwarz-gelb lackierten Type 40 Fiacre mitgebracht, dessen Aufbau einer Kutsche nachempfunden ist. Die Reise führt im Verlauf der Rallye in den malerischen Badeort Oxnard, wo der Bugatti-Sammler Peter Mullin einen wahren Autotempel im Art-déco-Stil erbauen ließ. Nur mit ihrem Fiacre, einer Rarität unter Oldtimern, kann Señora Baldanza mit dem berühmtesten Bugatti-Freak mithalten. Im nagelneuen Automuseum von Peter Mullin steht ein ähnlicher Wagen. Der 70-Jährige hat mit einer Investmentfirma und unzähligen Firmenbeteiligungen ein Milliardenvermögen gemacht, das er seit Jahren großenteils in altes Eisen investiert. Das Mullin Automotive Museum gehört mit 300 Exponaten zu den fünf größten privaten Automuseen der Welt. Die Sammlung widmet sich ausschließlich französischen Herstellern der 1920er- und 1930er-Jahre, vorwiegend Bugatti, aber auch längst vergessenen Marken wie Voisin, Delahaye und Talbot. Mit ihren eleganten, weit geschwungenen Karosserien repräsentieren diese französischen Kreationen die goldene Ära des Automobilzeitalters.

Mullin gibt heute einen Empfang zu Ehren des American Bugatti Club. Auserwählte unter sich: Als Einzige darf Madame Baldanza in der edlen Garage des Sammlers parken, die anderen müssen draußen bleiben. »Dies ist ein ganz spezieller Wagen«, erklärt Mullin, »ein Type 40, den Jean Bugatti 1927 als Geschenk für seine jüngere Schwester Lydia baute. Und mein Fiacre hier, ein Type 44, hat einen größeren Motor, acht Zylinder, aber das gleiche Design. Dass diese beiden Autos hier nebeneinanderstehen, ist ein historischer Moment.«

In Mullins Museum sind 25 Bugattis nebeneinander aufgereiht, natürlich auch die Typen 35 und 37. Jürg König ist ergriffen angesichts der Fahrzeugpracht. »Es erstaunt mich, dass in Amerika, wo ja nicht so viel europäische Kultur vorhanden ist, die Marke Bugatti solch einen Stellenwert genießt«, sagt er. »Und Peter Mullin gibt mit seinen Autos etwas davon weiter. Das finde ich super.«

Mullin legt Wert auf Superlative rund ums Auto. In seinem Museum steht auch das teuerste Auto, das bis dahin auf einer Auktion verkauft wurde: ein Bugatti 57 SC Atlantic von 1936, den Mullin im Jahr 2009 für rund 35 Millionen Dollar ersteigerte. Ein perfekt restauriertes Designerstück im Stromlinien-Look. Der Vorbesitzer hatte in den Siebzigerjahren einst 59000 Dollar dafür bezahlt. Neben dem Atlantic besitzt der schwerreiche Sammler auch das teuerste Autowrack der Welt: einen Bugatti Brescia, der 73 Jahre auf dem Grund des Lago Maggiore lag. Ein Taucherklub hatte ihn im Jahr 2009 geborgen und später für einen wohltätigen Zweck versteigert. Mullin bezahlte rund 230000 Euro für das völlig zerfallene Gefährt, das jetzt so im Museum steht, wie es aus den Tiefen des Sees geholt wurde. Für den Bugatti-Enthusiasten ist das Wrack »ganz klar ein Kunstwerk. Denn wie anders sollte man etwas nennen«, fragt Mullin, »das Ettore Bugatti begonnen und Mutter Natur zu Ende geführt hat? Für mich ist es das schönste Kunstwerk auf dem Planeten.«

Der Hausherr ist ein in gehobenen Oldtimerkreisen bekannter und beliebter Gastgeber. Gern gibt er ausgelassene Feste in seinem Museum, zu denen Hundertschaften von geladenen Gästen in stilgerechtem französischem Outfit erscheinen. Heute Abend wird elegant im Art-déco-Stil der 1920er-Jahre gefeiert: Galadiner aus Anlass der 50-Jahr-Feier des Bugatti Clubs. Die erlesene Teilnehmerschar der Bugatti-Rallye sitzt mit rund 100 weiteren Gästen an meterlangen Tafeln mit rot-weiß karierten Tischdecken, serviert wird unmittelbar neben den alten Autos. Savoir vivre. »Für mich ist ein großer Traum wahr geworden«, schwärmt Mullin. »Wir sitzen in unserem Art-déco-Museum, umgeben von all den wunderbaren französischen Autos der 1920er- und 1930er-Jahre. Wir feiern das Gesamtwerk des Art déco, und die Autos sind dabei der Mittelpunkt. Davon habe ich mindestens 25 Jahre lang geträumt.«

Laguna Seca ist ein weiteres Highlight der Rallye. Auf dem legendären Rennkurs treffen sich die Sportwagenenthusiasten. Selbstverständlich ebenfalls vertreten: die Rallyeteilnehmer mit ihren Grand-Prix-Bugatti aus den 1920er- und 1930er-Jahren. Dies hier ist genau der passende Ort für eine Präsentation des späten Nachkommen, den Bugatti hier vorstellt: den Veyron Super Sport, das schnellste Serienfahrzeug der Welt. Für all die PS-Freaks, denen der normale Veyron zu gewöhnlich oder zu langsam ist. Preis: zwei Millionen Euro. Nur 40 Stück wird Bugatti davon bauen, die ersten 20 sind schon verkauft. Den märchenhaften PS-Bereich hat der schwarz-orange lackierte Kraftprotz inzwischen verlassen. Statt lumpiger 1001 PS gibt es jetzt 1200 PS. Das musste auch dringend sein. Wie sonst hätte der Veyron den Geschwindigkeitsweltrekord für Straßenfahrzeuge brechen können? 431 Stundenkilometer. Tiefflug in Höhe null.

Der ehemalige Formel-1-Fahrer Pierre-Henri Raphanel saß beim Weltrekord am Steuer des Super Sport. Den Sinn des Ganzen erklärt er so: »Wenn man einfach nur das schnellste Auto der Welt bauen will, macht man es genau unter diesem Aspekt. Wir wollten aber ein

Kundenauto konstruieren – ein Auto für die Stadt, über das die Leute sprechen. Unter dieser Voraussetzung haben wir uns an den Rekord gewagt. Wir hatten also eine ganz bestimmte Philosophie dahinter. Es ist viel schwieriger, einen Weltrekord mit einem normalen Straßenauto aufzustellen als mit einem Rekordwagen.« Verstehen muss man das nicht. Wolfgang Schreiber, damals Bugatti-Technikchef, ergänzt: »Letztlich hat uns (bei Volkswagen) die Firma Bugatti an vielen Stellen technologisch weitergebracht, was unterm Strich auch das Ziel war. Als Dr. Piëch entschieden hat, die Marke zu kaufen, ging es auch darum, zu zeigen, was technologisch im Konzern steckt, und das an einer Marke festzumachen. Das ist die Aufgabe von Bugatti, und diesen Abstrahleffekt auf andere Projekte gibt es in jedem Fall.«

Nach der Vorstellung des Super Sport stehen nun wieder die alten Bugattis im Mittelpunkt. Das Rennen geht über zehn Runden. Ein so erlesenes Bugatti-Rennen hat es noch nie zuvor gegeben: Zehn historische Grand-Prix-Renner und der Veyron Super Sport, der sich mächtig zurücknehmen muss. Man fährt nicht um die Wette, sondern belässt es bei einer gemächlichen Demofahrt. Alle Oldtimer zusammen bringen gerade einmal so viel Motorleistung auf wie der 1200-PS-Bolide.

Das Rennen der Bugattis ist der Auftakt für die Monterey Car Week, die alljährlich im August an der kalifornischen Küste zelebriert wird. Das Highlight der autoverrückten Woche ist der Concours d'Elegance in Pebble Beach. Zu dieser Schönheitsparade sind die Oldtimer und ihre Besitzer nur auf Einladung zugelassen.

Aus aller Welt reisen die betuchten Autonarren an, viele sogar mit dem eigenen Flugzeug. Die Frauen tragen eine bestimmte Sorte von Hüten, die man sonst nur in Ascot sieht; die vierrädrigen Klassiker sind hier allenfalls Vehikel für die Selbstdarstellung des erlesenen Publikums. Ölgeruch und verschmierte Hände sind verpönt.

Genau die richtige Bühne für den PR-Auftritt des Veyron. Wie das ganze Ambiente vor dem Nobelhotel *The Lodge* wirkt auch der

PS-Protz ein wenig aus der Zeit gefallen. Aber die Zukunft steht schon um die Ecke: der Porsche 918 Spyder. Der damalige kalifornische Gouverneur Arnold Schwarzenegger persönlich begutachtet den neuesten Flitzer aus Zuffenhausen. Auch ein Volkswagen im weitesten Sinne. Und mit Hybridantrieb sogar noch ein Ökomobil. Schwarzenegger nimmt Platz im Cockpit. In einem solchen Porsche lässt sich sogar der grün angehauchte Gouverneur gern fotografieren.

Auch Talkshowlegende Jay Leno darf in Pebble Beach nicht fehlen. Zielsicher steuert er auf den neuen Porsche zu. Der Autofreak hat mit seiner *Tonight Show* Millionen verdient, die er in eine beeindruckende Oldtimersammlung steckt. Wie viele Autos er besitzt, weiß er vermutlich selbst nicht genau – es sind Hunderte. Mindestens zwei Porsche sollen sich darunter befinden: Ein 356 und ein Carrera GT. Sein Hobby nutzt der Millionär inzwischen als Nebenerwerbsquelle: Er betreibt ein Internetportal, in dem Autokonzerne reichlich Werbung schalten, schreibt für Autozeitschriften, verdingt sich als Testfahrer im Fernsehen und moderiert bei Oldtimerveranstaltungen und auf Automessen. Klar, dass er auch den anwesenden Journalisten etwas zu dem silbergrauen Zukunfts-Porsche zu sagen hat. »Das ist das beeindruckendste Auto des Jahrzehnts«, meint Leno. »Kein anderer außer Porsche macht so etwas. Warum machen alle anderen immer nur das Gleiche?«

Tja, warum? Die Frage kann hier auch niemand beantworten. Der 918 Spyder ist der erste Porsche, der unter Volkswagen-Herrschaft herauskam. Er demonstriert das Erfolgsrezept, mit dem Volkswagen zum größten Autokonzern der Welt aufsteigen will: In jeder Klasse gibt es etwas für jeden. Den Veyron für den PS-Fanatiker, den Hybrid-Porsche für die mit dem schlechten Gewissen. »Das ist das Tolle an Porsche: Sie gehen immer einen Schritt weiter«, sagt der Talkmaster. »Das Auto sieht gut aus, sehr kompakt. Wenn man nicht weiß, was es ist, denkt man: einfach nur ein schnelles Auto. Das ist wie mit einem vegetarischen Burger. Er sieht aus wie ein Hamburger, aber wenn man reinbeißt, schmeckt er nicht wie ein Hamburger. Das Auto sieht aus wie ein Hamburger und schmeckt wie ein Hamburger. Und hat zudem noch die Nährstoffe eines Veggie Burgers ... falls das überhaupt einen Sinn macht.« Dann schüttelt Leno noch alle Hände, die er greifen kann, und schon ist er wieder weg.

Wenn schon Öko, dann aber bitte mit Fleischeinlage. Der grüne Porsche soll 2013 auf den Markt kommen, zum Preis von einer Dreiviertelmillion Euro. Ein Schnäppchen im Vergleich zum Veyron. Aber dafür hat der Porsche auch nur 700 PS.

Einstweilen schwelgt man in Pebble Beach aber lieber in der Vergangenheit; in der guten alten Zeit, in der das Öl in Texas noch aus dem Boden sprudelte, die Gallone Benzin noch ein paar Cent kostete und sich niemand über Hybridantriebe und anderes neumodisches Zeug ernsthaft Gedanken machen musste. Beim Concours d'Elegance werden auf dem penibel gepflegten Rasen Oldtimer aller Klassen prämiert. Der Schönste, der Seltenste, der am besten Restaurierte, und so weiter und so weiter. Ein Preis bei dieser Schönheitskonkurrenz verspricht mehr als nur Prestigegewinn, durch eine Prämierung steigt automatisch auch der Marktwert der auserwählten Karosse. Und das ist wichtig, auch für Millionäre – gelten Oldtimer doch als sichere Wertanlage, zumal in Zeiten, in denen man sich auf Aktiengewinne nicht mehr verlassen kann. Bei den Bugattis ist es ähnlich wie beim Öl: Der Preis kennt langfristig nur eine Richtung – nach oben.

Als Piëch Bugatti kaufte, waren Immobilienkrise, Klimakatastrophe und Hartz IV noch weit weg. »Man darf nicht vergessen, in den Neunzigerjahren war plötzlich alles möglich«, sagt Ex-Volkswagen-Manager Daniel Goeudevert. »Damals erschienen in Deutschland auch Bücher mit Titeln wie: ›Werde Millionär!‹ Dass man einen Bugatti entwickelte, einen Bentley – ein sehr schönes Auto übrigens –, das passte in die Zeit. Heute ist es leicht, sich darüber zu mokieren, aber damals war das in Ordnung.«

DIE BORDELL-AFFÄRE BEI VOLKSWAGEN – ABSTURZ ZWEIER SUPERSTARS

Piëch konnte auch anders. Als der Visionär bei Volkswagen vom Vorstandsvorsitz in den Aufsichtsrat wechselte, war sein Abschiedsgeschenk eine Reverenz an die rot-grüne Republik. Mit dem Einliterauto konnte jeder latent autofeindliche Grünen-Wähler seinen Frieden mit der Autoindustrie schließen. Statt 1001 PS wie der Bugatti hatte das zweisitzige Vehikel gerade mal 8,5 PS, war konsequent auf Leichtbau getrimmt und sah mit seiner windschlüpfrigen Zigarrenform aus wie die Wiedergeburt des Messerschmitt-Kabinenrollers aus den Fünfzigerjahren: Die beiden Sitzplätze waren nicht nebeneinander, sondern hintereinander angeordnet. Von Wolfsburg nach Hamburg führte die Abschiedsfahrt, zur Hauptversammlung der Aktionäre im Congress Center. Gemessener Durchschnittsverbrauch auf der 237 Kilometer langen Strecke: 0,89 Liter auf 100 Kilometer, bei einer Durchschnittsgeschwindigkeit von 71,5 Stundenkilometern. Ziel erreicht. Piëch fuhr zusammen mit seinem Nachfolger Bernd Pischetsrieder. Er vorn, Pischetsrieder hinten. Schon die Sitzverteilung machte deutlich: Piëch würde das Steuer nicht einfach aus der Hand geben.

In jenem Jahr, 2002, war auch Volkswagen-Personalvorstand Peter Hartz noch ein Star, doch sein Nimbus des sozialen Unternehmers begann bald zu bröckeln. Hartz sollte Bundeskanzler Schröder beim überfälligen Umbau der Sozialsysteme beraten und Modelle entwickeln, um die hohe Arbeitslosigkeit zu bekämpfen. Medienwirksam überreichte er die Vorschläge der nach ihm benannten Kommission seinem Aufraggeber im Französischen Dom am Gendarmenmarkt in Berlin; Politik mit höheren Weihen.

Der »Genosse der Bosse«, Gerhard Schröder, verordnete seinen Sozialdemokraten eine kompromisslos unternehmensfreundliche Politik – gegen alle Widerstände. Der enge Schulterschluss mit dem Kapital brachte jedoch diejenigen auf, die am neuen Aufschwung nicht teilhaben konnten. Und so wurden die Hartz-Vorschläge zum neuen Spaltpilz der Republik: Deutschland erlebte wieder Montagsdemonstrationen, wie einst vor dem Mauerfall in der DDR, und Hartz IV wurde zum Synonym für Armut und sozialen Kahlschlag.

Am 8. Juli 2005 war die Karriere des Peter Hartz zu Ende. Er stolperte über eine unappetitliche Affäre, einen Skandal, der alle Zutaten eines Wirtschafts- und Gewerkschaftskrimis hatte. Was als Schmiergeldaffäre bei der tschechischen Konzerntochter Škoda begann, wuchs sich schnell zu einer Krise für den ganzen Konzern aus. Es ging neben Scheinfirmen auch um Millionen-Schmiergelder, Luxusprostituierte und Lustreisen des Betriebsratschefs nach Brasilien und in andere ferne Länder. Und es war nicht nur er allein, wie sich bald herausstellen sollte. Den Spaß mit den Edelprostituierten hatte die Volkswagen-Personalabteilung über verdeckte Konten bezahlt. Personalmanager Klaus-Joachim Gebauer war der Konzern-Animateur, der die Reisen auf Anforderung organisierte und die Prostituierten buchte. Gebauer war dem Personalvorstand Hartz direkt unterstellt, doch über die Ausgaben war er niemandem Rechenschaft schuldig. Der Verdacht lag nahe, dass sich das Management mit den Millionen, die im Lauf der Jahre verjubelt wurden, das Wohlverhalten des Betriebsrats erkauft hatte. Die Affäre endete mit dem unrühmlichen Abgang des Betriebsratschefs Klaus Volkert, ebenso wie mit dem von Peter Hartz. Zwei Männer waren unten angekommen, selten war jemand so schnell so tief gestürzt.

Um den mächtigen Betriebsrat bei Laune zu halten, hatte Personalvorstand Hartz ein Sonderkonto eingerichtet, über das Luxusreisen an die Copacabana und andere mondäne Orte der Welt großzügig finanziert wurden. Betriebsräte, allen voran Klaus Volkert, aber auch Mitwisser wie Peter Hartz oder Klaus-Joachim Gebauer konnten über dieses Konto frei verfügen und sich Sex, Champagner und Luxussuiten aus der Volkswagen-Kasse genehmigen. Gebauer musste bei der Abrechnung über die Kostenstelle 1860 von Hartz keine Rechnungen vorlegen. Es reichte, Eigenbelege auszustellen, auf denen vermerkt war: »Im Interesse des Gesamtbetriebsausschusses«.

»Das ist plötzlich das Ergebnis, dass da ein System über die Jahrzehnte hinweg so vor sich hin brodelte«, erklärt Dietmar Hawranek, der Automobilexperte im Wirtschaftsressort des *Spiegel*. »Es kamen drei Punkte zusammen: Man kam den Betriebsräten bei ihren Gehältern entgegen – zumindest Volkert wurde bezahlt wie kein anderer Betriebsratsvorsitzender in Deutschland; man hat Rücksicht genommen auf das Werk Wolfsburg, wo Arbeitsplätze nicht wegrationalisiert wurden, die eigentlich überfällig gewesen wären; und man hat die Betriebsräte mit diesen Bordellbezahlungen letztlich völlig abhängig und gefügig gemacht.« Hawranek berichtet seit Jahren über die Branche und kennt sich aus in den Vorstandsetagen der Autokonzerne wie kaum ein anderer Journalist. Er hat die López-Affäre begleitet und den Aufstieg des Volkswagen-Konzerns zum *Global Player*, die Fusion von Daimler und Chrysler und die gescheiterte Übernahme von Rover durch BMW. Dass es ausgerechnet im sozialpartnerschaftlichen Musterbetrieb Volkswagen einen Sumpf aus Gier und Größenwahn gegeben hat, hatte auch er sich nicht träumen lassen. Hawraneks Fazit: »Das ist ein klares Ergebnis der Machtverhältnisse.«

Wer den einstmals mächtigen Betriebsratschef in den Tagen nach dem Auffliegen des Skandals treffen wollte, musste ihn zu Hause besuchen. Der frühere Luxustourist traute sich kaum noch aus dem Haus. Ein Reporter von *Spiegel TV* klingelte an seiner Tür, Volkert öffnete in Freizeitkleidung.

»Schönen guten Tag, Herr Volkert!«

»Das können Sie doch vergessen!«

»Was sagen Sie denn zu den Vorwürfen, die gegen Sie genannt worden sind?«

Doch da war die Tür schon wieder zu.

Dabei hätte es einiges zu erklären gegeben. Lange Jahre hatte der Vorsitzende des Konzernbetriebsrats wie selbstverständlich in der Welt der Vorstände verkehrt. Vor Vertrauten soll er getönt haben: »Ein Anruf genügt, und der Firmenflieger steht für mich bereit.« Wenn Volkert unterwegs war, konnte er auf ein Abrechnungssystem zurückgreifen, das Personalchef Hartz eingerichtet hatte und ihm fast unkontrollierten Zugang zu Spesen gewährte. Selbst die Konzernrevision durfte keinen Einblick nehmen. »Vielleicht hat es einmal mit einer Kleinigkeit angefangen, dann ist die Geschichte weggerutscht, und keiner konnte sie mehr kontrollieren«, vermutet der frühere Volkswagen-Vorstand Daniel Goeudevert. »Es gibt immer einen Geber und einen Empfänger bei einer solchen Geschichte. Wenn der Empfänger plötzlich süchtig wird und sagt, dass er noch mehr möchte, dann ist die Tendenz da, einfach zu sagen: ›Bekommst du, warum denn nicht.‹ Beide Seiten sind verantwortlich.«

Die Frage war, ob sich der Betriebsrat kaufen ließ. Funktionierte der Umbau des Konzerns nur deshalb so reibungslos, weil Volkert, wie auch einige andere Betriebsräte, gar nicht anders konnte, als sämtlichen Forderungen des Managements zuzustimmen? Die Viertagewoche, Piëchs umstrittene Luxusstrategie mit Bentley, Lamborghini und Bugatti – alles wurde im strengsten Einvernehmen mit dem Betriebsrat verabschiedet. Eine Versöhnung von Arbeit und Kapital, die zuweilen allzu intim wurde. Klaus-Joachim Gebauer, der Chef-

Animateur aus der Personabteilung, sagt heute, er habe nur Anweisungen befolgt: »Das war mein Auftrag: Den Betriebsrat zufriedenzustellen, damit bestimmte Vorgänge, Abstimmungsprozesse, einfacher sind.« Dazu gehörte offenbar auch die diskrete Anmietung von Wohnungen, in denen man sich – allein oder im Kreise der Sozialpartner – mit Prostituierten traf.

Als die Sache im Juni 2005 ruchbar wurde, versuchte man schnell, einen Prügelknaben zu finden. Gebauer sollte als Sündenbock herhalten, doch die Rechnung ging nicht auf. Gebauer packte aus und brachte damit den Skandal an die Öffentlichkeit. Damals stellte Volkswagen gerade das neue Cabriolet Eos vor, dabei hätte es doch passender »Eros« heißen können nach all dem, was über die Sitten im Unternehmen ans Tageslicht kam. Prostituierte, die Betriebsräten zu Diensten waren, wurden erstmals Mitte der Neunzigerjahre abgerechnet. Im Lauf der Zeit zählten die Frauen für einige Arbeitnehmervertreter zum festen Rahmenprogramm der Reisen, um nicht zu sagen: zu den Höhepunkten. Bei der Staatsanwaltschaft sagte Gebauer aus, bei der Festlegung der weltweiten Reiseziele habe er sich eng mit Volkert abgestimmt. Dabei habe der Betriebsratschef den Einsatz von Prostituierten strategisch geplant und so viele Betriebsräte wie möglich einbeziehen wollen. Volkert habe auch entschieden, wer von den mitreisenden Kollegen zu den Begünstigten zählen solle. Vier weitere Betriebsräte hätten auf jeden Fall dazugehört. Drei von ihnen waren wie Volkert Mitglieder im Volkswagen-Aufsichtsrat und sollten den Vorstand dort kontrollieren – einen Vorstand, der auf Reisen jeden Sonderwunsch erfüllte. »Also, erst mal die Hotelkosten, alles, was im Hotel anfällt, Minibar, Pay-TV, Essen und so weiter«, erzählt Klaus-Joachim Gebauer im Interview. »Dann teilweise auch Geschenke, die einzelne Betriebsratsmitglieder für ihre Ehefrauen mitgebracht haben. Alles, was im Zusammenhang mit den Prostituierten angefallen ist. Sonderbehandlung dadurch, dass Volkert eine Freundin hatte, die uns häufig begleitet hat. Die hat gelebt wie eine kleine Königin, brauchte nur einen Wunsch zu äußern und hat alles bekommen. Alles, was Sie sich vorstellen können.«

Seit September 2000 stand Volkerts Geliebte Adriana B. aus São Paulo auf der *Payroll* von Volkswagen. Die Journalistin wurde beauftragt, Projekte für Straßenkinder in Brasilien zu betreuen, die der Wolfsburger Betriebsrat unterstützte. Wie die Wirtschaftsprüfer von KPMG später herausfanden, kassierte sie von September 2000 bis Dezember 2004 insgesamt 399 000 Euro von VW. Dafür waren offenbar nur fünf DVD-Filme mit einem Bezug zu den Sozialprojekten des Betriebsrats entstanden. Nach Einschätzung von KPMG wäre dafür ein Honorar von 40 000 bis 60 000 Euro angemessen gewesen. Über Jahre hinweg ließ Volkert seine Freundin für ein paar gemeinsame Tage oder eine Woche nach Barcelona, Paris oder Berlin einfliegen. Für das Jahr 2003 beispielsweise rekonstruierten die Staatsanwälte folgende Reisen:

8. bis 18. Januar 2003: Volkert und B. in Indien.
20. bis 21. Februar 2003: Volkert und B. in Prag.
2. bis 5. März 2003: Volkert und B. in Genf (Autosalon).
April 2003: Volkert und B. in Lissabon
(Präsidium des Europäischen Betriebsrats).
Zwischendurch eine Nacht in Casablanca.
4. bis 8. August 2003: Volkert und B. in Dubrovnik.
16. bis 18. September 2003: Volkert und B. in Prag
(Präsidium des Weltbetriebsrats).
28. bis 30. Oktober 2003: Volkert und B. in Lissabon
(Sitzung des Europäischen Betriebsrats).
27. November bis 5. Dezember 2003: Volkert und B. in Paris
(Gesamtbetriebsausschuss).

Alles auf Kosten des Volkswagen-Konzerns. Volkerts Geliebte reiste meist von São Paulo über Frankfurt zu den jeweiligen Treffpunkten;

sie flog erst Business, später First Class. Insgesamt eine Million Euro gab der Konzern nach Erkenntnissen der Wirtschaftsprüfer von KPMG für Reisen von Adriana B., für Beraterverträge und die Filme aus, die Volkerts Freundin erstellt hatte. »Ich bin keine Prostituierte«, sagte B., »sondern habe für VW gearbeitet.«

Die ganze Geschichte flog auf, als der damalige Konzernchef Bernd Pischetsrieder Anfang 2004 von einem kompromittierenden Auftritt des Personalmanagers Gebauer hörte. Die Geschäftsführerin eines Berliner Hotels hatte sich beschwert, Gebauer sei betrunken und mit einer nur leicht bekleideten Frau im Arm durch die Lobby gelaufen. Als die Hotelmanagerin ihn später zur Rede stellte, habe er gedroht, der gesamte Volkswagen-Konzern würde nie wieder Zimmer in ihrem Hotel buchen.

Pischetsrieder forderte bei Hartz damals die Entlassung des Personalmanagers. Hartz und Volkert aber setzten sich dafür ein, dass Gebauer bleiben durfte. Pischetsrieder gab nach. Ein Jahr später fand die konzerninterne Revision heraus, dass Gebauer und Škoda-Personalvorstand Helmuth Schuster an einem Unternehmen in Prag beteiligt waren, das Geschäfte mit dem VW-Konzern machen wollte. Jetzt bestand Pischetsrieder auf der Entlassung von Gebauer und Schuster. Der Volkswagen-Vorstandschef sagte damals, er sei »einfach nicht bereit gewesen, etwas unter den Tisch zu kehren«.

Personalvorstand Peter Hartz geriet im Lauf der Affäre selbst immer tiefer in den Strudel aus Sex, Luxus und Lügen. Bald stellte sich heraus, dass er sich auch selbst mit Annehmlichkeiten aus dem Volkswagen-Füllhorn bedient hatte, Prostituierte inbegriffen. »Peter Hartz hatte freie Hand, freie Verfügung über Geld. Was der genau machte«, sagt Klaus-Joachim Gebauer, »das wollten andere Vorstände oder Vorstandsvorsitzende gar nicht wissen. Mussten sie auch nicht wissen.« Als der Skandal aufflog und eine *Bild*-Schlagzeile bevorstand, rief Peter Hartz am frühen Abend einen bekannten Journalisten an, den er fragte, ob er nicht bei der *Bild*-Chefredaktion intervenieren könne, um den Titel zu verhindern. Der Angerufene, nicht bei Springer tätig, sagte ihm, das sei unmöglich. Außerdem sei das Blatt von morgen wahrscheinlich schon gedruckt. Daraufhin fragte Hartz, ob man nicht die Gesamtauflage der morgigen *Bild*-Zeitung aufkaufen könne. »Dafür reicht Ihr Geld nicht aus und meines auch nicht«, antwortete der Angerufene und riet ihm stattdessen, mit seiner Frau zu reden, um sie auf die bevorstehende Titelgeschichte in der *Bild*-Zeitung vorzubereiten. Am Abend desselben Tages nahm die Betriebssicherheit bei Volkswagen in Wolfsburg Peter Hartz seine Pistole ab.

Beim Prozess vor dem Landgericht Braunschweig war Ferdinand Piëch nur als Zeuge geladen. Eine Mitwisserschaft konnte niemand beweisen. Für die Angeklagten ging es um Paragraf 266 des Strafgesetzbuchs, um Untreue und Beihilfe zur Untreue, für die Freiheitsstrafen bis zu fünf Jahren vorgesehen sind. Peter Hartz wurde am 25. Januar 2007 zu einer Strafe von zwei Jahren auf Bewährung sowie

Vorwurf Untreue: Angeklagter Hartz auf dem Weg zum Gericht, 2007

einer Geldstrafe von 576 000 Euro verurteilt, was 360 Tagessätzen à 1600 Euro entspricht. Klaus-Joachim Gebauer wurde am 22. Februar 2008 zu einem Jahr auf Bewährung verurteilt. Klaus Volkert erhielt am selben Tag wegen Anstiftung und Beihilfe zur Untreue und wegen Verstoßes gegen das Betriebsverfassungsgesetz eine Freiheitsstrafe von zwei Jahren und neun Monaten. Volkerts brasilianische Geliebte Adriana B. wurde im Mai 2012 vom Wolfsburger Amtsgericht von dem Vorwurf der Untreue freigesprochen. Das war jedoch noch nicht ganz das juristische Ende der Affäre. Die Staatsanwaltschaft wollte Rechtsmittel gegen das Urteil einlegen. Sie hatte ein Jahr Haft auf Bewährung gefordert.

»Irgendetwas in dieser Art musste in einem solchen Konzern passieren. Entweder werden die Betriebsräte überdurchschnittlich bezahlt oder man kommt ihnen auf sachlicher Ebene entgegen«, sagt *Spiegel*-Redakteur Hawranek. »Das ist sozusagen die schlechte Seite, das ist der Fluch des Volkswagen-Konzerns mit seiner Staatsbeteiligung.«

Piëch überstand den Skandal unbeschädigt. Der Betriebsrat als Institution auch. Und beim Volkswagen-Konzern sollten sich bald neue Besitzverhältnisse ergeben.

POKER UM DIE MACHT: WER ÜBERNIMMT WEN?

Bei Porsche war man in den Bilanzen inzwischen aus dem Rotlichtbezirk herausgekommen, das Unternehmen schrieb wieder schwarze Zahlen. Mitte der Neunzigerjahre begann sich der Neuanfang unter Wiedeking auch in der Modellpolitik auszuzahlen. Im Sommer 1996 kam der Boxster auf den Markt, der Porsche für den »schmalen Geldbeutel« mit einem Grundpreis von 76000 D-Mark. Der neue Volks-Porsche verkaufte sich glänzend, schon im ersten Jahr seiner Markteinführung wurden knapp 16000 Exemplare abgesetzt. Am 15. Juli 1996 lief in Zuffenhausen der millionste Porsche insgesamt vom Band.

Ein Jahr später kam die Neuauflage des 911 auf den Markt, diesmal wurde tatsächlich mit einer Tradition gebrochen: Der neue Typ 996 fuhr mit Wasser- statt mit Luftkühlung. Doch blieb man beim Heckmotor, und auch das Design hatte dieselbe Linienführung wie der alte 911er, womit man die Tradition dann doch fortführte. Es war das gleiche Auto, nur eben der Zeit angepasst, und der Käfer-Motor des alten Porsche endgültig reif fürs Museum. Noch fünf Jahre zuvor hätte eine solche technische Revolution wohl den Ruin der Firma bedeutet; für die Traditionalisten unter den Porsche-Fans wäre eine Welt zusammengebrochen. Jetzt aber herrschte Aufbruchstimmung.

Zurück in der Erfolgsspur: Wendelin Wiedeking und Ferry Porsche bei der Feier zum millionsten Porsche mit dem damaligen Landesvater Erwin Teufel

Porsche wurde vom eigenen Erfolg befügelt und erschloss sich neue Käuferkreise, die mit der Firmengeschichte wenig anfangen konnten. Da ließ es sich sogar verschmerzen, dass der neue 911 dem billigeren Boxster von vorn fast wie aus dem Gesicht geschnitten war. Um Kosten zu sparen, waren viele Bauteile bei beiden Modellen gleich. Das änderte sich erst mit der folgenden Generation des 911, die wieder zu traditionelleren Formen zurückkehrte.

Der 27. März 1998 war der Tag, der die Geschichte des Hauses Porsche in ein Davor und ein Danach teilte. An diesem Freitag starb Ferry Porsche, der 88-jährige Firmenpatriarch, der den Aufstieg des Unternehmens ein halbes Jahrhundert lang geprägt hatte. Das Ende einer Ära, und da wirkte es wie eine höhere Fügung, dass an Ferry Porsches Todestag der letzte luftgekühlte 911 in Zuffenhausen vom Band lief. Damit hatte das vom alten Professor Porsche erdachte, von seinem Sohn und den Enkeln verfeinerte Grundprinzip des Käfers ausgedient. Jetzt übernahm die dritte Generation.

Schulterblick: Ferry Porsche vor dem Porträt des Vaters, 1984

Ferry Porsche und Louise Piëch hatten jeweils vier Kinder, die sich anschickten, das Erbe anzutreten: die »Namensträger« Ferdinand Alexander, Gerhard, Hans-Peter und Wolfgang Porsche einerseits; die »Nicht-Namensträger« Louise Daxer-Piëch sowie Ernst, Ferdinand und Hans Michel Piëch. Seit dem »Ernst-Fall«, als beide Familienstämme Ernst Piëchs Aktienpaket vor dem Verkauf an einen arabischen Investor retteten, betrug der Anteil der Porsches 53,7 Prozent, derjenige der Piëchs 46,3 Prozent der Stammaktien. Noch immer galt der Beschluss des Familienrats von 1971, nach dem kein Porsche und kein Piëch operativ im eigenen Unternehmen tätig sein sollte. Es lief ja auch so prächtig. Im Vorstand saß Wendelin Wiedeking fest im Sattel, Aufsichtsratsvorsitzender war Helmut Sihler, der frühere Henkel-Vorstandschef, der zwischenzeitlich auch Aufsichtsratschef der Deutschen Post und der Telekom war.

Mit den neuen Modellen nahm das Geschäft bei Porsche richtig Fahrt auf. »Unter Wiedeking, das war eine neue Welt«, sagt der frühere Porsche-Rennleiter und PR-Chef Manfred Jantke. »Verdienen, Gewinn machen – das war er. Jeder hat irgendwelche Ziele. Und er war ein leidenschaftlicher Gewinnmacher. Er wollte Geschäftsergebnisse präsentieren, die in jedem Jahr besser waren. Und die waren ja atemberaubend.« Mit den beiden Modellreihen 911 und Boxster lag der Umsatz im Geschäftsjahr 1997/98 bei knapp fünf Milliarden D-Mark, das Ergebnis vor Steuern betrug 324 Millionen D-Mark – doppelt so viel wie im Vorjahr. Im Jahr darauf bezifferte sich der Vorsteuergewinn auf 700 Millionen D-Mark. Eine weitere Verdoppelung. Da die Gesellschafter im Gegensatz zu anderen Unternehmen immer sehr wenige Ausschüttungen vorgenommen hatten, war die Eigenkapitalquote bei Porsche extrem hoch und die Verschuldung, etwa im Vergleich zu internationalen Konzernen, sehr niedrig. Ein kerngesundes Unternehmen, dessen finanzielles Polster immer dicker wurde.

Auch die Absatzzahlen kletterten auf Rekordhöhe: Knapp 44000 Sportwagen wurden 1998/99 verkauft, und es schien ungebremst so weiterzugehen. Plötzlich war das Werk in Zuffenhausen zu klein geworden, nachdem man sich drei Jahre zuvor noch mit Fremdaufträgen mühsam über Wasser gehalten hatte. Jetzt ließ Porsche selbst bei anderen montieren. Ein Teil der Boxster-Produktion wurde zur finnischen Firma Valmet verlagert. Porsche war endgültig wieder auf der Überholspur.

Genauso wie der neue Vorstandschef. Er kam jetzt mindestens so breitspurig und lautstark daher wie seine Rennwagen, die wieder heiß begehrt waren. Es ist eben keine Strategie erfolgreicher als der Erfolg selbst. Sein erstes großes Interview als Vorstandssprecher gab Wiedeking, damals 39, ausgerechnet dem *Penthouse*, dem Fachblatt für Verkehrsfragen besonderer Art. Unter der Titelzeile »Porsche-Boss im Crashtest – Tod dem Tempolimit, es lebe der Mythos!« drehte er richtig auf. Jeder bekam sein Fett weg: die Japaner (»erreichen unseren Mythos nie«), die Bundesbank (»macht den Aufschwung kaputt«), die Politiker (»wissen doch überhaupt nicht mehr, wie man Auto fährt. Die sagen ihrem Fahrer doch nur, dass er auf die Tube drücken soll«) und auch die Manager (»müssen nur ihre gewohnten und bequemen Trampelpfade verlassen, um die Herausforderung zu meistern«).

Wiedeking auf dem Weg nach oben. Mal wollte er eine eigene Porsche-Bank gründen, mal in die Produktion von Luxusfahrrädern einsteigen, die 100 Millionen D-Mark Jahresumsatz bringen sollte, mal dachte er an die Einrichtung eines zentralen Abgasmesszentrums für die deutsche Autoindustrie in Weissach. In jenen Tagen wurden »die Nadelstreifen seiner Anzüge immer breiter und die Zigarren immer dicker«, wie Dietmar Hawranek vom *Spiegel* beobachtete; zunehmend trat er auf wie ein Unternehmer und nicht wie ein Manager. »Wenn er ›ich‹ sagte«, so Hawranek, »meinte er das Unternehmen.« Und er etablierte sich als oberster Kritiker der Wirtschaft und der Politik, der allen sagen wollte, wo es langgeht. Dem damaligen Bundeskanzler Helmut Kohl bescheinigte er, ihm fehle »das Verständnis für die Wirtschaft«, generell fehle es der Regierung an Glaubwürdigkeit und

Visionen. »So kann, so darf man keinen Staat führen.« Über die damalige Fusionswelle in der Industrie lästerte Wiedeking: »Wenn Größe das entscheidende Kriterium wäre, müssten die Dinosaurier noch leben.« »Wiede-King« war erfolgreich und trug das genüsslich zur Schau. »Getragen von seinem Erfolg hob er langsam ab«, sagt Hawranek, »er kritisierte dann alle Wettbewerber, Konkurrenten, aber auch Banken. Er schimpfte über Subventionen und machte sich dadurch natürlich nicht gerade Freunde, weltweit und vor allem in der Wirtschaftswelt Deutschlands nicht.«

Aber noch wurden Rekorde am Fließband produziert. Die Produktion konnte gar nicht schnell genug wachsen, also wurde in Leipzig ein neues Werk gebaut, für 128 Millionen Euro, in dem der neue Geländewagen Cayenne ab 2002 gebaut werden sollte. Auf Subventionen in Höhe von 50 Millionen Euro verzichtete man großzügig, aus Überzeugung. »Luxus und Stütze, das passt nicht zusammen«, verkündete Wiedeking damals vor Hamburger Wirtschaftsjournalisten. Es sollte allerdings noch eine Zeit kommen, in welcher der Porsche-Chef die Hilfe des Staates gern in Anspruch genommen hätte, als er nämlich bei der staatlichen KfW-Gruppe um einen Kredit bat.

Mit dem Cayenne drang Porsche in völlig neue Dimensionen vor, nicht nur was die Abmessungen des viertürigen Geländewagens betraf. Man habe festgestellt, sagte der damalige Pressesprecher Anton Hunger, dass das Wachstum »allein mit den Sportwagen nicht ausreichen wird«. Vor allem hatte man aber über die Marktforschung herausgefunden, dass Porsche-Fahrer als Zweitwagen gern einen straßengängigen, sportlichen Geländewagen hätten. Die bei jung gebliebenen Wohlstandsbürgern beliebte Kombination 911/Range Rover müsste doch auch aus einem Konzern bedient werden können. Da traf es sich gut, dass auch VW langsam dämmerte, dass man den weltweiten Trend zum SUV, zum Sport Utility Vehicle verschlafen hatte. Chrysler hatte den Jeep zum bequemen Straßenfahrzeug weiterentwickelt. Toyota variierte das Konzept des Landcruiser, der Range

Rover verkaufte sich besser denn je, und auch Land Rover zivilisierte sich mit dem Discovery. Selbst Mercedes hatte neben seinem geländegängigen G-Modell ein SUV, die M-Klasse, auf den Markt gebracht und verhandelte nun mit Wiedeking, ein gemeinsames neues SUV-Modell zu entwickeln. Nur Volkswagen und Porsche hinkten hinterher. Das sollte sich gründlich ändern. Piëch riet dringend von einer Kooperation mit Mercedes ab, was nur dazu führen würde, dass der Großkonzern irgendwann ein Übernahmeangebot machen würde. Daraufhin blieb man in der Familie, und Porsche erhielt den Großauftrag, für Volkswagen ein neues Geländefahrzeug, den Touareg, zu entwickeln. Als Bonus erhielt die Entwicklungsfirma die Möglichkeit, auch eine eigene, stärkere und luxuriösere Version des Wagens herzustellen und auf den Markt zu bringen. Das entpuppte sich als Lizenz zum Gelddrucken.

Der Cayenne wurde Porsches Beitrag zum globalen Wirtschaftsaufschwung. Er drang in völlig neue Käuferkreise vor, nicht nur in Deutschland, sondern vor allem in Amerika, Asien und im arabischen Raum. Der Sport-Geländewagen mit Turbofahrleistungen und Turbobenzinverbrauch entwickelte sich zum modischen Accessoire der weltweiten Konsumelite. Für Porsche wurde er zu einem vollen Erfolg. In seinem ersten Produktionsjahr war er mit fast 40000 verkauften Exemplaren der beliebteste Porsche. Abgesehen davon war die Basisversion für rund 50000 Euro auch die billigste Art, Porsche zu fahren – also ein echtes Einsteigermodell.

Strategisch wichtig war der Cayenne auch aus einem anderen Grund: Er war das erste Volkswagen-Porsche-Gemeinschaftsprojekt seit den Zeiten des verblichenen Porsche 924. »Mit Volkswagen hatte man das ja schon historisch bewiesen«, erklärte Porsche-Pressechef Hunger, »und jetzt, mit dem Thema Cayenne, war das natürlich eine sehr, sehr gute Sache.« Aus Kostengründen teilte sich der Cayenne mit dem zeitgleich entwickelten Volkswagen Touareg und dem Audi Q7 dieselbe Plattform. Die Karosserien der drei Modellreihen werden gemeinsam im Volkswagen-Werk im slowakischen Bratislava hergestellt, bevor man sie dann zur Endmontage in unterschiedliche Werke schickt. Beim Cayenne werden die Karosserien nach Leipzig geliefert, wo sie mit den aus Stuttgart kommenden Motoren komplettiert werden.

In dieser Zeit verfasste Wendelin Wiedeking einen Beitrag für ein von ihm herausgegebenes Buch, der in der Rückschau wie ein Leitfaden für sein weiteres Vorgehen wirkt. Der Titel des Werkes lautete *Das Davidprinzip*, und es war naheliegend, dass Wiedeking dieses Prinzip auf die Vorgänge im eigenen Hause übertrug:

»Die Geschichte von einem Kleinen, der am Boden lag, sich selber wieder aufstellte, den aufrechten Gang neu erlernte und die Großen das Fürchten lehrte. Es wurde die Geschichte vom David, der es den Goliaths zeigt. Porsche entdeckte sein Davidprinzip. Solange einem das Wasser bis zum Hals steht, behält man sein Prinzip besser für sich. Zu leicht könnten bei einem Scheitern – aus welchen Gründen auch immer – die Philister das Gegenteil formulieren und den Wagemutigen dem Gespött preisgeben. Erst im Frühjahr 2000 habe ich deshalb das ›Davidprinzip‹ in einem Interview mit der in Hamburg erscheinenden Wirtschaftszeitschrift *brand eins* thematisiert: ›David gegen Goliath, das ist die Kernaussage in unserem Leben. Und natürlich ist es sympathisch, wenn ein Kleiner beweist, dass die Großen, die Dinosaurier, nicht einfach durch die Welt laufen und alles plattmachen können und dabei noch glauben, sie kommen damit durch.‹«

So weit David Wiedeking. Möglicherweise reifte damals schon der Plan, der Porsche-Piëch-Clan könne bei Volkswagen einsteigen. »Als Erster hat daran nachweislich Ferdinand Piëch gedacht«, berichtet Dietmar Hawranek vom *Spiegel*. »Es gab im Jahr 2000 den Vorstoß des damaligen Ford-Chefs Jacques Nasser beim damaligen Bundeskanzler Schröder, ob die Regierung etwas dagegen hätte, wenn Ford bei Volkswagen einsteigt. Schröder hat darüber selbstverständlich den Aufsichtsratsvorsitzenden Piëch informiert. Danach hat Piëch mit seinen Familienmitgliedern gesprochen, ob nicht die Familien – Porsche und Piëch gemeinsam – bei Volkswagen einsteigen könnten. Den Familien war das damals noch zu riskant – man schrieb das Jahr 2001. Sie hätten sich aber vorstellen können, bei Audi einzusteigen. Das konnte Piëch nicht machen, das hätte nach Insidergeschäft gerochen – sogar gestunken, muss man sagen, wenn er die beste, profitabelste Tochter des Konzerns an die eigene Familie verkauft. Also wurde daraus zunächst nichts.«

So musste Aufsichtsratschef Piëch die Attacke persönlich abwehren. Wie das ging, sagt er nicht, nur so viel: Er habe den Ford-Chef überzeugt, »dass ich einen ernst zu nehmenden Gegner abgebe«, woraufhin der »schnell aufgegeben« habe.

Ferdinand Piëch hatte wohl einen ganz anderen Plan, und das schon seit Beginn der Siebzigerjahre, als er gerade bei Porsche angefangen hatte. »Wir haben schon zu dem Zeitpunkt, als Piëch Leiter des Versuchs in Zuffenhausen war«, berichtet der langjährige Porsche-Mitarbeiter und Rennfahrer Herbert Linge, »sehr oft mit ihm darüber gesprochen, dass die finanziellen Möglichkeiten des Hauses Porsche langfristig gesehen nicht ausreichen, um an der Spitze zu bleiben. (...) Das heißt, die Idee, sich mit einem Großkonzern zusammenzuschließen, die geisterte immer durch das Haus.« Und wer der Partner sein könnte, darüber gab es auch keine Zweifel. »Wir wussten, dass die Zusammenarbeit mit Volkswagen eine engere war als mit anderen Firmen«, sagt Herbert Linge. »Für uns war klar, dass der Zeitpunkt kommt, an dem sich die Firmen Volkswagen und Porsche zusammenschließen.«

Viele Jahre später, um das Jahr 2005, kam die Wiederauflage des Fusionsplans: Porsche-Chef Wiedeking schlug den Familien einen Volkswagen-Einstieg vor. »Er hatte einerseits ein Luxusproblem«, sagt Hawranek, »Porsche hatte drei Milliarden Euro in den Kassen, und dann bekommen die Eigentümer gemeinhin etwas glänzende Augen, wie man weiß, und sagen: ›Schüttet das doch bitte als Sonderdividende aus.‹ Davon hat der Vorstand überhaupt nichts. Oder man investiert das Geld, und da gab es natürlich die Chance, in einen anderen Autokonzern einzusteigen.« Und was hätte nähergelegen, als dort zu investieren, wo die Synergien schon vorhanden waren und sie nur noch ausgebaut, nicht erst mühsam geschaffen werden mussten? Eine Fusion schien für alle erstrebenswert, wenn auch aus unterschiedlichen Gründen.

Wiedeking sah Gefahren auf Porsche zukommen, ähnlich wie Piëch 30 Jahre zuvor. Das Unternehmen war zu klein, um auf Dauer neue Technologien selbst entwickeln zu können. »Porsche war zwar sehr erfolgreich«, erläutert Hawranek, »aber abhängig davon, dass es eine Kooperation mit Volkswagen gab. Diese Partnerschaft wollte Wiedeking unbedingt absichern – denn was passiert, wenn der VW-Konzern einmal in andere Hände kommt? Oder wenn dort andere Leute an der Spitze sitzen, die nicht mehr mit Porsche kooperieren wollen, sondern lieber mit den eigenen Marken Audi oder Bentley? Dann hätte Porsche ein existenzielles Problem als Sportwagenfirma bekommen. Insofern wollte er Porsche absichern, und dazu war das Geld natürlich auf der hohen Kante.«

Auch Ferdinand Piëch wusste, dass ein großer Teil des Aufstiegs von Porsche nur der Zusammenarbeit mit Volkswagen zu verdanken war. Auch das Handelshaus der Familien in Salzburg hatte dank Volkswagen ein rasantes Wachstum erlebt. Mittlerweile wurde praktisch das ganze Südosteuropa-Geschäft über das österreichische Unternehmen abgewickelt. Die Familien wären anfangs wohl bereit gewesen, sagt Hawranek, die Sportwagenfirma in Stuttgart und den Autohandel in Salzburg in den Volkswagen-Konzern einzubringen, wenn sie im Gegenzug einen Anteil an dem Wolfsburger Autoriesen erhielten. Doch Holger Härter, der rührige Finanzchef von Porsche, entwickelte zusammen mit Investmentbankern einen anderen Plan. Demnach sollte Porsche mit seinen 3 Milliarden Euro Bargeld, zusätzlichen Krediten und Optionsscheinen bei Volkswagen einsteigen, womit die Familien ihre beiden Unternehmen in Stuttgart und Salzburg weiterhin hätten behalten können. Das klang verwegen, aber viele Firmen machten das damals so. Zum Beispiel der fränkische Automobilzulieferer Schaeffler, der die erheblich größere Continental AG schlucken wollte – in einer Zeit des billigen Geldes und des anscheinend unaufhaltsamen Wachstums, in einer Zeit, bevor die Immobilienblase platzte und die ganze Schuldenwirtschaft einstürzte.

Den Plan des kleinen Sportwagenherstellers und großen Überfliegers Porsche, den Autogiganten Volkswagen zu übernehmen, kündigten Wiedeking und Härter zum Jahreswechsel 2004/2005 erstmals auf einer Pressekonferenz an. Mit den Worten »Hier gibt's nix umsonst!« betrat Wiedeking polternd das Podium, aus König David war ein Goliath geworden. »Wiedeking und Härter hatten eigentlich einen genialen Plan – das sagen heute noch viele in der Finanzwelt –, wie der kleine Hersteller Porsche bei Volkswagen einsteigt und langsam, peu à peu, die Mehrheit übernimmt«, erklärt Hawranek. Im September 2005 wurde Porsche zum größten Volkswagen-Aktionär. Mit der Beteiligung von 20 Prozent, so die Botschaft, sollte eine feindliche Übernahme durch Finanzinvestoren verhindert werden. Dabei arbeiteten die Zuffenhausener hinter den Kulissen längst selbst an einer Übernahme. Ein halbes Jahr darauf wurde der Anteil schon auf über 27 Prozent erhöht. Wiedeking und Härter, Porsches »Finanzalchimist«, wie ihn das *Handelsblatt* einst betitelte, rückten in den Aufsichtsrat von Volkswagen ein. Nach außen schimpfte Wiedeking über Heuschrecken, die Konzerne übernehmen und ihnen anschließend die Schulden für den Kaufpreis aufbürden, nach innen verfolgten er und Härter nun die gleiche Strategie bei Volkswagen.

Ein wesentliches Hindernis auf dem Weg zur Macht im Konzern war das sogenannte VW-Gesetz. Es stammte aus dem Jahr 1960 und ging zurück auf die Umwandlung der Volkswagenwerk GmbH in eine Aktiengesellschaft. Es sah vor, dass kein Aktionär mehr als 20 Prozent der Stimmrechte ausüben kann – unabhängig von seinen tatsächlichen Anteilen. Gleichzeitig benötigten wichtige Beschlüsse eine Mehrheit von mehr als 80 Prozent der Eigner. Damit hatte das Land Niedersachsen, das über 20,2 Prozent der Anteile verfügt, eine Sperrminorität. Auch wer drei Viertel aller Aktien besaß, konnte nicht ohne die Zustimmung Niedersachsens herrschen. »Wiedeking setzte darauf«, erklärt Dietmar Hawranek, »dass erstens das VW-Gesetz fällt und er die volle Macht über Volkswagen bekommen und einen Beherrschungsvertrag abschließen kann. Zweitens setzte er darauf, dass die Banken seinen Übernahmeplan immer weiter finanzierten.«

Wendelin Wiedeking war sich seiner Sache offenbar recht sicher – und er handelte nicht ohne Rückendeckung der Eigentümerfamilien. Bei Porsche hatte immer die Familie die Geschicke bestimmt. Der Porsche-Chef war überzeugt, er stehe vor dem Höhepunkt seiner Karriere. Auch das Sportwagengeschäft lief prächtig. Mit dem Cayman, einer geschlossenen Version des Boxster, war eine weitere Modellreihe hinzugekommen. Porsche verkaufte inzwischen um die 100000 Autos im Jahr, mehr denn je. Geld, so schien es, spielte keine Rolle mehr. Mit dem Porsche-Museum war Wiedeking gerade dabei, sich und der Marke für geschätzte 100 Millionen Euro ein Denkmal zu setzen. Auf der Porsche-Hauptversammlung im Januar 2007 gab er sich selbstbewusst und siegessicher, schließlich hatte er Porsche für die Aktionäre zur Goldgrube gemacht. »Wer im September 1992«, rechnete Wiedeking vor, »also zu meinem Amtsantritt, umgerechnet 10000 Euro in Porsche-Aktien investierte, hat heute mehr als eine halbe Million Euro verdient.«

Das war eine gute Nachricht – vor allem für jene, die erheblich mehr als 10000 Euro in Porsche-Aktien hielten; etwa die Eigentümerfamilien Piëch und Porsche, die von Millionären zu Milliardären wurden. Mit den Überschüssen aus dem Sportwagengeschäft schickten sie sich gerade an, zu den Hauptaktionären des größten europäischen Autokonzerns zu werden. Auch ein weiterer Volkswagen-Großaktionär, das Land Niedersachsen, war von den Aussichten elektrisiert. »Wir haben mit Porsche den Glücksfall«, sagte der damalige

Ministerpräsident Wulff 2007, »dass es ein familiengeführtes Unternehmen ist und langfristige Orientierung und nicht kurzfristige Orientierungsabsichten bestehen. Das wird Volkswagen nutzen.«

Bei der Volkswagen-Hauptversammlung 2007 wurde Wendelin Wiedeking empfangen wie ein Rockstar. Er stand im Begriff, den Coup seines Lebens zu landen. Was die Porsche-Piëch-Dynastie nie geschafft hatte, die Wiedervereinigung von Volkswagen und Porsche, wollte er, der angestellte Manager, endlich vollenden – ganz im Geiste des gemeinsamen Gründervaters Ferdinand Porsche. Zwei Dutzend Fotografen und Kameraleute begleiteten Wiedeking beim traditionellen Rundgang durch die Fahrzeugpräsentation des Konzerns. Erst zierte er sich, als ihn die Fotografen baten, neben den Fahrzeugen des Übernahmekandidaten zu posieren. Aber dann war die Verlockung zu groß. »Welchen nehmen wir denn?«, fragte einer aus dem Wiedeking-Tross, »so 'n Cabrio? Ein Cabrio wäre am besten. Hier, da hinten – der Eos.« Ganz glücklich wirkte Wiedeking in diesem Moment nicht, er wusste

»Welchen nehmen wir denn?« – VW-Aufkäufer Wiedeking bei der Volkswagen-Hauptversammlung, 2007

wohl um die Symbolkraft dieser Bilder. Noch etwas unsicher fragte er: »Was machen wir denn jetzt?«, dann stand er schon neben dem Eos, die Hand lässig am Türrahmen, präsentierte er sich den Fotografen als VW-King, im Vorgriff auf die schon sicher geglaubte Macht in Wolfsburg.

Bei anderen Gelegenheiten lästerte Wiedeking gegenüber Journalisten über die Luxusmodelle des Konzerns, über Bentley, Bugatti und den Volkswagen Phaeton – allesamt von Ferdinand Piëch inspiriert. Dazu mokierte er sich über die »heiligen Kühe« von Wolfsburg, zum Beispiel den Haustarifvertrag für Arbeiter und Angestellte, während er in aller Bescheidenheit mit seinem eigenen Einkommen prahlte: »Vorstandsgehälter veröffentlichen wir nicht, das würde die Republik nicht verkraften.« Es schien, als wolle er nicht nur den obersten Chef, sondern auch die Arbeitnehmer gegen sich aufbringen. Sein eigenes Gehalt war in astronomische Höhen geklettert, weil ihm laut Vertrag 0,9 Prozent des Porsche-Gewinns als Bonus zustanden. Im besten Jahr sollen seine Gesamteinkünfte bei über 80 Millionen Euro gelegen haben. Damit war Wiedeking der mit Abstand bestbezahlte Manager der Republik und mit Sicherheit auch unter den Top 10 der Welt.

Auch bei Porsche selbst bereitete man sich auf Großes vor. Um die Macht bei Volkswagen zu übernehmen, wurde am 26. Juni 2007 die Porsche Automobil Holding SE gegründet. »Eine Zäsur in der traditionsreichen Geschichte von Porsche«, wie Wendelin Wiedeking auf der außerordentlichen Hauptversammlung verkündete. Wolfgang Porsche übernahm den Aufsichtsratsvorsitz. Diese Holding sollte das neue Führungsgremium für den Autokonzern Porsche-Volkswagen werden. »Unter dem gemeinsamen Dach der Porsche Automobil Holding SE«, verkündete ein Porsche-Werbefilm von 2008, »soll die Unabhängigkeit der historisch eng miteinander verbundenen Unternehmen Porsche und VW langfristig gesichert werden und die seit Jahrzehnten gepflegte Entwicklungs- und Fertigungspartnerschaft ihre Fortsetzung finden.« Dabei sehe sich Porsche bei Volkswagen nicht nur als Investor, sondern als strategisch industrieller und darüber hinaus als dauerhafter und verlässlicher Partner. »Porsche wird auch in Zukunft Porsche bleiben. So wie Volkswagen Volkswagen bleiben wird. Das ist das Erfolgsrezept, verspricht Porsche-Chef Dr. Wendelin Wiedeking im Jubiläumsjahr des Sportwagenherstellers.«

Im Verlauf des Jahres 2008 erklomm Wendelin Wiedeking den Gipfel seiner Macht: Porsche kam in den Besitz von 42 Prozent der Stammaktien des VW-Konzerns. Dank der Finanzakrobatik von Wiedekings Mitstreiter Holger Härter hatte das Unternehmen so viel Geld an den Börsen verdient, dass für den Kauf dieses Aktienpakets gerade einmal drei Milliarden Euro Schulden aufgenommen werden mussten. Die kleine Sportwagenfirma war nun mit Abstand größter Volkswagen-Aktionär. Mit dem Stammgeschäft, das immer noch brummte, konnte sie locker die fälligen Zinsen von rund 150 Millionen Euro jährlich erwirtschaften. Aber Wiedeking, Härter und einige Mitglieder der Familien Porsche und Piëch wollten mehr. »Das große Ziel war, 75 Prozent zu erreichen«, weiß *Spiegel*-Redakteur Hawranek, »und einen Beherrschungsvertrag abzuschließen. Das hatte vor allem den Sinn, an die Kasse des Volkswagen-Konzerns heranzukommen. Dort lagen zeitweise 13 Milliarden Euro an Reserven. Wenn es gelungen wäre, diese 75 Prozent der Aktien zu bekommen und den Beherrschungsvertrag abzuschließen, hätte Porsche sicherlich einen Teil dieser 13 Milliarden benutzen können, um die Schulden zu tilgen. Das war exakt der Plan, den sonst eigentlich Hedgefonds haben.«

Einzig der Volkswagen-Betriebsrat hatte sich gegen die Übernahme durch die Porsche SE gestemmt und vor dem Arbeitsgericht geklagt. »Es geht um eine angemessene Beteiligung der Belegschaft«, erklärte Betriebsratsvorsitzender Bernd Osterloh bei einer Demonstration von 30 000 VW-Beschäftigten in Wolfsburg. »Und wir wollen ganz einfach, dass diese mittlerweile 360 000 Menschen, wenn man Scania dazurechnet, angemessen in einem SE-Betriebsrat, in einem Aufsichtsrat vertreten sind.« Die Bildsprache auf den Transparenten ließ keinen Zweifel am Feindbild der Demonstranten zu. Sechs geballte Fäuste – für die sechs Pkw-Marken Volkswagen, Audi, Seat, Škoda, Bentley und Bugatti – zielten auf ein Gesicht in der Mitte: Wiedeking.

Die Proteste der Belegschaft zeigten Wirkung. Ausgerechnet da, wo man es am wenigsten hätte erwarten können, denn Ferdinand Piëch ging endgültig auf Distanz zu Wiedeking. »Manchmal fragt man sich schon«, sagte er im kleinen Kreis, »wer hier der Angestellte und wer der Eigentümer ist.« Seine Abneigung offenbarte er wie so oft mittels einer kleinen Bosheit. Als Versammlungsleiter erteilte er auf der Hauptversammlung des Volkswagen-Konzerns dem »Herrn Dr. Wedeking« das Wort. Nicht einmal, gleich mehrfach. Das hätte Wiedeking ein Alarmzeichen sein müssen. Von Ursula Piëch, der Gattin des Aufsichtsratschefs, wird erzählt, sie habe den Porsche-Pressechef Hunger bei einem Empfang einmal mit »Guten Tag, Herr Durst« begrüßt – für Hunger damals das Signal, dass er in Ungnade gefallen war.

Aber Wiedeking verfolgte unbeirrt seinen Plan, Volkswagen zu beherrschen. Niemand, sagte Wiedeking auf der Bilanz-Pressekonferenz von Porsche, könne ihn mehr aufhalten: »Das Grundprinzip dieses von Strategie und Taktik geprägten Spiels ist ja, dass die gegnerischen Mitspieler und ihre Einflüsterer nicht wissen, welche Züge wir im Kopf haben. Es war und ist nicht unsere Absicht, Mitspieler zu demütigen. Wenn der letzte Schachzug ansteht, wollen wir ihnen auf Augenhöhe begegnen.«

Das glich dem Wurf eines Fehdehandschuhs. Anfang 2008 schien Piëch entmachtet. Nach wie vor war er zwar Aufsichtsratschef bei Volkswagen, aber es gab keinen Zweifel, dass Vetter Wolfgang aus Stuttgart, der Porsche-Aufsichtsratschef, ihn im Zuge der Übernahme am liebsten loswerden wollte. Und je mehr Anteile an Volkswagen die Stuttgarter erwarben, desto größer war auch ihr Einfluss in Wolfsburg. Doch zusehends gingen weitere Mitstreiter Wiedekings auf Distanz. Vielleicht hatte sie auch Piëchs Erkenntnis nachdenklich gestimmt, nach der man einen Konzern auf Dauer »nicht gegen den

Willen der Arbeitnehmer führen« kann – und Volkswagen mit den weitreichenden Mitbestimmungsrechten schon gar nicht.

»Ich habe gelernt«, sagt Porsche-Betriebsratschef Uwe Hück im Interview 2012, »dass ich mich nie mehr in eine öffentliche Auseinandersetzung mit dem Betriebsrat des anderen Unternehmens treiben lasse.« Hobby-Thaiboxer Hück stand damals unerschütterlich an Wiedekings Seite, hat ein paar Schläge abgefangen, aber auch ordentlich ausgeteilt. »Mein größter Fehler war, dass ich keinen Kontakt mit dem Vorstand in Wolfsburg gesucht habe.«

Alte Weggefährten verbündeten sich, um neue Allianzen zu schließen. So kämpften Piëch und der niedersächsische Ministerpräsident Christian Wulff plötzlich wieder Seite an Seite, nachdem dieser vorher offen mit der Porsche-Fraktion sympathisiert und versucht hatte, Piëch zu entmachten. Wulff setzte sich bei Kanzlerin Merkel dafür ein, dass Niedersachsen auch bei einem an die EU angepassten VW-Gesetz seine Sperrminorität behielt. Solange diese Klausel galt, waren die ganzen teuren Aktienzukäufe für Porsche wertlos. Die erste Säule von Wiedekings Strategie begann gefährlich zu bröckeln.

Und Piëch zeigte sich einmal mehr als Meister des Machtkampfs, der den Gegenspielern mindestens einen Zug voraus war. Zunächst setzte er auf Wunsch der Arbeitnehmervertreter eine wichtige Entscheidung auf die Tagesordnung im Volkswagen-Aufsichtsrat: Ein Ausschuss des Gremiums sollte fortan alle Geschäfte mit Porsche genehmigen, um eine etwaige Bevorzugung des neuen Mitgesellschafters zu verhindern. Das wäre einer Stärkung der Arbeitnehmer und des Landes Niedersachsen gleichgekommen, weil ohne die Zustimmung dieser beiden Parteien im Aufsichtsrat nichts mehr gegangen wäre. Zur Abstimmung über den Antrag erschien der Vorsitzende Piëch aber überraschenderweise nicht. Stattdessen hinterlegte er sein Votum schriftlich – eine Enthaltung. Damit hatten die zehn Arbeitnehmervertreter und Ministerpräsident Wulff die Mehrheit; ein Affront gegen Wiedeking und Härter, den Vetter aus Stuttgart und den

Rest des Clans. Diverse Familientreffen wurden angesetzt, um Piëch wegen seines Verhaltens zur Rede zu stellen, einige der Verwandten forderten seinen Rücktritt. Piëch reagierte auf seine Weise: Mal redete er sich heraus (Piëch: »Ich war verwirrt«), mal blieb er fern. »Der geplante Aufstand«, sagt Dietmar Hawranek, »fiel in sich zusammen, bevor er richtig begann. Die meisten Mitglieder des Clans wollten vor allem ihre Dividende kassieren und ihre Ruhe haben.«

Piëch spielte auf Zeit. Seit Jahren strebte er die ganz große Lösung an: den Volkswagen-Porsche-Konzern, den seine Familie steuert, allen voran natürlich er selbst. *»Herr Wiedeking und ich waren absolut einer Meinung«,* sagt Ferdinand Piëch zu Stefan Aust auf dem Pariser Automobilsalon, *»dass ein Hersteller wie Porsche, mit einer Jahresproduktion von 100 000 Autos, keine Überlebenschance hat. Nur wer wen übernimmt, da waren wir uns nicht einig.«*

Eigentlich war Wiedeking Piëchs Mann gewesen und eigentlich war auch Piëch für die Fusion, aber dann nahmen die Dinge eine Wendung. Frage an Daniel Goeudevert, der beide Kontrahenten aus seiner Zeit im Volkswagen-Vorstand persönlich kennt.

Aust: »War das auch ein Kampf zweier Egos gegeneinander?«

Goeudevert: »Mehr als das, es ist komplexer. Wiedekind … durch dieses Zitat von Piëch: ›Wer ist der Angestellte, und wer ist der Besitzer‹ sieht man, welchen Platz Wiedekind in den Familien eingenommen, in der Familiensaga gespielt hat. Blut ist dicker als Wasser.«

Aust: »Der Versprecher eben, vielleicht ist das ein Schlüssel. Sie haben gesagt, ›Wiedekind‹, aber der Mann heißt Wiedeking. Kann vielleicht das Problem sein, dass Piëch ihn als Wiedekind gesehen hat …«

Goeudevert: »… ja, Dr. Freud …«

Aust: »… aber als er anfing, sich als Wiedeking aufzuführen, war alles vorbei?«

Goeudevert: »Dr. Freud, Sie haben sicher recht. Ich muss sagen, er hätte in seinen Grenzen bleiben sollen. Und ich bin sicher: Er wusste, dass er mit der Übernahme von Volkswagen durch Porsche die Verhältnisse eigentlich auf den Kopf stellt.«

CASINO PORSCHE – DIE BÖRSE SPIELT VERRÜCKT

Wiedeking zeigte sich nach außen unbeeindruckt. Noch lief die Übernahme des 14-mal größeren Konzerns, der 60-mal so viele Autos baute wie Porsche, nach dem Drehbuch, das im Wesentlichen von Finanzvorstand Holger Härter stammte. Längst verdiente der kleine Autobauer mehr durch Börsenspekulationen als durch den Verkauf von Sportwagen. »Die Nummer«, sagte Wiedeking, »hat uns kleinen Blechpatschern aus Zuffenhausen niemand zugetraut.« Jetzt waren sie Global Player und spielten beim ganz großen Börsenspiel mit. Andere zeigten sich da skeptischer. »Porsche ist der erfolgreichste Hedgefonds der Welt mit einem Manager an der Spitze, den keiner kennt: Holger Härter«, schrieb der *Tagesspiegel* im Herbst 2008, und der New Yorker Analyst Max Warburton meinte, Porsche habe sich zum »Hedgefonds mit Autoschauraum« entwickelt.

Ebenfalls zum Übernahmedrehbuch gehörte, dass die Finanzjongleure in Zuffenhausen nicht allzu viel über ihre wahren Absichten verrieten. Im März 2008 teilte Porsche gegenüber der Presse mit: »Die Porsche Automobil Holding SE weist Medienberichte zurück, wonach das Unternehmen beabsichtige, seinen VW-Anteil auf 75 Prozent aufzustocken.« Aber offenbar war das genau das Ziel. »Als Porsche behauptete: ›Wir streben keine 75 Prozent der Anteile von Volkswagen an‹, haben das viele an der Börse geglaubt, auch viele ausländische Anleger«, erklärt *Spiegel*-Redakteur Hawranek, »die setzten dann darauf, dass die Volkswagen-Aktie irgendwann fallen würde – die ja durch den bisherigen Einstieg von Porsche überbewertet war – und haben eine Aktienspekulation gestartet.«

So wurde die Volkswagen-Aktie zum Spielball der Zocker. Die einen setzten auf fallende, die anderen auf steigende Kurse. Holger Härter setzte auf beides. Willkommen im »Casino Porsche«, wie der *Spiegel* die Umstände treffend umschrieb. Im Grunde sei das ganz einfach, erklärte Härter, es gehe um »cash-gesettelte Call-Optionen« und um »cash-gesettelte Put-Optionen«. Zu Deutsch: Porsche wettete mit den Banken um die künftige Kursentwicklung der Volkswagen-Aktien. Zum einen kaufte Porsche Call-Optionen, bei denen ein Basispreis festgelegt war. Stieg die Aktie über diesen Preis, bekam Porsche von den Banken die Differenz. Porsche sicherte sich damit gegen steigende Kurse der Volkswagen-Aktie ab, die eine Übernahme erschwert hätten. Zudem konnte man erhebliche Bilanzgewinne mit rechtzeitig und zu günstigen Bedingungen abgeschlossenen Call-Optionen verbuchen. Dafür war es günstiger, dem Gegenüber nicht unbedingt zu verraten, dass man selbst daran interessiert war, möglichst viele Volkswagen-Aktien zu kaufen. Denn das trieb den Preis. Tatsächlich stieg der Volkswagen-Kurs seit dem Einstieg von Porsche im September 2005 ständig und rasant an.

Andererseits verkaufte Porsche Put-Optionen an Banken. Auch bei ihnen war ein Basispreis für die Volkswagen-Aktien festgelegt. Sollte die Aktie unter diesen Kurs sinken, musste Porsche den Banken die Differenz bezahlen. Die Banken sicherten sich dadurch gegen fallende VW-Kurse ab. Aus Porsche-Sicht bestand dabei kein Risiko, weil man damals nicht damit rechnete, dass der Kurs der Volkswagen-Aktie nennenswert fiel und Porsche damit Geld an die Banken überweisen musste.

Welches Ausmaß die geheim gehaltenen Geschäfte in den Jahren 2005 bis 2009 tatsächlich annahmen, untersuchte im September 2010 die renommierte Frankfurter Kanzlei Freshfields Bruckhaus Deringer im Auftrag von Porsche. Das Unternehmen wollte sich damit gegen diverse Schadenersatzklagen wegen der sogenannten Aktienderivatgeschäfte wappnen. In einer 73-seitigen Stellungnahme für das Landgericht Stuttgart legten die Porsche-Anwälte den Hintergrund der Börsengeschäfte aus Sicht des Zuffenhausener Managements dar. Dabei kam heraus: Wiedeking und Härter drehten ein immer größeres Rad. Und sie drehten es immer schneller. Bei den Summen, die im Spiel waren, hätte man Zuffenhausen in Anlehnung an Dagobert Ducks Fantastillionen zeitweilig wohl besser in Entenhausen umbenannt.

Ausschließliches Motiv für die Kurssicherungsstrategie mit Call- und Put-Optionen, so das Gutachten, sei gewesen, die Handlungsmöglichkeiten von Porsche im Hinblick auf die Volkswagen AG abzusichern. Mit relativ überschaubaren Beträgen hatte das Spiel im Jahr 2005 begonnen, Porsche war mit rund 510 Millionen Euro für Volkswagen-Optionen eingestiegen. Demgegenüber standen Gewinne aus den Optionsgeschäften in Höhe von rund 780 Millionen. In den Folgejahren wurde der Einsatz kräftig erhöht. Im Geschäftsjahr 2006/07 wurden bereits 3,3 Milliarden Euro für Optionsgeschäfte bezahlt, eingenommen wurden 6,3 Milliarden. Und so ging es munter weiter, bis Porsche im Geschäftsjahr 2008/2009 die geradezu fantastische Summe von 56,1 Milliarden Euro für Aktienoptionen ausgab – mehr, als man im ganzen Jahrzehnt davor mit dem Verkauf von Autos verdient hatte. Demgegenüber standen Einnahmen aus Optionsgeschäften in Höhe von 53,7 Milliarden Euro – summa summarum ein Verlust vor Steuern von 2,4 Milliarden Euro. Insgesamt, so die Anwälte von Freshfields Bruckhaus Deringer, habe Porsche zwischen 2005 und 2009 mit den Aktienoptionsgeschäften 8,23 Milliarden Euro verdient. Die VW-Aktienderivatgeschäfte hätten dem Gutachten nach insgesamt einen positiven Ergebnisbeitrag geleistet, und die damit verbundenen Risiken seien vertretbar gewesen.

»Der große Plan hätte aufgehen können«, erklärt Dietmar Hawranek, »es musste nur alles so weiterlaufen wie bisher, die Banken mussten Porsches Deal weiter finanzieren, die VW-Aktie durfte nicht abstürzen.« Doch dann brach im September 2008 die Finanzkrise über die Welt herein. Eine Immobilienblase platzte und riss die Banken in den Abgrund. Am 15. September implodierte die Investmentbank Lehman Brothers, und damit änderten sich die Spielregeln im globalen Finanzbusiness. Die gesamte Finanzbranche geriet in einen Strudel gigantischen Ausmaßes, an den Börsen der Welt fielen die Aktien, auch die von Volkswagen. Vom 17. bis 24. Oktober rauschten sie von 360 auf 209 Euro herunter. »Der Fall, der eigentlich nie eintreten durfte, war jetzt da«, so Hawranek. »Die scheinbar sichere Wette wurde plötzlich zum tödlichen Risiko.«

Porsche hatte zu der Zeit 60,7 Millionen Put-Optionen an Banken verkauft. Wäre der Volkswagen-Kurs auch nur um 20 Euro unter die jeweiligen Basiswerte gefallen, hätte Porsche 1,2 Milliarden Euro bezahlen müssen. Bei 50 Euro wären es schon drei Milliarden gewesen. In der für Porsche lebensbedrohlichen Situation trat man die Flucht nach vorn an. Am Sonntag nach dem Kurssturz der Aktie teilte das Unternehmen mit, man besitze schon 42,6 Prozent der Volkswagen-Stammaktien und verfüge über Optionen auf weitere 31,5 Prozent. Porsche wolle mehr als 75 Prozent bei Volkswagen erwerben, schrieb der Vorstand, was man bis dahin stets bestritten hatte.

»Porsche gab bekannt: So sieht es aus, wir haben Zugriff auf fast 75 Prozent der Aktien«, sagt *Spiegel*-Experte Hawranek. »Das schlug natürlich an der Börse ein wie eine Bombe, denn 75 Prozent der Aktien in Porsche-Hand, plus 20 Prozent in der Hand des Landes Niedersachsen bedeutete: Es waren nur noch 5 Prozent freie Aktien auf dem Markt. Und alle Spekulanten, die Hedgefonds, aber auch seriöse Anleger, die auf einen fallenden Kurs gesetzt hatten, mussten nun Aktien kaufen. Sie brauchten Aktien, weil sie die irgendwann zurückgeben mussten, wenn ihre Leihfrist zu Ende ging. Dadurch stürzten sich alle auf diese wenigen freien Aktien, die noch auf dem Markt waren. Hierin liegt der Grund dafür, dass der Kurs plötzlich gegen 1000 Euro ging und Volkswagen für ein paar Stunden der wertvollste Konzern der Welt war.«

Der Überraschungscoup verschaffte Porsche für ein paar Tage Luft. Die VW-Aktie schoss zeitweilig auf 1000 Euro hoch, um sich anschließend zwischen 200 und 300 Euro einzupendeln. »VW rockt den Dax«, kommentierte *Spiegel online* und empfahl: »Volkswagen-Aktionäre mit schwachen Nerven sollten derzeit den Blick auf den Kurszettel vermeiden.«

Die Börse war in heller Aufregung, eine derartige Kursexplosion beispiellos in der deutschen Wirtschaftsgeschichte. »Die wenigen frei handelbaren Papiere sind im Grunde keine ›Aktien‹ mehr, die einen Anteil am Unternehmenswert darstellen«, so *Spiegel online.* »Sie sind zu Chips in einem Casino geworden, in dem VW-Großaktionär Porsche, Banken und Hedgefonds miteinander gepokert haben.« Und der Frankfurter Börsenanalyst Dirk Müller sagte zu einem Fernsehreporter: »Ja, es ist schon beeindruckend, was man hier sieht, wie einige Wetten – geplatzte Wetten – ein Unternehmen komplett irrational bewerten lassen.«

Komplett irrational waren auch andere Vorgänge in dieser Zeit. Im Geschäftsjahr 2007/2008 war der Gewinn des Unternehmens höher als der Umsatz. Damit schrieben Wiedeking und Härter Industriegeschichte. »Ja, wir haben es geschafft, was noch kein Industrieunternehmen auf der Welt geschafft hat«, verkündete der Vorstandschef stolz auf der Porsche-Hauptversammlung am 30. Januar 2009. Der Umsatz betrug 7,46 Milliarden, aber Porsche schrieb mit 8,57 Milliarden Euro einen historischen Rekordgewinn, wobei etwa eine Milliarde des Gewinns auf das eigentliche Autogeschäft entfielen. Allein die Beteiligung an Volkswagen trug mit 6,83 Milliarden Euro zum Ergebnis bei. Allerdings waren das bis auf Weiteres die letzten positiven Zahlen, die das Duo an der Porsche-Spitze zu verkünden hatte.

Durch die Wirtschaftskrise war schließlich das Kerngeschäft eingebrochen, der Absatz der Sport- und Geländewagen stockte. Zum ersten Mal seit Anfang der Neunzigerjahre war bei Porsche wieder Krisenmanagement gefragt. Die weltweite Rezession hatte den Luxushersteller kalt erwischt. In derselben Rede, in der er den Rekordgewinn vermeldete, kündigte Wiedeking auch Kurzarbeit in den Porsche-Werken an. Man habe bereits »in Zuffenhausen die Weihnachtsfeiertage um drei Tage verlängert«, darüber hinaus habe man im Januar an acht Tagen nicht gearbeitet. Das sei aber noch nicht genug. »Da aus aktueller Sicht diese Maßnahmen nicht ausreichen werden, planen wir, bis zum Beginn der Sommerpause an weiteren neunzehn Tagen nicht zu arbeiten.«

Der weltweite Verkauf war im Halbjahr zuvor um knapp ein Drittel zurückgegangen. Porsche reagierte auf die Absatzkrise auch mit einem Sparprogramm. Die Kosten sollten um rund 200 Millionen Euro sinken, was angesichts der astronomischen Gewinne nicht nur den Beschäftigten schwer zu vermitteln war. Aber diese Gewinne waren nie sehr nachhaltig gewesen, tauchten immer nur kurz in den Bilanzen auf, bevor sie wieder verschwanden. Immerhin waren die Börsenspekulationen kein Selbstzweck, die Erträge investierte Finanzchef Härter umgehend wieder in Volkswagen-Aktien – was zur Folge hatte, dass diese im Verlauf der Operation zusehends teurer wurden. Porsche lief gewissermaßen der eigenen Spekulation hinterher. Im September 2005 lag der Kurs der Volkswagen-Aktie bei rund 40 Euro, später kletterte er auf mehr als das Fünffache. Für immer weniger Anteile musste also immer mehr Kapital aufgewendet werden. Das Risiko schien beherrschbar, solange die Kurse nur eine Richtung kannten, nämlich nach oben – und solange das Geschäft mit den Sportwagen lief. Aber dann wurde es immer schwieriger, die Übernahme zu finanzieren und die Zinsen für die Milliardenkredite zu erwirtschaften; Kursstürze und Absatzkrisen waren im Drehbuch nicht vorgesehen.

Richtig prekär wurde die Lage Anfang 2009. Die Krise war schon in vollem Gange, als sich Porsche mit weiteren sechs Milliarden Euro verschuldete, um damit noch einmal 8,2 Prozent an Volkswagen-Anteilen zu kaufen. Das war möglich, weil Porsche bei Merrill Lynch und anderen Banken noch auf eine Kreditlinie von zehn Milliarden Euro zugreifen konnte, die bis dahin nur teilweise genutzt worden war. Die Familien stimmten auch diesem Deal zu. Damit hielt Porsche mit 50,8 Prozent die Aktienmehrheit bei Volkswagen, was allerdings nicht mehr Einfluss brachte als die 42 Prozent, die man ohnehin schon im eigenen Besitz wusste. Denn noch immer galt das VW-Gesetz, und damit konnte in Wolfsburg keine wichtige Entscheidung ohne die Zustimmung der niedersächsischen Landesregierung getroffen werden. Und einem Griff in die Volkswagen-Kasse hätte Ministerpräsident Wulff niemals zugestimmt. Porsche hatte nach dem Erwerb des letzten Aktienpakets mehr als neun Milliarden Euro Schulden, für die pro Jahr geschätzte 600 Millionen Euro an Zinsen fällig waren. Aus eigener Kraft das Geld dafür aufzubringen war in der Krise fast unmöglich. Das eigentliche Problem war aber, dass der ganze Kredit nur über drei Monate lief. Ende März 2009 sollte Porsche die zehn Milliarden wieder an die Banken zurückzahlen.

»Der letzte Deal war ein fataler Fehler«, erklärt Dietmar Hawranek, »seitdem war Porsche vollkommen abhängig von der Gunst der Banken.« Und die schauten jetzt in der Krise ganz genau hin. So mehrten sich in den Vorstandsetagen der beteiligten Kreditinstitute die Zweifel, dass Porsche einen Beherrschungs- und Gewinnabführungsvertrag mit Volkswagen abschließen könnte und damit Zugriff auf die Barreserven des Konzerns bekäme. Außerdem waren die Banken nachhaltig über die Zuffenhausener Finanzjongleure verärgert. Besonders problematisch sei gewesen, berichtet Hawranek, dass sich Porsche bei den Hausbanken, darunter die Frankfurter Commerzbank, zehn Milliarden Euro ausgeliehen habe, um Volkswagen-Anteile zu erwerben, das Geld aber zu dem Zeitpunkt anderweitig verwendet habe. Im

Februar 2008 teilte das Unternehmen kurzerhand mit, man werde die Riesensumme »risikofrei« und »gut verzinslich« anlegen. »Tatsächlich legte Finanzchef Härter das Geld bei anderen Banken an und kassierte dafür einen höheren Zins, als Porsche für seinen Kredit zahlen musste. Dafür ließ er sich dann feiern«, berichtet Hawranek. »Porsche führt Hausbanken vor«, schrieb damals die *Financial Times Deutschland*. Die Stuttgarter kassierten rund 100 Millionen Euro Extragewinn. So etwas kam bei den Banken gar nicht gut an, wo sie doch normalerweise selbst am Kreditgeschäft verdienen und nicht die Kunden.

Hatte sich Porsche mit Volkswagen ebenso verhoben wie damals der Automobilzulieferer Schaeffler bei der Übernahme von Continental? Lange Zeit schien es, als finanziere sich die Volkswagen-Operation dank cleverer Finanzgeschäfte praktisch von selbst. Aber am 24. März 2009 war Zahltag. »An diesem Tag stand der Zehnmilliardenkredit zur Verlängerung an, und es kam zu einer dramatischen Pokerpartie«, sagt *Spiegel*-Experte Hawranek. Im Porsche-Entwicklungszentrum in Weissach habe der Aufsichtsrat getagt. Offiziell, so Hawranek, sei es um die Ergebnisse der ersten sechs Monate des Geschäftsjahres 2008/09 gegangen. Vor allem aber hätten Ferdinand Piëch, Wolfgang Porsche und die anderen Vertreter der Familien auf eine Botschaft aus Frankfurt gewartet, wo Porsche-Finanzvorstand Härter mit Bankenvertretern über den Milliardenkredit verhandelte. Fünf Banken unter Führung von Merrill Lynch hätten die zehn Milliarden ein Jahr zuvor noch problemlos gewährt, ohne lange Verhandlungen, zu günstigen Konditionen. Damals hatte die Finanzkrise noch nicht zum Beinahekollaps des Bankensystems geführt. »Dieses Mal musste Härter nicht mit fünf, sondern mit fünfzehn Banken über den Kredit verhandeln«, erzählt Hawranek. »Und die ließen ihn – und damit den gesamten Porsche-Piëch-Clan – bis zuletzt schwitzen.«

An jenem 24. März 2009 ging es schon auf den späten Abend zu, als sich die Situation langsam entspannte. Die Eigentümerfamilien mussten den Banken weit entgegenkommen. Zuerst mussten sie deren

Forderung erfüllen, dass Porsche seine Volkswagen-Aktien im Gegenzug für einen neuen Kredit verpfändet. Die Banken verlangten von den Familien sogar, dass sie ihre privat gehaltenen Pakete an ihrem milliardenschweren Salzburger Autohandelsunternehmen teilweise als Sicherheit hinterlegen. Erst dann konnte Finanzchef Härter aus Frankfurt melden, er habe jetzt die Zusage für 8,5 Milliarden. Um die fehlenden 1,5 Milliarden musste er noch bis kurz vor Mitternacht verhandeln.

Sechs Tage darauf, am 30. März 2009, gestand Wiedeking in der Aufsichtsratssitzung der Porsche Automobil Holding seinen Kontrolleuren, dass er »bis eine Woche vor dem 24. März nicht über die sich zuspitzende Kreditsituation informiert« war. Auch die wesentlich schlechteren Konditionen für neue Verträge seien ihm erst bekannt geworden, nachdem er sich selbst in die Gespräche eingeschaltet habe.

Durch die Verlängerung des Kredits hatte das Porsche-Management noch einmal einen Aufschub erreicht. Das Problem war aber nicht gelöst, im Gegenteil. Porsche hatte den Kredit nur unter der Bedingung bekommen, dass 3,3 Milliarden innerhalb eines halben Jahres zurückgezahlt werden. Kaum war die Tinte unter dem Kreditvertrag trocken, musste Härter schon nach neuen Finanzquellen suchen. Außerdem drückten die ungeheuren Zinsen für die Milliardenkredite – Porsche steckte in der schwersten Krise seit Wiedekings Amtsantritt. Er und Härter hatten sich mit ihrer Strategie »Allein gegen alle« in eine Sackgasse manövriert. »Sie wurden von zwei Entwicklungen überrascht«, erklärt *Spiegel*-Experte Dietmar Hawranek. »Durch die Finanzkrise war es natürlich unheimlich schwierig, diese enormen Kredite für die Übernahme von Volkswagen weiter finanziert zu bekommen. Und dann wurde das VW-Gesetz durch die Europäische Union nicht gekippt. Da setzte sich Deutschland durch, auch von Niedersachsen getrieben. Das heißt, Wiedeking konnte die 75 Prozent und einen Beherrschungsvertrag bei Volkswagen nicht erreichen. Das waren die zwei Bausteine, die letztlich fielen und diesen Plan zunichte machten.«

Das hatten sich die Porsche-Strategen anders vorgestellt. Das VW-Gesetz, von dem sie offenbar sicher annahmen, dass es fällt, blieb in einem wesentlichen Punkt erhalten: Es sicherte auch weiterhin der niedersächsischen Landesregierung ein Vetorecht bei Volkswagen zu. Ursprünglich hatten Wiedeking und Härter gehofft, über den Beherrschungsvertrag Zugriff auf die Cash-Reserven von Volkswagen zu bekommen, die Ende 2008 noch bei rund acht Milliarden Euro lagen. Damit hätte man die Schulden begleichen können – oder zumindest einen großen Teil davon. Aus und vorbei. Die Porsche-Holding besaß jetzt 50,8 Prozent an Europas größtem Automobilkonzern. Aber der Preis war hoch, zu hoch für Porsche. Langsam wurde auch Wiedeking klar, dass es ohne neue Verbündete nicht mehr weiterging. Und die konnte man nur bei den »gegnerischen Mitspielern und ihren Einflüsterern«, so Wiedekings Wortlaut noch ein Jahr zuvor, finden. »Jetzt musste sich Wiedeking, der sonst nie verlegen war um einen Spruch über VW-Manager, über Politiker oder Banker, in ungewohnter Diplomatie üben«, kommentiert Hawranek. »Die Mannschaft macht einen hervorragenden Job«, lobte der Porsche-Chef das Volkswagen-Management plötzlich, dem er zuvor noch eine falsche Modellpolitik vorgeworfen hatte. Ähnlich äußerte er sich über Niedersachsens Ministerpräsidenten Wulff: »Die Zusammenarbeit mit ihm im VW-Aufsichtsrat ist sehr positiv.«

Es schlug »die Stunde des Alten«, wie es der *Spiegel* formulierte, desjenigen also, den einige schon abgeschrieben hatten. Erst ein paar Monate war es her, dass ihn die eigene Verwandtschaft als Aufsichtsratschef bei Volkswagen absetzen wollte. Doch spätestens im Frühjahr 2009 zeigte sich, dass Porsche ohne die Hilfe von Volkswagen nicht überleben konnte. Nur ein Geldtransfer des einstigen Übernahmekandidaten Volkswagen zu Porsche konnte die immensen Schulden verringern. Dies jedoch konnte nur mit und nicht gegen

Ferdinand Piëch gelingen. Und auch als die Details noch nicht feststanden, war schon klar, wie der Plan nur aussehen konnte: Jetzt hieß der Übernahmekandidat Porsche. Volkswagen hätte zum Beispiel Porsches Automobilgeschäft von der Porsche Holding kaufen können. Die Holding wäre damit fast schuldenfrei, und Porsche würde dann die achte Personenwagenmarke unter dem Volkswagen-Dach. Die Geschäfte würde dann der Volkswagen-Vorstand mit Martin Winterkorn an der Spitze führen, den Wiedeking einst ablösen wollte, kontrolliert vom Volkswagen-Aufsichtsrat mit dessen Chef Ferdinand Piëch, den sein Vetter Wolfgang Porsche einst ablösen wollte. Klar war auch, dass für Wendelin Wiedeking und seinen Finanzchef Holger Härter kein Platz mehr in dem integrierten Konzern sein würde.

Wiedekings einstmalige Förderer hatten sich abgesetzt, allen voran der Pate – Ferdinand Piëch. Auf der Volkswagen-Hauptversammlung im April 2009 zeigten sich beim obligatorischen Gruppenfoto die neuen, alten Machtverhältnisse. Martin Winterkorn und Ferdinand Piëch wirkten wie die strahlenden Sieger, Wiedeking war nur noch eine Randfigur. Der neue Star war Volkswagen-Chef Martin Winterkorn, der sich in seiner Rede ein paar Sticheleien gegen Porsche nicht verkneifen konnte. Trotz Krise habe man immerhin 243 Millionen Euro Gewinn im ersten Quartal erzielt, verkündete er. Im Gegensatz zu anderen Autobauern sei Volkswagen auch deshalb nicht ins Minus gerutscht, »weil wir mit Porsche und Niedersachsen zwei Groß-Anteilseigner haben. Um diese Stabilität beneiden uns viele.« Dann kündigte er noch an, er sei »frohen Mutes«, dass man die positive Partnerschaft zwischen Volkswagen und Porsche »im laufenden schwierigen Autojahr 2009 vorantreiben« könne und werde. Mit 20 neuen Modellen in den kommenden zwei Jahren werde man die Krise gut überstehen. »Volkswagen spielt inzwischen in der Champions League«, gab Winterkorn seinen Aktionären mit auf den Weg. »Deshalb muss uns vor schweren Aufgaben nicht bange sein. Ich bin mir sehr sicher, der Volkswagen-Konzern wird zu den Gewinnern gehören.«

Bei der Übernahme übernommen: Wendelin Wiedeking und Wolfgang Porsche auf der Volkswagen-Hauptversammlung, 2009

Wendelin Wiedeking und Wolfgang Porsche hingegen gehörten zu den Verlierern. Der am besten bezahlte Manager des Landes hatte sich übernommen, durchgesetzt hatte sich Ferdinand Piëch, der seine wohl letzte große Schlacht geschlagen hatte. Seine Motive reichten weit zurück in die eigene Lebensgeschichte.

Piëch: »Ich bin zu eng mit Volkswagen verwurzelt. Es ging nicht anders.«

Aust: »Fühlen Sie sich enger mit Volkswagen verbunden als mit Porsche?«

Piëch: »Ich glaube schon, ja. In den neun Jahren, in denen ich in Zuffenhausen war, bin ich mit Porsche nie durch ein Tief gegangen. Dagegen befand ich mich mit Audi und später Volkswagen öfter mal knietief im Wasser.«

Aust: »Das heißt, wirkliche Größe entsteht, wenn man gemeinsam durch viele Tiefen gegangen ist?«

Piëch: »Ja. Es bindet viel stärker, wenn man auch schlechte Erfahrungen teilt.«

PORSCHE UND VOLKSWAGEN – WIE AM ENDE ZUSAMMENWÄCHST, WAS ZUSAMMENGEHÖRT

Wiedeking gab noch nicht auf. Am 7. Juni 2009 präsentierten er und Holger Härter den Eigentümerfamilien in Salzburg einen Plan, wie Porsche gerettet werden und dennoch seine Eigenständigkeit behalten könnte: Das Emirat Katar sollte bei der Porsche Holding einsteigen. Dazu schlug er den Familien eine Kapitalerhöhung vor, bei der Katar für rund zwei Milliarden Euro Stammaktien erwerben könnte; eigentlich eine Zumutung für die Eigentümer, denn damit müssten sie auch einen Teil der Stimmrechte abgeben. Selbst in den finstersten Zeiten der Firmengeschichte hatten die Familien das stets abgelehnt. In den gut 40 Jahren der AG waren sie sich zwar selten einig, aber gemeinsam hatten sie immer zu 100 Prozent bestimmt, was mit dem Unternehmen geschehen sollte. Mit dem Einstieg von Katar wäre die Vetternwirtschaft ein für allemal vorbei gewesen.

Monatelang schon hatte Wiedeking um die Gunst und das Geld der Scheichs geworben – von der Herrscherfamilie Al-Thani wollte er das dringend benötigte Kapital besorgen, um Porsche vor der Insolvenz zu retten. Geld ist in dem kleinen Emirat am Arabischen Golf kein Thema, seit vor der Küste gigantische Bodenschätze entdeckt worden sind. Das Land mit seinen 300000 Einwohnern verfügt über riesige Ölreserven, vor allem aber über rund ein Sechstel aller weltweit bekannten Erdgasvorkommen. Damit stieg Katar innerhalb weniger Jahre zu einem der drei reichsten Staaten der Erde auf, gemessen an der Wirtschaftsleistung pro Einwohner. In den nächsten Jahren sollen 190 Milliarden Euro in die Bildungseinrichtungen und die Infrastruktur des kleinen Landes investiert werden. Darüber hinaus reichen die Milliardenüberschüsse aus dem Öl- und Gasgeschäft, um in westlichen Industrieländern auf Einkaufstour zu gehen. Der Staatsfonds Qatar Investment Authority (QIA), dessen Vermögen nur geschätzt werden kann, soll nach dem Willen des Emirs in die Zukunft des Landes investieren. Anfangs floss der Reichtum vor allem in die Finanzbranche und in Immobilien. QIA stieg mit 20 Prozent bei der Londoner Börse ein, übernahm rund 10 Prozent der Anteile der Schweizer Großbank Credit Suisse und wurde Großaktionär der britischen Bank Barclays – allesamt Beteiligungen, die in der weltweiten Finanzkrise erheblich an Wert verloren. Deshalb hielt man in Katar verstärkt Ausschau nach Industriebeteiligungen – am liebsten nach solchen, die langfristige Perspektiven boten. Das eigentliche Interesse des Staatsfonds war ein Einstieg beim Volkswagen-Konzern, über den Umweg der Porsche Holding würde man sich diesem Ziel leicht nähern.

Bei den Familien Porsche und Piëch war eine Mehrheit wohl bereit, den Wiedeking-Plan zu akzeptieren und dem Emirat Katar etwa 25 Prozent der Porsche-Stammaktien zu verkaufen, für rund zwei Milliarden Euro. Weitere zwei bis drei Milliarden Euro wollte man über die Ausgabe neuer Vorzugsaktien, also über eine weitere Kapitalerhöhung, einnehmen. Ferdinand Piëch war, wie man damals hörte, gegen einen Einstieg des Emirats bei der Porsche Holding, konnte aber mit seinem Anteil von 13,6 Prozent allein nichts gegen die Miteigentümer ausrichten. Bei dem Treffen in Salzburg soll Wiedeking die Familien auf die Dringlichkeit der Geldbeschaffungsaktion hingewiesen haben: »Sie müssen jetzt schnell entscheiden« – denn das Geld reichte vorn und hinten nicht mehr. Die Banken hatten Porsche inzwischen 1,75 Milliarden Euro an sogenannten Betriebsmittelkrediten gekürzt, mit denen das laufende Geschäft finanziert wurde, beispielsweise um Lieferanten zu bezahlen. Wiedeking wollte sich das Geld bei der staatseigenen KfW-Bankengruppe leihen, der einstigen Kreditanstalt für Wiederaufbau, was allerdings seine Glaubwürdigkeit in den Augen seiner Kritiker endgültig ruinierte; man erinnere sich an seinen Ausspruch: »Luxus und Stütze passen nicht zusammen.« Der Kredit wurde dann nicht gewährt, auch weil sich Widerstand in der Politik geregt hatte. Volkswagen musste einspringen.

Das war wiederum die Chance für Wiedekings Gegenspieler, den nächsten Zug einzuleiten. Volkswagen-Vorstandschef Martin Winterkorn präsentierte im Juni 2009 einen Rettungsplan, den er zusammen mit VW-Finanzchef Hans Dieter Pötsch, Niedersachsens Ministerpräsident Christian Wulff und Ferdinand Piëch ausgearbeitet hatte. Danach wollte der Volkswagen-Konzern der Porsche Holding einen Anteil von 49 Prozent an der Porsche AG abkaufen, der Sportwagenfirma also, zum Preis von drei bis vier Milliarden Euro. Damit hätte die Porsche Holding die drängendsten Schulden tilgen können. Anschließend sollte Katar einen Teil der Volkswagen-Aktienoptionen übernehmen, die noch von der Porsche-Holding gehalten wurden. Das Emirat wäre damit nicht bei Porsche, sondern bei Volkswagen eingestiegen, was ohnehin das Ziel war. Schließlich, so der Plan, sollten die Unternehmen Porsche und Volkswagen fusionieren. An diesem vereinten Automobilkonzern wären die Familien Porsche und Piëch dann mit über 40 Prozent der Aktien beteiligt, Niedersachsen mit 20, Katar mit rund 15 und ein möglicher weiterer Investor mit 5 Prozent. »Mit diesem Plan«, erklärt Dietmar Hawranek, »wäre Wiedekings Versuch, die Porsche-Rettung weitgehend im Alleingang durchzuziehen, gescheitert.« Der Vorschlag, so der *Spiegel*-Redakteur, habe gezeigt, dass Porsche nur durch Volkswagen hätte gerettet werden können – und dass für Wiedeking im neuen Konzern kein Platz mehr gewesen sei. »Für viele Familienmitglieder bedeutete dies kein schlimmes Szenario«, erklärt Hawranek, »Wiedeking hatte sie reich gemacht, aber er ist dafür auch fürstlich entlohnt worden.« Nur zwei hätten sich gegen den Winterkorn-Plan gestemmt: Porsche-Aufsichtsratschef und -Miteigentümer Wolfgang Porsche und Wiedeking selbst. Bis zum 29. Juni 2009 sollten sie erklären, wie sie zu dieser Lösung standen. Dies sei kein Ultimatum, hieß es damals aus Volkswagen-Kreisen. Aber was war es dann? Die Antwort aus Zuffenhausen kam umgehend: In ihrer Äußerung verwahrten sich Wolfgang Porsche und Betriebsratschef Uwe Hück gemeinsam gegen den Druck aus Wolfsburg. Die Wortwahl der Volkswagen-Erklärung sei in hohem Maße irritierend, hieß es. »Erpressen lassen wir uns nicht«, schrieben Porsche und Hück.

Der 29. Juni, der Tag der Entscheidung, war just der Tag, an dem in Berlin das traditionelle Sommerfest des Landes Niedersachsen stattfand. 3500 Gäste kamen, um im Garten der Landesvertetung bei Bier, Wein und Livemusik zu feiern. Irgendwann zu späterer Stunde wurde sicher auch das Lied der Niedersachsen angestimmt, die inoffizielle Landeshymne:

»Fest wie unsre Eichen
Halten alle Zeit wir stand,
Wenn Stürme brausen
Übers deutsche Vaterland.
Wir sind die Niedersachsen,
Sturmfest und erdverwachsen ...«

Reichlich Presse war an diesem lauen Sommerabend versammelt, die wichtigsten Politiker des Landes gaben sich die Ehre, und natürlich durften auch die Vertreter des mit Abstand größten Unternehmens nicht fehlen.

Auftritt eines bestens gelaunten Martin Winterkorn mit Ehefrau Anita: Der Mann strahlt über beide Ohren wie seine neuesten Volkswagen-Modelle, denen die Designer das markentypische »Happy Face« mit den hochgezogenen Mundwinkeln verpassten. So sehen Sieger aus.

Frage einer N24-Reporterin: »Und was sagen Sie zu Porsche und VW?« Jemand lacht.

Winterkorn: »Zu Porsche-VW? Es geht voran.«

Und weg ist er. Das Ehepaar Ferdinand und Ursula Piëch folgt schweigend, aber ebenfalls gut gelaunt. Dann spricht der Landesvater gewichtige Worte in die Mikrofone von ARD, ZDF, RTL, ProSiebenSat1, Deutsche Welle und vermutlich Reuters. Das Logo auf dem Windschutz ist etwas verblichen. »Mir geht es darum«, sagt Christian Wulff, »dass Volkswagen auf dem Weg, weltgrößter Automobilkonzern zu werden, unterstützt wird. Darauf muss das Interesse gerichtet sein und nicht auf eine Kopie zu *Dallas* und *Denver*, daran habe ich kein Interesse.«

Dallas, Denver, Zuffenhausen, Wolfsburg ... An den Biertischen im Garten der Landesvertretung demonstrierten die Volkswagen-Lenker Piëch und Winterkorn Harmonie und Zuversicht. Es ging um die Macht über den (noch) zweitgrößten Automobilkonzern der Welt, um das Erbe Ferdinand Porsches, das die dritte Generation gerade fast verspielt hatte. Der Volkswagen-Clan stand kurz davor, eine Schlacht zu gewinnen und damit ein großes Ziel zu vollenden. »Piëch wollte einen Autokonzern, dessen Produktpalette vom Dreiliterauto bis zum 44-Tonner reicht«, erklärt Dietmar Hawranek, »dessen größter Anteilseigner die Familien Porsche und Piëch sind und in dem Ferdinand Piëch und seine Vertrauten die entscheidenden Positionen besetzen.«

19. Juli 2009. Audi feiert seinen 100. Geburtstag. August Horch hatte die Marke einst gegründet. Sein erstes Automobil war übrigens

ein Phaeton. Später gehörte Audi zur Auto Union, für die Ferdinand Porsche einst die fortschrittlichsten Rennwagen ihrer Zeit baute. Sein Enkel Ferdinand Piëch ist einer der Ersten, die zum Galaempfang erscheinen. Piëch trägt Smoking, Ehefrau Ursula ein Abendkleid aus roter Seide. An diesem Abend weht der Duft der großen weiten Welt durch Ingolstadt. Illustre Gäste, historische Karossen und Showstars tummeln sich in der oberbayerischen Provinz. Der Abend beginnt mit einem Konzert unter freiem Himmel. Starpianist Lang Lang spielt, wohl als Reverenz an den chinesischen Automarkt, der auch für Audi immer wichtiger wird. Dann betritt der Conférencier des Abends die Bühne: Thomas Gottschalk. Der Audi-Markenbotschafter erscheint zur Abwechslung mal nicht als bunter Paradiesvogel, sondern ungewohnt seriös im dunklen Anzug. »Herzlich willkommen ... die Bundeskanzlerin, Frau Merkel, und der Bayerische Ministerpräsident, Herr Seehofer. Eine große Ehre natürlich. Das sind Geburtstagsgäste!«, ruft Gottschalk zum Einmarsch der politischen Prominenz. Ein Fest der Superlative. Die Neue Philharmonie Frankfurt unter Leitung von Paul Momberger bringt eine eigens für den Anlass komponierte Symphonie zur Uraufführung – sie erklingt parallel zur Symphonie von Geld, Sport, Macht und Intrigen. Aber von Porsche, Krise oder Übernahme will man heute Abend nichts wissen. So herrscht auch im Publikum seltene Harmonie: In der ersten Reihe sitzen Wolfgang Porsche, Lebensgefährtin Claudia Hübner und das Ehepaar Piëch einträchtig nebeneinander. Rechts daneben Niedersachsens Ministerpräsident und Volkswagen-Aufsichtsrat Christian Wulff, dann das Ehepaar Winterkorn, das Ehepaar Seehofer, und zur Rechten des bayerischen Ministerpräsidenten die Bundeskanzlerin im hellen Blazer.

Es folgt das Defilee zum offiziellen Empfang. Die Gäste fahren standesgemäß in blank gewienerten Audi-Premiumkarossen vor, bevor sie gemessenen Schrittes an den wartenden Reportern, Kameraleuten und Fotografen vorbeischreiten. Es treten auf: ein Vorstandschef namens Karl-Heinz Rummenigge (FC Bayern); ein Vorstandschef namens Rupert Stadler (Audi), auch er, wie Winterkorn, ein enger Vertrauter Ferdinand Piëchs; ein Rennfahrer namens Hans-Joachim Stuck, der Sohn des Mannes, dem Hitler einst einen Auto-Union-Rennwagen versprochen hatte; ein Moderator namens Kai Pflaume nebst Ehefrau Ilke, sodann einmal mehr der Landesvater der Mutterfirma. Er will, nein, er muss etwas sagen:

»Wir feiern heute 100 Jahre Audi«, erklärt Christian Wulff den versammelten Presseleuten, »und wir sind ganz zuversichtlich, dass es am Donnerstag kluge Entscheidungen gibt in den Aufsichtsräten bei Porsche und Volkswagen, damit solche Erfolgsgeschichten fortgeschrieben werden, wie wir sie hier bei Audi erleben.«

Frage einer Reporterin: »Was sagen Sie zum Machtkampf?«

»Ich sehe den als beendet an.« Ein Hauch von Hollywood. Vielleicht auch von *Denver* oder *Dallas.*

Dann kommt der tragische Star des Abends: Wendelin Wiedeking. Er fährt natürlich nicht mit einem Audi vor, sondern mit der neuen Porsche-Sportlimousine Panamera – so viel Eigenständigkeit muss sein, auch wenn Porsche am Abgrund steht. Wiedekings Niederlage ist zu diesem Zeitpunkt wohl schon besiegelt, nur die Modalitäten seines Abgangs müssen noch verhandelt werden. Im Pulk der Reporter wird es laut: »Einmal noch hierher! Stop! ... Herr Wiedeking!« Er winkt ab, will weitergehen. Tapfer lässt er sich von seinem langjährigen Vertrauten Anton Hunger, dem damaligen Porsche-Pressechef, mit den gerufenen Worten »ARD, ARD, ARD« dann doch vor die Kameras bugsieren. Von der *Tagesschau* erhofft man sich die nötige Öffentlichkeitswirkung. In Sekundenschnelle ist Wiedeking von Presseleuten umringt. Startsignal für eine spontane Pressekonferenz.

»Wollen Sie denn überhaupt noch«, fragt der ARD-Reporter, »wenn man Sie weiterhin will?«

»Was heißt das?«

»Wollen Sie weitermachen?«

»Ich? Ob ich weitermachen will? Ich bin glücklicher Aufsichts... äh,

Und Tschüss ... Wendelin Wiedeking mit Reportern beim Audi-Jubiläum am 19. Juli 2009. Mit Sonnenbrille: Porsche-Pressechef Anton Hunger

Vorstandsvorsitzender und fühle mich in der Rolle pudelwohl. Sie merken das doch. Ich bin ein bisschen ruhiger geworden, weil ich viel arbeite. Sonst ist alles okay.«

»Herr Wiedeking, ganz, ganz kurz noch«, schließt sich eine Reporterin an. »Was ist dran an den Gerüchten, dass Sie zurücktreten?«

»Ich habe einen Vertrag bis 2012, sollte man wissen.«

»Und wie geht es weiter mit Porsche, wie ist die Zukunft?«

»Wir haben eine Strategie entwickelt, und darüber ist im Aufsichtsrat zu befinden. Vielen Dank.«

»Ministerpräsident Wulff hat gesagt«, will ein anderer Reporter noch wissen, »der Machtkampf sei schon entschieden. Was genau meint er damit?«

»Das weiß ich auch nicht, fragen Sie ihn.«

»Worauf läuft's denn hinaus, Herr Wiedeking?« Doch der muss jetzt weiter. *»Tschüss«*, ruft er den Reportern zu. Noch einmal nimmt Wiedeking Aufstellung für das offizielle Audi-Pressefoto vor der Werbewand. Er lächelt in die Kamera. Hinter ihm ist zu lesen: »100 Jahre

Vorsprung durch Technik«. Dann verschwindet er durch eine Drehtür. »Werden Sie zurücktreten?«, ruft ihm ein Reporter auf Englisch noch hinterher. Es ist der letzte Auftritt des Super-Managers in seiner Funktion als Porsche-Chef.

Drei Tage darauf verständigten sich die Familien und die Arbeitnehmervertreter auf der Aufsichtsratssitzung, wie es mit Porsche und dem Vorstandschef weitergehen sollte, und zwar in etwa so, wie in Winterkorns Plan vom Juni 2009 vorgesehen. Die Porsche AG sollte in zwei Schritten an Volkswagen verkauft werden. Mit dem Kaufpreis von acht Milliarden Euro wollte man das Schuldenloch größtenteils stopfen. Katar würde frisches Geld mitbringen und damit bei Volkswagen einsteigen, den Rest sollte eine Kapitalerhöhung regeln. Insgesamt dachte man, auf diese Weise fünf Milliarden Euro einzunehmen. Und Wiedeking und Härter sollten gehen. In einer Grundlagenvereinbarung wurde festgelegt, dass die Marke Porsche auch innerhalb des VW-Konzerns ihre Eigenständigkeit behält, vor allem im Hinblick auf Entwicklung, Produktion und Vertriebsnetz.

Am Tag darauf wird es offiziell: Der »Wiede-King« muss abdanken. Zur Betriebsversammlung im strömenden Regen treten 5000 Porsche-Mitarbeiter auf dem Werksgelände in Zuffenhausen an. Der Chef möchte sich von seinen Leuten verabschieden. Sein treuer Betriebsratsvorsitzender ringt um Fassung. »Wir werden dem Dr. Wiedeking noch einen intergalaktischen Abschied machen«, brüllt Uwe Hück mit hochrotem Kopf in das Mikrofon. »Das, was sie mit ihm gemacht haben, war unanständig! Das war nicht korrekt! Man darf einen Menschen nicht öffentlich hinrichten, und deshalb hat er gesagt: ›Ich ziehe zurück, weil mir die Belegschaft wichtiger ist!‹« Von einer Niederlage will der thaiboxende und Porsche fahrende Betriebsratschef zu diesem Zeitpunkt noch nichts wissen. »Ich bin stolz, dass wir das geschafft haben«, ruft Hück, »keiner hat uns zugetraut, dass wir eigenständig bleiben.« Dann reckt er die rechte Faust nach oben und schreit kämpferisch: »Das ist die Botschaft!«

Der Himmel weint: Wiedeking, Porsche, Macht und Härter (von links) bei der Betriebsversammlung in Zuffenhausen am 23. Juli 2009

Himmel und Belegschaft weinen um die Wette, immerhin verdanken viele Mitarbeiter Wendelin Wiedeking ihren Job. Er war es, der die Firma vor der Pleite rettete. Und viele, die unter seiner Führung gearbeitet haben, beschreiben ihn als Patriarchen alter Schule: streng, aber gerecht – ein echter Unternehmer eigentlich, aber eben nur angestellt.

Wiedeking tritt ans Mikrofon. Die Mitarbeiter jubeln. Mit erhobenen Händen beschwichtigt Wiedeking sein Publikum. Sein Nachfolger Michael Macht und die anderen Mitstreiter – Wolfgang Porsche, Holger Härter und Uwe Hück – stehen hinter ihm auf dem Podium und applaudieren. »Ihr macht mir die Rede verdammt schwer«, sagt Wiedeking mit leiser Stimme. »Ja, vor einer Woche stand ich bei der Betriebsversammlung auch vor euch. Und es war da schon klar, dass es eine sehr schwierige Zeit ist und schwierige Entscheidungen vor uns stehen. Da habe ich schon gesagt, wir – der Vorstand – können Strategien vorbereiten, entscheiden muss über diese der Aufsichtsrat, die Eigentümerfamilie. Aber eines ist auch klar: dass diese Belegschaft eine sehr stolze Belegschaft ist. Ihr habt es geschafft, dass Porsche und Piëch, die Familien, mit ihren Stammaktien heute 51 Prozent an Volkswagen halten. Das habt ihr geschafft, kein anderer. Und wenn es jetzt darum geht, den integrierten Konzern zu bilden – und, ich bin fest davon überzeugt, dass dies immer unsere Strategie war, das ist eine richtige Entscheidung –, dann bin ich sicher, dass auch die Eignerstruktur dabei bleiben wird. Das heißt, die Familien Porsche/Piëch werden euch weiter begleiten und werden weiter dafür Sorge tragen, dass ihr hier – und da stimme ich Uwe zu – sichere Arbeitsplätze habt.« Uwe Hück ist nach wie vor Betriebsratschef. Mit dem Abstand von drei Jahren kommentiert er Wiedekings Rauswurf so: »Es war mir klar, es gibt keinen Weg zurück. Das war irgendwann auch Wendelin Wiedeking bewusst. Wir brauchten einen Neuanfang.«

Auch Wolfgang Porsche war einen Kopf kürzer geworden. Er bleibt zwar Aufsichtsratsvorsitzender der Porsche Holding, nur wird die keine große Bedeutung mehr haben. Porsche, stets ein stiller, zurückhaltender Mann, tritt vor und hält eine bewegte und bewegende Ansprache. »Den heutigen Tag sehe ich mit einem lachenden und einem weinenden Auge«, liest er mit stockender Stimme vom Manuskript ab. »Ich bin natürlich betrübt, dass Dr. Wiedeking Porsche verlässt, aber ich freue mich auf die Weiterentwicklung unseres Unternehmens, das noch stärker werden wird. Machen Sie sich keine Sorgen um Ihre Arbeitsplätze, wir sehen einer guten Zukunft entgegen. Und verlassen Sie sich auf mich: Der Mythos Porsche lebt und wird nie untergehen. Danke.«

Wolfgang Porsche kann die Tränen nicht mehr zurückhalten. Es ist zu viel. Er fällt erst Wiedeking in die Arme, dann Holger Härter. Aus der Traum. Es geht um die Ehrenrettung eines großen Namens, das Erbe des Großvaters, den langen Schatten des Vaters, die Geschichte einer Familie, seiner Familie, die das Automobilzeitalter geprägt hat, um ein Milliardenvermögen, das fast verspielt wurde. Und es geht um etwas Einzigartiges, das an diesem Tag für immer verschwindet: Der letzte unabhängige Automobilproduzent Europas ist knapp am Ruin vorbeigeschrammt und überlebt jetzt nur in einem Großkonzern, als eine Marke unter vielen. Was Porsche vor dem Schicksal anderer großer Sportwagenmarken bewahren wird, ist einzig und allein die Eigentümerstruktur. »Die Eigentümer sind durchweg Menschen, die im Interesse des Unternehmens handeln«, hat auch Betriebsratsvorsitzender Hück erkannt. »Sie alle haben Porsche im Herzen.« Mit Ferdinand Piëch habe er im August 2009 »per Handschlag« vereinbart, dass Porsche auch innerhalb des Volkswagen-Konzerns »ein eigenständiges Unternehmen« bleibt. Denn, so Hück, »wir wollten, dass Porsche auch in der Neuzeit ein Unternehmen bleibt, das Garagenduft hat. Ohne den ist der Mythos schnell dahin«. Auch in einem Volkswagen-Porsche-Konzern werden die beiden Familienstämme das Sagen haben. Aber der große Plan ist gescheitert. Nicht das kleine Unternehmen hat das große geschluckt. Es ist umgekehrt, wie meistens im Leben und in der Wirtschaft. Wolfgang Porsche und Wendelin Wiedeking haben den Machtkampf verloren, gegen den Vetter und all die anderen, so Wiedeking, »gegnerischen Mitspieler« – Manager, Politiker und Betriebsräte. Ein Familiendrama ist entschieden, vorerst zumindest. Bis zur nächsten Generation.

Ferdinand Piëch kommentierte das im September 2010 in Paris so:

Piëch: »Es hat nie einen Dissens gegeben, dass das zusammengehört. Es gab nur unterschiedliche Meinungen, wer den Konzern führen soll. Das hat sich dann ja aber geregelt.«

Aust: »Wann haben Sie gemerkt, dass sich das so regelt, wie es am Ende kam? War das von Anfang an geplant?«

Piëch: »Das konnte man nicht vorhersagen.«

Ende eines bitteren, aber auch profitablen Familienstreits. Die Eigenständigkeit des Unternehmens war dahin, dafür hatte sich das Vermögen der Porsches und Piëchs in wenigen Jahren vervielfacht.

Vor dem Einstieg in Wolfsburg besaßen sie 100 Prozent an der kleinen Sportwagenschmiede Porsche, jetzt gehörte ihnen über die Hälfte des zweitgrößten Autokonzerns der Welt. »Tatsächlich sind Sieger und Verlierer dieses einmaligen Machtkampfs zwischen zwei Konzernen und zwei Familienclans nicht leicht auszumachen«, sagt *Spiegel*-Redakteur Dietmar Hawranek. Die Sportwagenfirma Porsche gehöre zu den Gewinnern, weil deren Finanznot damals viel größer gewesen sei, als öffentlich bekannt war. Die Verschuldung habe sich am Schluss nicht auf zehn, sondern auf 14 Milliarden Euro summiert. Man war also noch näher am Abgrund, als viele dachten.

Auch aus einem anderen Grund sei die Übernahme für Porsche ein Gewinn. Die Sportwagenfirma sei schon lange eine Bank mit angeschlossenem Autoverkauf gewesen, berichteten leitende Porsche-Mitarbeiter nach dem Ende der Übernahmeschlacht. Unter Wiedekings Regie wurden zwar sagenhafte Gewinne gemacht, die zum größten Teil aber für die Spekulation mit Volkswagen-Aktien wieder ausgegeben wurden. Dazu kamen die hohen Entwicklungskosten des Panamera, für den zwar Motoren- und Antriebsteile des Geländewagens Cayenne verwendet wurden, der ansonsten aber eine teure Einzelkonstruktion war. Für die Weiterentwicklung der bestehenden Modellpalette war kein Geld mehr übrig, wesentliche technische Neuerungen wie das automatische Doppelkupplungsgetriebe kamen nicht oder im Vergleich zur Konkurrenz zu spät. »Der schöne Mythos von Porsche«, sagt Dietmar Hawranek, »verdeckte lange, dass die Modelle aus Stuttgart-Zuffenhausen selten mit neuester Technik glänzten.« Von der Wolfsburger Konzernmutter erhoffte man sich jetzt einen Innovationsschub. Der Großkonzern mit seinen 30 000 Ingenieuren verfügte über Ressourcen in Forschung und Entwicklung, die der kleine Hersteller Porsche mit maximal 100 000 Autos Jahresproduktion niemals hätte erschließen können. Die Chance war da, den Glanz der Marke Porsche auch auf der technischen Seite wieder etwas aufzupolieren. Und man durfte erwarten, dass die beiden Porschebegeisterten Ingenieure Piëch und Winterkorn an der Spitze des Konzerns alles dafür tun würden.

Auf der anderen Seite war keineswegs ausgemacht, dass sich der Volkswagen-Konzern als Sieger betrachten konnte. Zunächst einmal war klar, dass die Übernahme viel Geld kosten würde. Rund vier Milliarden Euro würden für einen 49,9-Prozent-Anteil an der Porsche AG fällig werden, schätzte man damals. Noch einmal drei Milliarden sollten in den Kauf des Autohandelsunternehmens der Familien Porsche und Piëch in Salzburg fließen, damit diese über das Geld für die Porsche-Kapitalerhöhung verfügen konnten. Langfristig sei es für den VW-Konzern sinnvoll, Porsche zu übernehmen, kurzfristig aber sei der Deal eine Belastung gewesen, sagt Hawranek.

Wendelin Wiedeking galt als einer der großen Verlierer der Übernahmeschlacht. Aber auch das war eine Sache der Betrachtungsweise. Mit den riesigen Gewinnen, die Porsche mit den Börsengeschäften in den letzten Jahren seiner Amtszeit eingefahren hatte, war auch sein Gehalt in schwindelerregende Höhen geklettert. Schätzungen beliefen sich auf jährlich 50 bis 80 Millionen Euro – und das nicht nur einmal, sondern mehrfach. Bei seinem Abgang nach 17 Jahren auf dem Chefsessel hätten ihm nach Einschätzung der Porsche-Juristen möglicherweise 170 bis 175 Millionen Euro an Abfindung zugestanden, wenn Wiedeking auf Zahlung geklagt hätte. Er nahm das Angebot von 50 Millionen an, wobei er die Hälfte der Abfindung einer sozialen Stiftung spendete. »Einerseits sollte ein Manager, der das Unternehmen an den Rand des Abgrunds gefahren hat, überhaupt keine Abfindung erhalten«, meint Dietmar Hawranek, der den Machtkampf um die Volkswagen-Übernahme von der ersten bis zur letzten Stunde journalistisch begleitet hat, »andererseits hat vor Wiedeking noch keiner auf so viel Geld verzichtet, das ihm laut Vertrag zugestanden hätte.«

Im Abgang zeigt sich die wahre Größe.

AUF GEDEIH UND VERDERB – VOLKSWAGEN UND PORSCHE UNTER EINEM BLECHDACH

Das Autouniversum in Stuttgart kennt zwei Fixsterne: Mercedes und Porsche, einstmals in Gestalt von Ferdinand Porsche miteinander vereint, heute in Form zweier Veranstaltungshallen in Stuttgart Bad Canstatt in friedlicher Koexistenz stehend; die Mercedes-Benz Arena und die Porsche Arena sind sichtbarer Ausdruck für den Stolz und die Finanzkraft zweier Unternehmen, die den Ruf Stuttgarts als Hauptstadt der Tüftler in die ganze Welt getragen haben. Das wird auch so bleiben, ganz gleich, wer in Untertürkheim oder Zuffenhausen gerade mit wem fusioniert. Und so wird auch die erste Porsche-Hauptversammlung der Nach-Wiedeking-Ära am 29. Januar 2010 in der Porsche Arena in Canstatt abgehalten. Martin Winterkorn, der neue Doppel-Vorstandsvorsitzende von Volkswagen und der Porsche Holding, kann an diesem Tag nicht oft genug betonen, dass er Schwabe ist. Das hilft hier im Süden immer noch am besten, eventuell vorhandenes Misstrauen abzubauen.

Es ist auch legitim. Man merkt Winterkorn an, dass er stolz ist, jetzt an der Spitze dieses Traditionsunternehmens aus seiner schwäbischen Heimat zu stehen; und man darf ihm getrost abnehmen, dass er es ernst meint, wenn er verspricht, Porsche werde seine Eigenständigkeit auch in Zukunft behalten. Markenführung haben er und sein Chefaufseher Ferdinand Piëch bei Volkswagen in den letzten Jahren bis ins Detail perfektioniert. Es ist eines der Erfolgsgeheimnisse des Konzerns, dass man Synergien und sogar identische Bauteile nutzt, ohne dass die Marken austauschbar werden. Geschickt lässt sich so jede Marktnische ausnutzen.

So steht das Aktionärstreffen der Porsche Automobil Holding SE ganz im Zeichen der neuen Herren. Früh am Morgen betreten Winterkorn und Piëch gemeinsam das Foyer der Porsche Arena. Schnellen Schrittes begibt sich das Duo in die Ausstellungshalle, in der sich die Produkte aus Zuffenhausen hintereinander in einer langen Reihe präsentieren. Es beginnt wieder das traditionelle Schaulaufen, eine Art Pas de deux mit den Journalisten. Einerseits wollen die Volkswagen-Lenker Signale in die Öffentlichkeit senden, andererseits wollen sie den Tross von Reportern und Kameraleuten, der ihnen auf Schritt und Tritt folgt, am liebsten abschütteln. So wählen sie von den beiden Eingängen in die Ausstellungshalle denjenigen, mit dem die Journalisten am wenigsten rechnen. Das verschafft Piëch und Winterkorn ein paar Sekunden Luft vor den Verfolgern. Andächtig ruht der Blick auf dem ersten Modell in der Reihe, einem 911. Der Oldtimer hatte sich in der weltweiten Rezession der Jahre 2008/09 noch am besten von allen Porsche-Modellen geschlagen: 14 Prozent betrug der Absatzrückgang gegenüber dem Vorjahr. Beim Geländewagen Cayenne waren es 25 Prozent, beim kleineren Modell Boxster gar 40 Prozent Rückgang. Insgesamt hatte der Verkauf im »Teilkonzern Porsche«, wie es im Geschäftsbericht hieß, gegenüber dem Vorjahr um 24 Prozent auf 75 238 Fahrzeuge abgenommen. Das erklärte auch im Nachhinein, warum es Wiedeking und Härter immer schwerer gefallen war, die Zinsen für die Milliardenkredite aufzubringen. In der Krise war Luxus nicht gefragt.

Winterkorn und Piëch ziehen weiter zum nächsten Modell, einem silberblauen Panamera, der letzten Schöpfung aus der Ära Wiedeking.

Jetzt fängt Qualitätsfanatiker Winterkorn wieder an, Autos zu streicheln. Die Hand fährt über die Dachsäule an der Windschutzscheibe, prüft den Sitz einer Alu-Zierleiste am Fenster, die Passgenauigkeit der schrägen Heckklappe dieses fünf Meter langen Coupés. Winterkorn und Piëch tauschen verschwörerische Blicke und nuscheln sich ein paar Bemerkungen zu. Man versteht nichts, aber so viel ist klar: Hier wird sich einiges ändern. Eine Scheckkarte zur Kontrolle der Karosseriefugen ist dieses Mal nicht zur Hand. Beim nächsten Mal wird sie sicher zum Einsatz kommen, wenn Winterkorn die Ergebnisse der von ihm angestrengten Qualitätsbemühungen überprüft. Immerhin hat sich der Panamera im ersten Jahr seines Serienanlaufs – trotz Krise – ordentlich verkauft. In China, wo Sportwagen wenig Chancen haben, liebt man den großen Viersitzer, von dem viele sagen, er sei kein echter Porsche mehr. Aber Piëch und Winterkorn werden sich ganz genau anschauen, wie weit man die Marke Porsche noch dehnen kann. Das Ziel ist auf jeden Fall, die Modellpalette noch einmal kräftig zu erweitern. Nach unten, nach oben und natürlich auch zur Seite: Ein kleiner Roadster, ein Supersportwagen, der gegen Ferrari antreten soll, und ein kleinerer Bruder des Cayenne werden die nächsten Porsche-Ableger *inspired by Volkswagen* sein. 150 000 Autos und mehr im Jahr zu produzieren ist das erklärte Ziel.

Ein Fan möchte noch ein Autogramm von Vorstandschef Winterkorn, dann folgt ein kurzer Boxenstopp beim Porsche-Nachwuchs in einer eigens aufgebauten kleinen Lehrwerkstatt. Pflichtgemäßer Small Talk mit den Azubis und dem Lehrmeister, doch dann steht für Piëch und Winterkorn definitiv Wichtigeres auf dem Programm. Man begibt sich ins Foyer, um den höchsten Gast des Tages willkommen zu heißen – den ersten Mitbesitzer des Unternehmens, der nicht Porsche oder Piëch heißt, sondern irgendwie ganz anders: Seine Exzellenz Scheich Jassim bin Abdulaziz bin Jassim Al-Thani, Mitglied der Herrscherfamilie, Handelsminister des Emirats Katar und in dieser Eigenschaft neuer Gesellschafter der Porsche Holding mit 10 Prozent der Stammaktien. Er soll heute in den Aufsichtsrat der Holding aufgenommen werden.

Sorgsam wird bei der Begrüßung darauf geachtet, dass die Rangordnung nicht durcheinanderkommt. Der Aufsichtsratsvorsitzende des Konzerns Porsche, Wolfgang Porsche, hat den Vortritt. Dem folgt der Aufsichtsratsvorsitzende des Teilkonzerns Volkswagen, Ferdinand Piëch. Sodann der Vorstandsvorsitzende der Porsche AG, Michael Macht, sowie der Vorstandsvorsitzende der Volkswagen AG, Martin Winterkorn, wobei sich Claudia Hübner, Lebensgefährtin Wolfgang Porsches und ohne Amt im Konzern, dazwischendrängelt. Anschließend schreitet der Porsche-Piëch-Volkswagen-Clan mit dem Heilsbringer aus dem Morgenland in den Versammlungssaal.

Die Besitzverhältnisse in dem integrierten Konzern waren zum Zeitpunkt der Hauptversammlung im Januar 2010 noch etwas verworren, was vor allem daran lag, dass wechselseitige Abhängigkeiten bestanden und dadurch alles und alle miteinander zusammenhingen. Viel geändert hat sich daran in der Zwischenzeit nicht, und eins war unumgänglich: Die Unternehmen Volkswagen und Porsche waren zum Zusammenschluss verdammt. Der eine musste den anderen stützen – auf Gedeih und Verderb. Die Porsche Holding hielt mit 50,8 Prozent die Mehrheit der Stammaktien des Volkswagen-Konzerns und war noch immer hoch verschuldet. Die große Gefahr, die davon ausging, hatten Wirtschaftsprüfer von Ernst & Young in ihrem Kommentar zur Porsche-Bilanz so beschrieben: »Sollten die Schritte zur Zusammenführung der Porsche Automobil Holding SE und der Volkswagen AG und damit auch die Entschuldung nicht wie geplant erfolgen, könnte sich bis Ende des Jahres 2009 erneut eine kritische Liquiditätssituation bei der Porsche Automobil Holding SE ergeben, die den Fortbestand des Unternehmens und des Konzerns gefährden könnte.« Würde die Holding pleitegehen, müsste ein Insolvenzverwalter versuchen, den gesamten Besitz meistbietend zu verkaufen, also auch die Hälfte des Volkswagen-Konzerns – die Chance für ein fremdes Automobilunternehmen oder für Investoren anderer Art, bei Volkswagen einzusteigen. Die Folgen wären unabsehbar, selbst eine Zerschlagung des Konzerns wäre ein mögliches Szenario. Das wollten alle Beteiligten mit allen Mitteln verhindern, weshalb es gar keine andere Möglichkeit gab, als dass Volkswagen selbst in den Porsche-Deal investierte. Insgesamt 16 Milliarden Euro sollte die Übernahme kosten.

Dafür sollte Volkswagen 49,9 Prozent der Porsche AG kaufen, deren Wert inzwischen auf 12,4 Milliarden Euro festgesetzt wurde. Außerdem war ausgemacht, dass Volkswagen für weitere 3,55 Milliarden Euro das Salzburger Autohandelsunternehmen der Familien Porsche und Piëch übernimmt. Danach würde das Emirat Katar als Miteigentümer bei Volkswagen einsteigen. Im nächsten Schritt sollten die Eigentümerfamilien dann über eine Kapitalerhöhung der Porsche Automobil Holding fünf Milliarden Euro frisches Geld besorgen. Auch der Volkswagen-Konzern plante eine Kapitalerhöhung, die weitere vier Milliarden Euro bringen sollte. Und 2011, so der Zeitplan damals, sollte es zur Verschmelzung der Porsche Holding mit Volkswagen kommen.

Diese Verschmelzung der beiden Konzerne wurde im Sommer 2012 endgültig abgeblasen. Die juristischen Risiken waren zu groß, weil verschiedene Hedgefonds in Deutschland und in den USA wegen des Verdachts auf Aktienmanipulationen gegen Porsche und die früheren Manager Wiedeking und Härter klagen. Auch wenn die ganzen Streitereien möglicherweise mit Vergleichen enden könnten – es geht um mehrere Milliarden Euro, die im Falle einer Fusion mit der Porsche Holding SE am Ende den Volkswagen-Konzern belastet hätten. Als Ausweg aus dem Dilemma hatten die Volkswagen-Strategen schon früh überlegt, die restlichen Anteile der Porsche AG zu übernehmen, also die verbleibenden 50,1 Prozent der Sportwagenfirma. Die Porsche Automobil Holding SE bliebe damit als eigenständiges Unternehmen erhalten und würde somit die Risiken aus den juristischen Verfahren tragen.

Mithilfe eines steuerlichen Kniffs wurde dieser Plan im Juli 2012 in die Wirklichkeit umgesetzt. Für die Übernahme der restlichen Anteile der Porsche AG zahlte Volkswagen rund 4,5 Milliarden Euro an die Porsche Holding SE. Die zuständigen Finanzbehörden haben Steuerfreiheit für den Deal gewährt, weil Porsche SE für die Sportwagentochter nicht nur Geld, sondern auch eine Volkswagen-Stammaktie erhielt – eine einzige, wohlgemerkt. Damit ging es steuerrechtlich nicht mehr um einen Verkauf, sondern um eine Umstrukturierung, die von der Steuer befreit ist. Im Falle eines Verkaufs der Anteile hätte die Porsche SE etwa 1,5 Milliarden Euro an Körperschafts-, Gewerbe- und Grunderwerbsteuer zahlen müssen.

Der Trick mit der Aktie ist legal, wenn auch die steuerlichen Bestimmungen damit sehr kreativ ausgelegt wurden. Bei Geschäften dieser Art werden sonst die Aktien der beteiligten Firmen getauscht. Für die ausstehenden 50,1 Prozent der Anteile an der Porsche AG hätten also Volkswagen-Aktien zum Gegenwert fließen müssen. Nun gibt es eben nur eine Aktie plus 4,5 Milliarden Euro obendrauf. Prompt hagelte es Proteste aus der Politik wegen des Steuersparmodells.

Wie dem auch sei: Mit dem Erlös will die Porsche SE zunächst zwei Milliarden Euro an Schulden zurückzahlen und dann nach strategischen Beteiligungen in der Automobilbranche Ausschau halten. Volkswagen- (und zugleich Porsche-SE-) Vorstandschef Martin Winterkorn feierte den Abschluss des siebenjährigen Übernahmekampfs: Man könne jetzt »noch enger zusammenarbeiten und durch gezielte Investitionen in zukunftsweisende Produkte und Technologien gemeinsam neue Wachstumsmöglichkeiten« erschließen. Porsche-Betriebsratschef Uwe Hück sagte es etwas kürzer: »Wir sind am Ziel.«

Zurück zur Porsche-Hauptversammlung im Januar 2010. Hier stand zunächst eine historische Veränderung an. Aufsichtsratsvorsitzender Wolfgang Porsche eröffnet die Sitzung und kündigt einen Wechsel im Kontrollgremium an: »Um die Repräsentanz des Emirats Katar im Aufsichtsrat der Gesellschaft zu ermöglichen, hat Herr

Hans-Peter Porsche sein Aufsichtsratsmandat niedergelegt. Für seine langjährige Tätigkeit im Aufsichtsrat darf ich mich bei dir, lieber Peter, ganz herzlich bedanken.«

Dabei dreht sich Porsche zu seinem drei Jahre älteren Bruder um. Die Mitglieder des Aufsichtsrats applaudieren. Der Geehrte ringt um Fassung. Er verdrückt erst eine Träne, dann noch eine – und noch eine. Auch ihm bedeutet die eigene Familiengeschichte viel. Er ist ein begeisterter Sammler von Porsche-Oldtimern aus den Anfangstagen in Gmünd. Selbst Cousin Ferdinand Piëch applaudiert, der einstige Rivale im Kampf um die Erbfolge Anfang der Siebzigerjahre. Hans-Peter Porsche war damals Produktionschef, Ferdinand Piëch Entwicklungschef. Nur einer hätte die Nachfolge des Patriarchen Ferry Porsche antreten können – entweder der »Namensträger« oder der »Nicht-Namensträger«. Am Schluss wurde es keiner von beiden, und alle Familienmitglieder verließen das Unternehmen. Jetzt muss Hans-Peter Porsche seinen Sitz im Aufsichtsrat für den neuen Miteigentümer räumen. Der Scheich aus dem Morgenland sitzt künftig mit den Porsche-Erben an einem Tisch. Er wird mitreden können, wenn über die Strategie und Ausrichtung des Traditionshauses entschieden wird.

Dann tritt der große Vorsitzende der beiden Konzerne ans Rednerpult, Vorstandschef Martin Winterkorn. »Die Ereignisse des vergangenen Sommers haben zweifellos zu Unsicherheiten geführt. Ich sage aber sehr klar und deutlich: Diese Phase liegt jetzt hinter uns. Alle Beteiligten ziehen an einem Strang, und zwar in dieselbe Richtung. Das langfristige Ziel haben wir dabei gemeinsam fest im Visier: die Spitzenposition in der internationalen Automobilindustrie.«

Anfang 2010 rief Winterkorn die »Strategie 2018« aus und kündigte eine weitere Ausweitung der Produktpalette an, um »im Jahr 2018 der größte und profitabelste Autohersteller der Welt zu sein«. Der Kleinwagen up! soll dabei helfen, mit Benzin-, Diesel- oder Elektromotor, genauso wie die höchst profitable Konzernmarke Porsche am anderen Ende der sozialen Skala. Auf China richten sich die größten

Volkswagen-Patriarch Ferdinand Piëch und Ehefrau Ursula beim Interview mit Stefan Aust auf dem Volkswagen-Konzernabend, September 2010

Hoffnungen. Im Jahr 2012 will Volkswagen mit Investitionen von insgesamt sechs Milliarden Euro seine Vormachtstellung auf dem wichtigsten Zukunftsmarkt ausbauen. Bis 2014 will man in den bestehenden Fabriken in China drei Millionen Autos im Jahr bauen, und weitere Werke sind schon in Planung. Das Volk der 1,3 Milliarden braucht Wagen – Volkswagen.

Es hat sich viel verändert seit den Tagen des alten Ferdinand Porsche. Er träumte noch vom Volkswagen für die Volksgenossen. Jetzt ist die Welt, so scheint es, für Volkswagen nicht genug.

Was die Zukunft von Porsche betrifft, so sind viele Fragen offen. Welche Chancen haben die Klagen der Investmentfonds, die sich beim großen Börsenspiel um Volkswagen verspekuliert hatten? Wie wird Porsche seine Identität im Verbund mit Audi, Bentley, Lamborghini und all den anderen Marken wahren? Welche Rolle wird der Aufsteiger Katar künftig im Unternehmen spielen? Wie wird sich die Ausweitung der Modellpalette auswirken? Und vor allem: Wer wird im Konzern das Sagen haben, wenn sich Piëch, wie geplant, im Jahr

2017 zurückzieht? Wird Ehefrau Ursula seine Stelle einnehmen? Oder Winterkorn? Oder beide im Tandem?

An den Zukunftsfragen wird sich die nächste Generation der Erben noch abarbeiten. Ferdinand Piëch, der im April 2012 seinen 75. Geburtstag feierte, hat seine Firmenbeteiligungen auf zwei österreichische Stiftungen übertragen. Seine Anteile können ohne Zustimmung eines familienfremden Stiftungsvorstands nicht verkauft werden. Nach Piëchs Tod soll Ehefrau Ursula über das Erbe wachen. Seine zwölf Kinder haben dieser Erbregelung zugestimmt. Mit Ursula Piëchs Einzug in den Volkswagen-Aufsichtsrat soll der Einfluss der Familie auf den Konzern auch in Zukunft gewahrt bleiben. So ist für alles gesorgt.

Als Piëch gefragt wurde, was einen guten Manager ausmache, antwortete er, es gelte, immer 20 Jahre vorauszuschauen. Bilanz auf dem Konzernabend in Paris:

Aust: »Sie waren lange Vorstandsvorsitzender, sind heute Aufsichtsratsvorsitzender des Volkswagen-Konzerns, der die Nummer eins in der Welt werden will. Wenn Sie heute zurückdenken: War das ungefähr das Ziel, das Sie sich persönlich vorgenommen hatten?«

Piëch: »Ich habe nicht gedacht, dass ich so weit komme. Ich bin nämlich nicht leicht verträglich.«

Aust: »Das ist bekannt. Aber wenn Sie jetzt zurückblicken, sind Sie stolz?«

Piëch: »Nein, da wird man dann schnell hochnäsig. Nein … es macht ja Spaß – und es war viel Glück dabei.«

Ein Kämpfer, der sich das vom Großvater Ererbte durch Talent und harte Arbeit neu erworben hat. Jetzt sollen die Stiftungen sein Lebenswerk und das der Vorfahren erhalten. Und vielleicht hofft Ferdinand Piëch, dass auch der Familienzweig der Porsches seinem Beispiel folgt – damit die Porsche-Saga weitergeht.

Und vielleicht findet sich in einer der nächsten Generationen wieder ein Porsche, der Piëch heißt, oder anders. Mit Benzin oder Elektrizität im Blut.

QUELLEN UND LITERATUR

Tobias Aichele, *Porsche-Raritäten*, München 2009

Chris Barber, *Der Käfer. Ferdinand Porsche und die Entwicklung des Volkswagens*, Bielefeld 2003

Elly Beinhorn, *Bernd Rosemeyer. Mein Mann, der Rennfahrer*, Neuausgabe, München 2009 (zuerst 1938)

John Bentley/Ferry Porsche, *Porsche. Ein Traum wird Wirklichkeit. Ein Auto macht Geschichte*, Düsseldorf und Wien 1978

Wolfgang Blaube/Michel Zumbrunn, *Deutsche Auto-Ikonen. 50 unvergessene Modelle*, Bielefeld 2011

Manfred von Brauchitsch, *Ohne Kampf kein Sieg*, Berlin [Ost] 1964

Hans Bretz, *Bernd Rosemeyer. Ein Leben für den deutschen Sport*, Berlin 1938

Rudolf Caracciola, *Mein Leben als Rennfahrer*, Berlin 1939

Uwe Day, *Silberpfeil und Hakenkreuz. Autorennsport im Nationalsozialismus*, Berlin 2005

Hans-Rüdiger Etzold/Ewald Rother/Thomas Erdmann, *Auto Union. Im Zeichen der vier Ringe. Bd. 1: 1873–1945*, Ingolstadt 1992

Christian Euler, *Porsche und Volkswagen. Zwei Konzerne, zwei Familien – eine Leidenschaft*, Weinheim 2010

Richard von Frankenberg, *Die großen Fahrer von einst*, Stuttgart 1967

Wolfgang Fürweger, *Ferdinand Piëch. Der Automanager des Jahrhunderts*, Wien 2011

Daniel Goeudevert, *Das Seerosen-Prinzip. Wie uns die Gier ruiniert*, Köln 2010

Fritz Huschke von Hanstein, *Automobilsport. Training, Technik, Taktik*, Reinbek bei Hamburg 1978

Anton Hunger/Dieter Landenberger, *Das Porsche Calendarium 1931–2007*, München 2007

Dieter Landenberger, *Porsche. Die Marke. Die Werbung. Geschichte einer Leidenschaft*, Köln 2008

Karl Ludvigsen, *Porsche: Perfektion ist selbstverständlich*, 3 Bde., Königswinter 2008/2009

Hans Mommsen/Manfred Grieger, *Das Volkswagenwerk und seine Arbeiter im Dritten Reich*, Düsseldorf 1996

Alfred Neubauer, *Männer, Frauen und Motoren*, Hamburg 1958

Reinhard Osteroth, *Ferdinand Porsche. Der Pionier und seine Welt*, Reinbek bei Hamburg 2004

Ferdinand Piëch, *Auto.Biographie*, Hamburg 2002

Edition Porsche-Museum (Hrsg.), *Ferdinand Porsche und der Volkswagen*, Stuttgart 2009

Eberhard Reuß, *Hitlers Rennschlachten. Die Silberpfeile unterm Hakenkreuz*, Berlin 2006

Halwart Schrader, *Mercedes-Benz Silberpfeile. Die legendären Rennwagen der Epoche 1934–1955*, München u.a. 1987

Hans Stuck, *Zweimal Hans Stuck. Ein Rennfahrer-Tagebuch*, Stuttgart 1972

Ulrich Viehöver, *Der Porsche-Chef. Wendelin Wiedeking – mit Ecken und Kanten an der Spitze*, Frankfurt am Main 2006

Wendelin Wiedeking, *Das Davidprinzip. Macht und Ohnmacht der Kleinen*, Berlin 2003

Filmisches Material

Aus eigener Kraft (Deutschland 1953, Regie: Franz Schroedter)

Bei den deutschen Kolonisten in Südwest-Afrika (Deutschland 1933, Kamera: Elly Beinhorn)

Der Porsche-Weg – Die offizielle Geschichte der Dr. Ing. h. c. Porsche AG (Deutschland 2009)

Deutsche Rennwagen in Front (Deutschland 1938, Regie: Friedrich A. R. Stoll)

Deutsche Siege in drei Erdteilen (Deutschland 1938, Regie: Ulrich Bigalke)

Ein Porsche namens Piëch (Deutschland 1988, Regie: Bernd-Wilfried Kießler)

Ferdinand Porsche – der Techniker (Deutschland/USA 2004, Regie: Peter Adler, Alexander Berkel)

Ferdinand Porsche – ein Mann und sein Werk (Deutschland 1981, Regie: Ivo Bulanda)

Sieg – Rekord – Meisterschaft (Deutschland 1940, Regie: Hans Minzloff)

BILDNACHWEIS

Agenda Media GmbH, Hamburg:
S. 20, 24, 26, 31, 35, 153, 241, 299, 332, 346, 363, 371, 373, 385

Automuseum »Prototyp«, Hamburg:
S. 64, 82, 162, 168, 224/225

Deutsche Wochenschau, Hamburg:
S. 147, 191–193

Getty Images, München:
S. 150

Photographers Hamburg:
S. 164/165, 172/173

Dr. Ing. h. c. F. Porsche AG, Stuttgart:
S. 13, 39, 40, 42, 44, 46, 52, 54, 56, 59, 62, 68, 72, 75, 77, 109, 127, 133, 136, 139, 144, 183, 198, 207, 210, 214, 216, 218, 220, 228, 230/231, 232, 237, 238, 249, 251, 256, 263, 269, 286, 335, 336

Volkswagen AG, Wolfsburg:
S. 210, 244

Wikimedia Commons:
S. 148

REGISTER

A 0701